防火墙技术应用

主　编　郑士芹

北京理工大学出版社
BEIJING INSTITUTE OF TECHNOLOGY PRESS

内 容 简 介

本书以华为网络安全工程师 HCIA – Security 4.0 的课程内容为基础，对华为 USG6525 系列防火墙的主要计算技术模块进行了拓展学习。本书内容主要包括：防火墙技术基础、防火墙安全策略、防火墙网络地址转换技术（NAT）、防火墙高可靠性技术、防火墙入侵防御、防火墙用户管理技术、VPN 技术、防火墙智能选路、防火墙负载均衡、防火墙带宽管理、防火墙虚拟化系统。

版权专有　侵权必究

图书在版编目（CIP）数据

防火墙技术应用 / 郑士芹主编. -- 北京：北京理工大学出版社，2024.3（2025.1 重印）
ISBN 978 – 7 – 5763 – 3739 – 6

Ⅰ．①防… Ⅱ．①郑… Ⅲ．①防火墙技术 Ⅳ. ①TP393.082

中国国家版本馆 CIP 数据核字（2024）第 058305 号

责任编辑：王玲玲　　**文案编辑**：王玲玲
责任校对：刘亚男　　**责任印制**：施胜娟

出版发行 / 北京理工大学出版社有限责任公司
社　　址 / 北京市丰台区四合庄路 6 号
邮　　编 / 100070
电　　话 /（010）68914026（教材售后服务热线）
　　　　　　（010）63726648（课件资源服务热线）
网　　址 / http://www.bitpress.com.cn

版 印 次 / 2025 年 1 月第 1 版第 2 次印刷
印　　刷 / 涿州市京南印刷厂
开　　本 / 787 mm × 1092 mm　1/16
印　　张 / 23
字　　数 / 512 千字
定　　价 / 63.80 元

图书出现印装质量问题，请拨打售后服务热线，负责调换

前言

　　防火墙技术是网络安全中的核心技术，也是网络安全管理人员必备的职业技能。本书以华为初级网络安全工程 HCIA – Security 4.0 大纲为基础，对华为 USG6525 系列防火墙的主要计算技术模块进行了拓展学习。课程内容主要包括 防火墙技术基础、防火墙安全策略、防火墙网络地址转换技术、防火墙高可靠性技术、防火墙入侵防御、防火墙用户管理技术、VPN 技术、防火墙智能选路、防火墙负载均衡、防火墙带宽管理、防火墙虚拟化系统等。

　　本书主要特色如下：以行业证书为基础并兼顾职业教育特点设计课程内容。理论教学与实践教学相结合，设计 30 多个基础实验，并配套 3 个阶段性综合项目和 1 个综合项目设计课业。理论和实践时间的比例是 1∶1。通过针对性的基础实验练习，让学生对基础理论有深刻理解。同时，经过一个阶段的基础技术学习，配套 3 个阶段项目设计，让学生对模块技术有全面理解和相对综合的应用练习。最后通过一个综合性的课程设计作业，让学生对所学各个模块技术有全面的理解和应用。

　　第 1 章 防火墙技术基础。包括：防火墙的基本概念、基础实验、登录防火墙的几种方法和防火墙基本设备管理。

　　第 2 章 防火墙安全策略。包括：防火墙安全策略的基本概念、配置安全策略的 CLI 语法和基本策略配置（CLI）案例实验。

　　第 3 章 防火墙网络地址转换技术（NAT）。包括：源 NAT 技术、目的 NAT 技术，以及 NAT Server 技术的基本原理、配置方法及实验案例。

　　第 4 章 防火墙高可靠性技术。包括：防火墙双机热备技术的原理、基本配置方法，几种常见的基本组网与配置实验；IP – Link 技术原理、IP – Link 与双机热备联动实验；BFD 技术原理、BFD 与双机热备联动实验。

　　第 5 章 防火墙入侵防御。包括：入侵防御的概念、技术原理及基本入侵防御实验。

　　第 6 章 防火墙用户管理技术。包括：用户认证概述、用户组织结构、用户认证总流程及基本用户认证实验。

　　第 7 章 VPN 技术。包括：VPN 技术的基本概念、GRE – VPN 的技术原理及基本实验、IPSec – VPN 的技术原理及基本实验、L2TP – VPN 的技术原理及基本实验、SSL – VPN 的技术原理及基本实验。

第 8 章防火墙智能选路。包括：智能选路的基本概念、全局选路的基本原理及基本实验、策略路由的基本概念及基本实验。

第 9 章防火墙负载均衡。包括：服务器负载均衡基本概念、基本原理及基本部署实验。

第 10 章防火墙带宽管理。包括：带宽管理基本概念、实现原理、基本部署实验。

第 11 章防火墙虚拟系统。包括：虚拟系统基本原理和基本部署实验。

由于篇幅限制，本书的相关项目资料以电子资料形式提供，包括 PPT、教案、实验指导、项目资料等，可在北京理工大学出版社网站（http://www.bitpress.com.cn/）获取。

本书适合应用型本科、职业本科、高职的"信息安全"及"网络安全"类相关专业作为教材和参考资料使用。随着新技术的不断发展，作者今后将不断更新书中内容。由于作者水平有限，书中难免存在疏漏和不妥之处，欢迎读者批评指正。

编　者

目录

第1章 防火墙技术基础 ··· 1
  1.1 防火墙技术简介 ··· 1
    1.1.1 防火墙技术的概念 ··· 1
    1.1.2 防火墙的分类 ··· 1
    1.1.3 防火墙的组网方式 ··· 4
    1.1.4 防火墙的安全区域 ··· 5
  1.2 防火墙的设备管理 ··· 6
    1.2.1 设备登录管理 ··· 6
    1.2.2 设备文件管理 ··· 6
  1.3 登录防火墙实验 ··· 6
    1.3.1 通过 Console 登录 CLI 界面（首次登录设备） ···································· 6
    1.3.2 通过 HTTPS 登录 Web 界面（首次登录设备） ···································· 8
    1.3.3 通过 Telnet 登录 CLI 界面（本地认证） ·· 10
    1.3.4 通过 STelnet 登录 CLI 界面（Password 认证） ································· 14

第2章 防火墙安全策略 ·· 20
  2.1 安全策略概述 ··· 20
    2.1.1 什么是安全策略 ·· 20
    2.1.2 安全策略的组成 ·· 21
    2.1.3 安全策略的匹配过程 ··· 25
    2.1.4 本地安全策略 ·· 28
    2.1.5 安全策略的例外情况 ··· 29
  2.2 如何规划安全策略 ··· 30
  2.3 配置安全策略（CLI 语法） ··· 32
  2.4 基本策略配置举例（CLI） ··· 37

第3章 防火墙网络地址转换技术（NAT） ·· 44
  3.1 NAT 技术概述 ·· 44

- 3.1.1 NAT 类型 … 44
- 3.1.2 NAT 策略 … 45
- 3.1.3 NAT 处理流程 … 46
- 3.2 源 NAT 技术 … 48
  - 3.2.1 源 NAT 技术概述 … 48
  - 3.2.2 源 NAT … 51
- 3.3 目的 NAT 技术 … 55
  - 3.3.1 目的 NAT 技术概述 … 55
  - 3.3.2 目的 NAT 实验 … 56
- 3.4 NAT Server … 60
  - 3.4.1 NAT Server 技术概述 … 60
  - 3.4.2 NAT Server 实验 … 65
- 3.5 双向 NAT 技术 … 69
  - 3.5.1 双向 NAT 技术概述 … 69
  - 3.5.2 实验：私网用户使用公网地址访问内部服务器（NAT Server） … 70

第 4 章 防火墙高可靠性技术 … 75
- 4.1 双机热备技术 … 75
  - 4.1.1 双机热备技术原理 … 75
  - 4.1.2 双机热备基本组网与配置实验 … 80
- 4.2 IP-Link 技术 … 108
  - 4.2.1 IP-Link 技术基本原理 … 108
  - 4.2.2 IP-Link 与双机热备联动实验 … 110
- 4.3 BFD 技术 … 118
  - 4.3.1 BFD 技术基本原理 … 118
  - 4.3.2 BFD 与双机热备联动实验 … 123

第 5 章 防火墙入侵防御 … 134
- 5.1 入侵防御概述 … 134
  - 5.1.1 定义 … 134
  - 5.1.2 优势 … 134
  - 5.1.3 与传统 IDS 的不同 … 135
- 5.2 入侵防御原理 … 135
  - 5.2.1 入侵防御实现机制 … 135
  - 5.2.2 签名 … 136
  - 5.2.3 签名过滤器 … 136
  - 5.2.4 例外签名 … 137
  - 5.2.5 入侵防御对数据流的处理 … 137
  - 5.2.6 检测方向 … 139

5.2.7　威胁情报联动 ……………………………………………………………… 140
　5.3　配置入侵防御实验 ………………………………………………………………… 141

第6章　防火墙用户管理技术 …………………………………………………………… 147
　6.1　防火墙用户认证概述 ……………………………………………………………… 147
　　6.1.1　用户 …………………………………………………………………………… 147
　　6.1.2　认证 …………………………………………………………………………… 147
　　6.1.3　目的 …………………………………………………………………………… 148
　6.2　用户组织结构 ……………………………………………………………………… 148
　　6.2.1　树形组织结构 ………………………………………………………………… 148
　　6.2.2　基于安全组的横向组织结构 ………………………………………………… 150
　　6.2.3　用户/用户组/安全组的来源 ………………………………………………… 151
　　6.2.4　用户属性 ……………………………………………………………………… 151
　　6.2.5　在线用户 ……………………………………………………………………… 152
　　6.2.6　在线用户信息同步 …………………………………………………………… 152
　6.3　用户认证总体流程 ………………………………………………………………… 153
　6.4　实验　上网用户＋本地认证（Portal认证） …………………………………… 155

第7章　VPN技术 ………………………………………………………………………… 164
　7.1　VPN技术概述 ……………………………………………………………………… 164
　　7.1.1　什么是VPN …………………………………………………………………… 164
　　7.1.2　VPN的应用场景及选择 ……………………………………………………… 166
　7.2　GRE-VPN技术 …………………………………………………………………… 170
　　7.2.1　GRE-VPN技术概述 ………………………………………………………… 170
　　7.2.2　实验：配置基于静态路由的GRE隧道 …………………………………… 174
　7.3　IPSec-VPN技术 …………………………………………………………………… 181
　　7.3.1　IPSec-VPN技术概述 ………………………………………………………… 181
　　7.3.2　IPSec-VPN实验 ……………………………………………………………… 194
　7.4　L2TP-VPN技术 …………………………………………………………………… 228
　　7.4.1　L2TP-VPN技术概述 ………………………………………………………… 228
　　7.4.2　L2TP-VPN实验 ……………………………………………………………… 253
　7.5　SSL-VPN技术 …………………………………………………………………… 261
　　7.5.1　SSL-VPN技术概述 ………………………………………………………… 261
　　7.5.2　SSL-VPN实验 ………………………………………………………………… 270

第8章　防火墙智能选路 ………………………………………………………………… 279
　8.1　智能选路概念 ……………………………………………………………………… 279
　　8.1.1　概述 …………………………………………………………………………… 279
　　8.1.2　智能选路分类 ………………………………………………………………… 279
　　8.1.3　智能选路的流程 ……………………………………………………………… 280

8.2 全局选路策略（基于等价路由或默认路由的出站智能选路） ································ 282
　　8.2.1 了解全局选路策略 ·· 282
　　8.2.2 实验：配置流量根据链路带宽负载分担 ·· 288
8.3 策略路由（基于策略路由的出站智能选路） ·· 293
　　8.3.1 了解策略路由 ·· 293
　　8.3.2 实验：通过策略路由实现多 ISP 接入 Internet ·· 297

第 9 章　防火墙负载均衡 ·· 303
9.1 服务器负载均衡概述 ·· 303
　　9.1.1 简介 ·· 303
　　9.1.2 应用场景 ·· 303
9.2 服务器负载均衡实现原理 ·· 307
　　9.2.1 实现机制 ·· 307
　　9.2.2 负载均衡算法 ·· 312
　　9.2.3 服务健康检查 ·· 319
9.3 防火墙负载均衡部署实验 ·· 321

第 10 章　防火墙带宽管理 ·· 327
10.1 防火墙带宽管理概述 ·· 327
　　10.1.1 简介 ·· 327
　　10.1.2 应用场景 ·· 327
10.2 防火墙带宽管理实现原理 ·· 331
　　10.2.1 总体流程 ·· 331
　　10.2.2 带宽通道 ·· 332
　　10.2.3 带宽策略 ·· 334
　　10.2.4 接口带宽 ·· 336
10.3 防火墙带宽管理配置部署实验 ·· 337

第 11 章　防火墙虚拟系统 ·· 341
11.1 简介 ·· 341
11.2 应用场景 ·· 341
11.3 虚拟系统实现原理 ·· 343
　　11.3.1 虚拟系统及其管理员 ·· 343
　　11.3.2 虚拟系统的资源分配 ·· 345
　　11.3.3 虚拟系统的分流 ·· 349
11.4 虚拟系统配置部署实验 ·· 351

第 1 章

防火墙技术基础

1.1 防火墙技术简介

1.1.1 防火墙技术的概念

防火墙技术是安全技术中的一个具体体现。防火墙原本是指房屋之间修建的一道墙,用于防止火灾发生时的火势蔓延。这里讨论的是硬件防火墙,它是将各种安全技术融合在一起,采用专用的硬件结构,选用高速的 CPU、嵌入式的操作系统,支持各种高速接口(LAN 接口),用来保护私有网络(计算机)的安全,这样的设备称为硬件防火墙。硬件防火墙可以独立于操作系统(HP–UNIX、SUN OS、AIX、NT 等)、计算机设备(IBM6000、普通 PC 等)运行。它用来集中解决网络安全问题,可以适合各种场合,同时能够提供高效率的"过滤"。同时,它可以提供包括访问控制、身份验证、数据加密、VPN 技术、地址转换等安全特性,用户可以根据自己的网络环境的需要配置复杂的安全策略,阻止一些非法的访问,保护自己的网络安全。

现代的防火墙体系不应该只是一个"入口的屏障",防火墙应该是几个网络的接入控制点,所有进出被防火墙保护的网络的数据流都应该首先经过防火墙,形成一个信息进出的关口,因此,防火墙不但可以保护内部网络在 Internet 中的安全,同时可以保护若干主机在一个内部网络中的安全。在每一个被防火墙分割的网络内部中,所有的计算机之间是被认为"可信任的",它们之间的通信不受防火墙的干涉。在各个被防火墙分割的网络之间,必须按照防火墙规定的"策略"进行访问,如图 1–1 所示。

1.1.2 防火墙的分类

防火墙发展至今已经历经三代,分类方法也各式各样,例如,按照形态划分,可以分为硬件防火墙及软件防火墙;按照保护对象划分,可以分为单机防火墙及网络防火墙等。但总的来说,最主流的划分方法是按照访问控制方式进行分类。

一、包过滤防火墙

包过滤是指在网络层对每一个数据包进行检查,根据配置的安全策略转发或丢弃数据包。包过滤防火墙的基本原理是:通过配置访问控制列表(Access Control List,ACL)实施

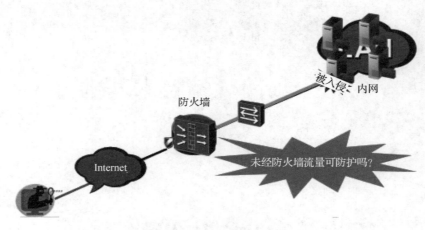

图 1-1 防火墙的基本作用

数据包的过滤。主要基于数据包中的源/目的 IP 地址、源/目的端口号、IP 标识和报文传递的方向等信息,如图 1-2 所示。

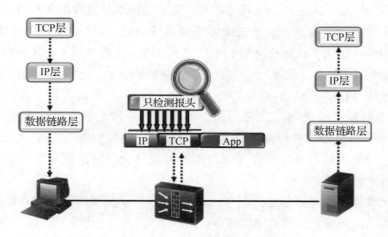

图 1-2 包过滤防火墙

包过滤防火墙的设计简单,非常易于实现,而且价格低廉。

包过滤防火墙的缺点主要表现为以下几点:

(1) 随着 ACL 复杂度和长度的增加,其过滤性能呈指数下降趋势。

(2) 静态的 ACL 规则难以适应动态的安全要求。

(3) 包过滤既不检查会话状态,也不分析数据,这很容易让黑客蒙混过关。例如,攻击者可以使用假冒地址进行欺骗,通过把自己主机 IP 地址设成一个合法主机 IP 地址,就能很轻易地通过报文过滤器。

二、代理检测防火墙

代理服务作用于网络的应用层,其实质是把内部网络和外部网络用户之间直接进行的业务由代理接管。代理检查来自用户的请求,用户通过安全策略检查后,该防火墙将代表外部用户与真正的服务器建立连接，转发外部用户请求，并将真正服务器返回的响应回送给外部用户，如图 1-3 所示。

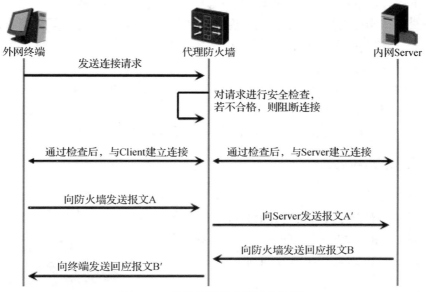

图 1-3 代理检测防火墙工作过程

代理防火墙能够完全控制网络信息的交换，控制会话过程，具有较高的安全性。其缺点主要表现在：

(1) 软件实现限制了处理速度，易于遭受拒绝服务攻击。

(2) 需要针对每一种协议开发应用层代理，开发周期长，而且升级很困难。

三、状态检测防火墙

状态检测是包过滤技术的扩展。基于连接状态的包过滤在进行数据包的检查时，不仅将每个数据包看成独立单元，还要考虑前后报文的历史关联性。所有基于可靠连接的数据流（即基于 TCP 协议的数据流）的建立都需要经过"客户端同步请求""服务器应答"以及"客户端再应答"三个过程（即"三次握手"过程），这说明每个数据包都不是独立存在的，而是前后有着密切的状态联系的。基于这种状态联系，发展出了状态检测技术。

基本原理简述如下：

(1) 状态检测防火墙使用各种会话表来追踪激活的 TCP (Transmission Control Protocol) 会话和 UDP (User Datagram Protocol) 伪会话，由访问控制列表决定建立哪些会话，数据包只有与会话相关联时才会被转发。其中，UDP 伪会话是在处理 UDP 协议包时为该 UDP 数据流建立虚拟连接（UDP 是面对无连接的协议），以对 UDP 连接过程进行状态监控的会话。

(2) 状态检测防火墙在网络层截获数据包，然后从各应用层提取出安全策略所需的状态信息，并保存到会话表中，通过分析这些会话表和与该数据包有关的后续连接请求来做出恰当决定。

状态检测防火墙具有以下优点：

（1）后续数据包处理性能优异。状态检测防火墙对数据包进行 ACL 检查的同时，可以将数据流连接状态记录下来，该数据流中的后续包则无须再进行 ACL 检查，只需根据会话表对新收到的报文进行连接记录检查即可。检查通过后，该连接状态记录将被刷新，从而避免重复检查具有相同连接状态的数据包。连接会话表里的记录可以随意排列，与记录固定排列的 ACL 不同，于是状态检测防火墙可采用诸如二叉树或哈希（Hash）等算法进行快速搜索，提高了系统的传输效率。

（2）安全性较高。连接状态清单是动态管理的。会话完成后，防火墙上所创建的临时返回报文入口随即关闭，保障了内部网络的实时安全。同时，状态检测防火墙采用实时连接状态监控技术，通过在会话表中识别诸如应答响应等连接状态因素，增强了系统的安全性。

1.1.3 防火墙的组网方式

一、二层以太网组网

在此组网方式下，防火墙只进行报文转发，不能进行路由寻址，与防火墙相连两个业务网络必须在同一个网段中。此时防火墙上下行接口均工作在二层，接口无 IP 地址，如图 1-4 所示。

防火墙此组网方式可以避免改变拓扑结构造成的麻烦，只需在网络中像放置网桥（Bridge）一样串入防火墙即可，无须修改任何已有的配置。IP 报文同样会经过相关的过滤检查，内部网络用户依旧受到防火墙的保护。

二、三层组网

在此组网方式时，防火墙位于内部网络和外部网络之间时，与内部网络、外部网络相连的上下行业务接口均工作在三层，需要分别配置成不同网段的 IP 地址，防火墙负责在内部网络、外部网络中进行路由寻址，相当于路由器，如图 1-5 所示。

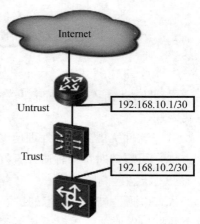

图 1-4 防火墙二层组网

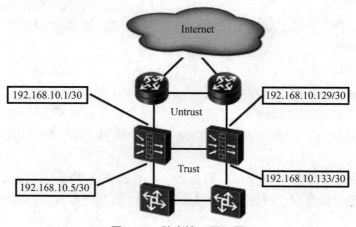

图 1-5 防火墙三层组网

此组网方式，防火墙可支持更多的安全特性，比如 NAT、UTM 等功能，但需要修改原网络拓扑，例如，内部网络用户需要更改网关，或路由器需要更改路由配置等。因此，设计人员需综合考虑网络改造、业务中断等因素。

1.1.4 防火墙的安全区域

安全区域（Security Zone），简称为区域（Zone）。Zone 是本地逻辑安全区域的概念。Zone 是一个或多个接口所连接的网络，如图 1-6 所示。

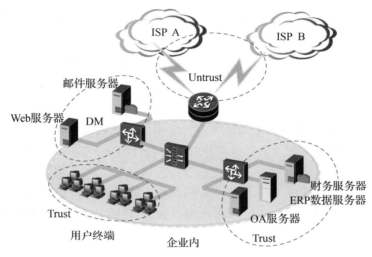

图 1-6 防火墙安全区域的概念

安全策略都基于安全区域实施。在同一安全区域内部发生的数据流动是不存在安全风险的，不需要实施任何安全策略。只有当不同安全区域之间发生数据流动时，才会触发设备的安全检查，并实施相应的安全策略。

在防火墙中，同一个接口所连网络的所有网络设备一定位于同一安全区域中，而一个安全区域可以包含多个接口所连的网络。

防火墙支持多个安全区域，除默认支持的非受信区域（Untrust）、非军事化区域（DMZ）、受信区域（Trust）、本地区域（Local）四种预定义的安全区域外，还支持用户自定义安全区域。

防火墙默认保留的四个安全区域相关说明如下：

非受信区域 Untrust：低安全级别的安全区域，安全级别为 5。
非军事化区域 DMZ：中等安全级别的安全区域，安全级别为 50。
受信区域 Trust：较高安全级别的安全区域，安全级别为 85。
本地区域 Local：最高安全级别的安全区域，安全级别为 100。

这四个安全区域无须创建，也不能删除，同时各安全级别也不能重新设置。安全级别用 1~100 的数字表示，数字越大，表示安全级别越高。

需要注意的是，将接口加入安全区域这个操作，实际上意味着将该接口所连网络加入安全区域中，而该接口本身仍然属于系统预留用来代表设备本身的 Local 安全区域。

USG 防火墙最多支持 32 个安全区域。

1.2 防火墙的设备管理

1.2.1 设备登录管理

设备登录方式，主要有 4 种：Console、Telnet、Web、SSH。

（1）Console：通过 RS-232 配置线连接到设备上，使用 Console 方式登录到设备上，进行配置。

使用 PC 终端通过连接设备的 Console 口来登录设备，进行第一次上电和配置。当用户无法进行远程访问设备时，可通过 Console 进行本地登录；当设备系统无法启动时，可通过 Console 口进行诊断或进入 BootRom 进行系统升级。

（2）Telnet：通过 PC 终端连接到网络上，使用 Telnet 方式登录到设备上，进行本地或远程的配置，目标设备根据配置的登录参数对用户进行验证。Telnet 登录方式方便对设备进行远程管理和维护。

（3）Web：在客户端通过 Web 浏览器访问设备，进行控制和管理。适用于配置终端 PC 通过 Web 方式登录。注意：PC 和 USG 以太网口的 IP 地址必须在同一网段或 PC 和 USG 之间有可达路由。

（4）SSH：提供安全的信息保障和强大的认证功能，保护设备系统不受 IP 欺骗等攻击。SSH 登录能更大限度地保证数据信息交换的安全。

1.2.2 设备文件管理

配置文件是设备启动时要加载的配置项。用户可以对配置文件进行保存、更改和清除，以及选择设备启动时加载的配置文件等操作。系统文件包括 USG 设备的软件版本、特征库文件等。一般情况下，软件升级时需要管理系统文件。

系统软件升级时，可通过 TFTP 方式和 FTP 方式上传系统软件到设备上。

License 是设备供应商对产品特性的使用范围、期限等进行授权的一种合约形式。License 可以动态控制产品的某些特性是否可用。

1.3 登录防火墙实验

1.3.1 通过 Console 登录 CLI 界面（首次登录设备）

默认情况下，设备允许管理员通过 Console 登录 FW 的 CLI 管理员界面。

组网图：通过 Console 口登录 FW 的组网，如图 1-7 所示。

图1-7 通过 Console 登录 CLI 管理员界面组网图

操作步骤：

（1）连接配置口电缆。

①关闭 FW 及配置终端的电源。

②通过配置电缆将配置终端的 RS-232 串口与 FW 的 Console 口相连。

③经安装检查后上电。

（2）配置终端。用户可以从 Internet 上获取如 PuTTY 等免费超级终端软件。下面以 PuTTY 为例介绍超级终端软件的配置。

①下载 PuTTY 软件到本地并双击运行该软件。

②选择"Session"，将"Connection type"设置为"Serial"。

③配置通过串口连接设备的参数。

具体参数配置如图1-8所示。

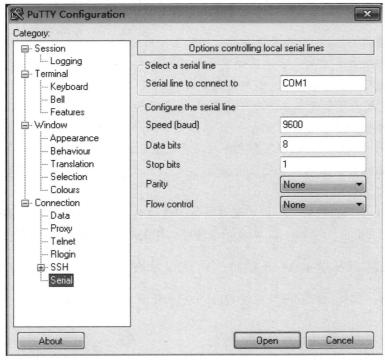

图1-8 PuTTY 软件 Serial 连接 FW 参数配置

④单击"Open"按钮。

（3）连续按 Enter 键，直到系统出现如下显示（以下显示信息仅为示意），提示用户先设置登录密码，然后登录 CLI 界面。

> An initial password is required for the first login via the console.
> Set a password and keep it safe. Otherwise you will not be able to login via the console.
>
> Please configure the login password (8-16)
> Enter Password:
> Confirm Password:
> Warning: The authentication mode was changed to password authentication and the user level was changed to 15 on con0 at the first user login.
> Warning: There is a risk on the user-interface which you login through. Please change the configuration of the user-interface as soon as possible.
> **
> *   Copyright (C) 2014-2020 Huawei Technologies Co., Ltd.   *
> *   All rights reserved.   *
> *   Without the owner's prior written consent,   *
> *   no decompiling or reverse-engineering shall be allowed.   *
> **

注意：
- 第一次通过 Console 口登录设备时，须设置登录密码。
- 为提高安全性，密码必须满足如下要求：

①字符串形式，区分大小写，长度范围是 8~16。

②必须满足最小复杂度要求，即包含英文大写字母（A~Z）、英文小写字母（a~z）、数字（0~9）、特殊字符（!、@、#、$、% 等）中的三种。

- 采用交互方式输入的密码不会在终端屏幕上显示出来。
- 请牢记输入的新密码，避免无法登录。

后续处理：

通过 Console 登录设备后，可以实现对设备的管理和配置。同时，可以根据需要创建更多管理员或搭建 Telnet、STelnet 和 Web 登录环境，相关的配置请参见管理员手册。

1.3.2 通过 HTTPS 登录 Web 界面（首次登录设备）

默认情况下，设备允许管理员通过 HTTPS 方式登录 FW 的 Web 界面。

前提条件：

推荐使用以下浏览器登录设备 Web 界面。

- Internet Explorer 浏览器：10~11。
- Firefox 浏览器：62 及以上版本。
- Chrome 浏览器：64 及以上版本。

说明：

- 默认情况下，FW 支持 TLS1.2 协议，可通过 web-manager security version { tlsv1

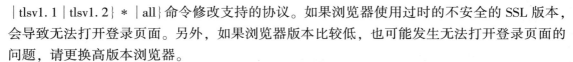

|tlsv1.1|tlsv1.2｝＊|all｝命令修改支持的协议。如果浏览器使用过时的不安全的 SSL 版本，会导致无法打开登录页面。另外，如果浏览器版本比较低，也可能发生无法打开登录页面的问题，请更换高版本浏览器。

- 必须启用 JavaScript，否则，会导致界面显示问题。JavaScript 在不同浏览器中的位置不同。

①Internet Explorer 浏览器：选择"Internet 选项"→"安全"→"自定义级别"，确保活动脚本选项为启用状态。

②Firefox 浏览器：选择"选项"→"内容"，确保 JavaScript 选项为启用状态。23.0 及以上版本默认已经启用 JavaScript，不存在上述设置选项。

③Chrome 浏览器：选择"设置"→"高级设置"→"隐私设置"→"内容设置"→"JavaScript"，确保选中允许所有网站运行 JavaScript（推荐）。

④版本升级后，如果出现无法访问 Web 界面的问题，请尝试清除浏览器的历史缓存数据。

操作步骤：

（1）将管理员 PC 网口与设备的 MGMT 接口（MEth 0/0/0 或 GigabitEthernet 0/0/0）通过网线或者二层交换机相连。

（2）将管理员 PC 的网络连接的 IP 地址设置为 192.168.0.2～192.168.0.254。

（3）在管理员 PC 上打开网络浏览器，访问需要登录设备的 MGMT 接口默认 IP 地址"https://192.168.0.1:8443"。

说明：

如果访问使用 IP 地址"http://192.168.0.1"，设备会自动使用安全性更高的 HTTPS 协议进入 Web 界面。

输入 IP 地址登录后，浏览器会给出证书不安全的提示，此时可以选择继续浏览。然后在登录界面上单击"下载根证书"，并导入管理员 PC 的浏览器，下次登录就不会出现告警提示了。为提高安全性，建议登录设备后配置指定证书，具体请参见 CLI 举例：通过 HTTPS 登录 Web 界面（指定证书）。

（4）在登录界面中，注册管理员账号和密码，并输入已注册的"用户名"和"密码"，单击"登录"按钮。

说明：

- 第一次通过 HTTPS 登录设备时，须注册管理员账号和密码。通过该方式创建的管理员，拥有系统管理员角色权限和 Web 的服务类型，并且不能是"manager-user@@vsys-name"虚拟系统管理员账号。如果已经通过 Console 登录过设备，设备不会展示账号注册界面，只能通过配置好的管理员账号和密码来登录设备 Web 界面。
- 管理员账号为字符串形式，长度为 1～64 个字符，区分大小写，不能包含|、\、/、:、*、&、?、'、=、#、"、<、>、@等字符，并且建议不要与设备的命令行关键字相同。
- 为提高安全性，密码必须满足如下要求：

□ 字符串形式，长度为 8~64 个字符。

□ 必须满足最小复杂度要求，即包含英文大写字母（A~Z）、英文小写字母（a~z）、数字（0~9）、特殊字符（!、@、#、$、%等）中的三种。

□ 密码中不能包含两个以上连续的相同字符。

□ 密码不能与用户名或用户名的倒序相同。

• 请牢记新注册的管理员账号和密码，避免无法登录。如果连续 3 次登录失败，界面会自动锁定（禁止登录）30 分钟。

后续处理：

通过 HTTPS 登录到设备 Web 界面后，可以实现对设备的管理和配置。也可以根据需要创建更多管理员，相关的配置请参见管理员手册。

1.3.3　通过 Telnet 登录 CLI 界面（本地认证）

设备默认不允许进行 Telnet 登录，需要搭建 Telnet 登录环境。

背景信息：

通过 Telnet 登录有一定安全风险，建议使用 STelnet 协议登录 CLI 界面。

组网需求：

如图 1-9 所示，为 FW 配置一个本地管理员。要求管理员可以通过 Telnet 登录到 CLI 界面对 FW 进行管理和维护。FW 对管理员进行本地认证。

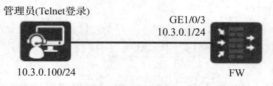

图 1-9　通过 Telnet 登录 CLI 界面组网图

数据规划（表 1-1）：

表 1-1　数据规划

项目	数据	说明
VTY 界面超时断连时间	5 分钟	默认为 10 分钟
自动锁定的验证失败次数	2 次	默认为 3 次
自动锁定的时间	10 分钟	默认为 30 分钟
管理员账号/密码	vtyadmin/Mydevice@abc	账号和密码设置好后请牢记
管理员 PC 的 IP 地址	10.3.0.100/255.255.255.0	—

配置思路：

（1）开启 FW 的 Telnet 服务。

（2）配置登录接口。

(3) 配置 VTY 管理员界面。

(4) 配置管理员。

(5) 配置管理员 PC 的 IP 地址，使用 Telnet 工具软件登录 VTY 界面。

操作步骤：

(1) 如果是首次登录 CLI 界面，请先通过 Console 登录 CLI 界面，然后搭建 Telnet 登录环境。

(2) 开启 Telnet 服务，根据需要选择开启 IPv4 或 IPv6 的 Telnet 服务。以开启 IPv4 服务为例：

```
<FW> system-view
[FW] telnet server enable
```

(3) 可选：配置登录接口。

说明：

如果使用管理口的默认配置登录设备，则无须执行此步骤。

管理口的默认 IP 地址为 192.168.0.1，接口已经加入 Trust 区域，并且允许管理员通过 Telnet 登录设备。

①配置接口 IP 地址以及接口的访问控制功能，允许管理员通过接口 Telnet 登录设备。

```
[FW] interface GigabitEthernet 1/0/3
[FW-GigabitEthernet1/0/3] ip address 10.3.0.1 255.255.255.0
[FW-GigabitEthernet1/0/3] service-manage enable
[FW-GigabitEthernet1/0/3] service-manage telnet permit
[FW-GigabitEthernet1/0/3] quit
```

②将接口加入安全区域。

```
[FW] firewall zone trust
[FW-zone-trust] add interface GigabitEthernet1/0/3
[FW-zone-trust] quit
```

(4) 配置 VTY 管理员界面。

配置 VTY 管理员界面认证方式为 AAA，管理员闲置断连的时间为 5 分钟（默认 10 分钟）。

说明：VTY 管理员界面默认是 5 个，如果需要增加，可执行 user-interface maximum-vty number 命令进行扩充。

```
[FW] user-interface vty 0 4
[FW-ui-vty0-4] authentication-mode aaa
[FW-ui-vty0-4] protocol inbound telnet
[FW-ui-vty0-4] user privilege level 3
[FW-ui-vty0-4] idle-timeout 5
[FW-ui-vty0-4] quit
```

（5）配置 Telnet 管理员。

默认的管理员 admin 支持 Telnet、Console 和 Web 的登录方式。如果使用此管理员登录设备，无须执行此步骤。首次登录时，需要根据提示修改密码并妥善保管。

①可选：创建管理员角色。

如果使用默认的管理员角色，请忽略此步骤。

```
[FW] aaa
[FW-aaa] role service-admin
[FW-aaa-role-service-admin] description policy_object_network_readwrite_and_other_modules_none
[FW-aaa-role-service-admin] dashboard none
[FW-aaa-role-service-admin] monitor none
[FW-aaa-role-service-admin] system none
[FW-aaa-role-service-admin] network read-write
[FW-aaa-role-service-admin] object read-write
[FW-aaa-role-service-admin] policy read-write
[FW-aaa-role-service-admin] quit
```

②创建管理员，并为管理员绑定角色。

```
[FW] aaa
[FW-aaa] manager-user vtyadmin
[FW-aaa-manager-user-vtyadmin] password
Enter Password:
Confirm Password:
[FW-aaa-manager-user-vtyadmin] service-type telnet
[FW-aaa-manager-user-vtyadmin] quit
[FW-aaa] bind manager-user vtyadmin role service-admin
```

③可选：配置管理员登录失败自动锁定功能。

默认情况下，如果连续 3 次登录失败，则账号锁定 30 分钟。以下以连续 2 次登录失败，账号锁定 10 分钟为例进行配置。

```
[FW-aaa] lock-authentication enable
[FW-aaa] lock-authentication failed-count 2
[FW-aaa] lock-authentication timeout 10
```

（6）在本地管理员 PC 上的配置。

①设置管理员 PC 的 IP 地址为 10.3.0.100，子网掩码为 255.255.255.0。

②在管理员 PC 上运行 Telnet 工具软件（以 Windows 系统为例），在 PC 上选择"开始"→"运行"，显示"运行"窗口，输入 telnet 10.3.0.1。

③单击"确定"按钮，开始连接 FW。

④在登录界面，"Username:"输入"vtyadmin"，"Password:"输入"Mydevice@abc"，

然后按 Enter 键即可登录到 VTY 界面，管理员配置成功。

配置脚本：

```
#
 telnet server enable
#
interface GigabitEthernet1/0/3
 ip address 10.3.0.1 255.255.255.0
 service-manage enable
 service-manage telnet permit
#
user-interface vty 0 4
 authentication-mode aaa
 protocol inbound telnet
 user privilege level 3
 idle-timeout 5
#
aaa
 authentication-scheme default
#
 manager-user vtyadmin
  password cipher %@%@*y:3*ZN|.%%qcL1cCyDwlB.|@XBVMDWq'6JF(iOz2D8>A\SN%@%@
  service-type telnet
  level 15
#
 lock-authentication enable
 lock-authentication failed-count 2
 lock-authentication timeout 10
#
 bind manager-user vtyadmin role service-admin
role service-admin
  description policy_object_network_readwrite_and_other_modules_none
  dashboard none
  monitor none
  system none
  network read-write
  object read-write
  policy read-write
```

```
#
firewall zone trust
 set priority 85
 add interface GigabitEthernet1/0/3
#
return
```

1.3.4 通过 STelnet 登录 CLI 界面（Password 认证）

本节介绍如何配置管理员 PC 作为 STelnet 客户端。FW 作为 STelnet 服务器，在已有业务组网下，管理员通过 STelnet 以 Password 认证方式登录到 FW 的 VTY 管理员界面。

组网需求：

如图 1 - 10 所示，为 FW 配置一个管理员。要求管理员在其 PC 上通过 STelnet 以 Password 认证方式登录到 FW 的 VTY 管理员界面，并对 FW 进行管理和维护。

图 1 - 10 通过 STelnet 登录 CLI 界面（Password 认证）组网图

数据规划（表 1 - 2）：

表 1 - 2 数据规划

项目		数据
FW	SSH 账号	sshadmin
	认证方式	Password
	密码	Mydevice@123
	服务方式	STelnet
管理员 PC		SSH 客户端软件：PuTTY 软件（Windows XP 系统）。PuTTY 软件包括 STelnet 等多用途客户端 PuTTY 工具和 SFTP 客户端 PSFTP 工具

配置思路：

(1) 配置 FW 作为 SSH 服务器。

- 在接口上启用 SSH 服务。
- 配置 VTY 管理员界面。
- 创建 SSH 管理员账号，并指定认证方式和服务方式。
- 生成本地密钥对。
- 启用 STelnet 服务。

- 配置 SSH 服务参数。

（2）配置管理员 PC 作为 SSH 客户端。

- 配置管理员 PC 的 IP 地址。
- 安装 PuTTY 工具软件。
- 使用 PuTTY 工具软件以 SSH 方式登录 FW。

说明：

假设接口和管理员 PC 的 IP 地址、安全区域、路由、安全策略已经配置完成。在此基础上，本例只介绍管理员相关内容。

操作步骤：

（1）配置 FW。

①在 GigabitEthernet 1/0/3 接口上启用 SSH 服务。

```
<FW> system-view
[FW] interface GigabitEthernet 1/0/3
[FW-GigabitEthernet1/0/3] service-manage enable
[FW-GigabitEthernet1/0/3] service-manage ssh permit
[FW-GigabitEthernet1/0/3] quit
```

②配置验证方式为 AAA。

```
[FW] user-interface vty 0 4
[FW-ui-vty0-4] authentication-mode aaa
[FW-ui-vty0-4] protocol inbound ssh
[FW-ui-vty0-4] user privilege level 3
[FW-ui-vty0-4] quit
```

③创建 SSH 管理员账号 sshadmin，指定认证方式为 Password，服务方式为 STelnet。此处以本地认证方式为例。

说明：

如果采用服务器认证，请先配置认证方案、服务器模板，并在管理员视图下绑定认证方案及服务器模板。

```
[FW] aaa
[FW-aaa] manager-user sshadmin
[FW-aaa-manager-user-sshadmin] password
Enter Password:
Confirm Password:
[FW-aaa-manager-user-sshadmin] service-type ssh
[FW-aaa-manager-user-sshadmin] quit
[FW-aaa] bind manager-user sshadmin role system-admin
```

```
[FW-aaa] quit
[FW] ssh authentication-type default password
```

说明：

对于 Password 认证方式的 SSH 管理员，如果采用本地认证方式，则 SSH 管理员的级别由本地配置的管理员级别决定（通过命令 bind manager-user manager-name role role-name 为管理员账号绑定角色或者通过命令 level level 配置管理员账号的权限级别）；如果采用服务器认证方式，则 SSH 管理员的级别由服务器返回的授权级别决定，当服务器未返回管理员的授权级别时，则 SSH 管理员的级别由 VTY 界面级别决定（通过命令 user privilege level level 配置管理员界面的级别）。

为保证管理员能正常登录设备，建议管理员级别不低于 3 级。

④生成本地密钥对。

```
[FW] rsa local-key-pair create
The key name will be: FW_Host


The range of public key size is (2048~2048).
NOTES: If the key modulus is greater than 512,
       it will take a few minutes.
Input the bits in the modulus[default = 2048]:2048
Generating keys...
.+++++
........................++
....++++
..........++
```

⑤启用 STelnet 服务。

```
[FW] stelnet server enable
```

⑥配置 SSH 用户。

```
[FW] ssh user sshadmin
[FW] ssh user sshadmin authentication-type password
[FW] ssh user sshadmin service-type stelnet
```

⑦可选：配置 SSH 服务器参数。

配置 SSH 服务器服务端口号 22，认证超时时间为 80 秒，认证重试次数为 4 次，密钥对更新时间为 1 小时，并启用兼容低版本功能。

如果 SSH 默认的协议端口号 22 发生变更，则 service-manage 功能不会再对该协议生效，需要额外配置安全策略允许该协议访问设备。

```
[FW] ssh server port 22
```

```
[FW] ssh server timeout 80
[FW] ssh server authentication-retries 4
[FW] ssh server rekey-interval 1
[FW] ssh server compatible-ssh1x enable
```

（2）配置管理员 PC 作为 SSH 客户端。

①配置管理员 PC 的 IP 地址/子网掩码为 10.2.0.100/255.255.255.0。

②安装 PuTTY 工具软件，具体步骤略。

③使用 PuTTY 以 STelnet 方式登录 FW（下文中以 PuTTY0.60 为例）。

（3）打开 PuTTY.exe 程序，出现如图 1-11 所示的界面。在"Host Name（or IP address）"文本框中输入 SSH 服务器的 IP 地址。

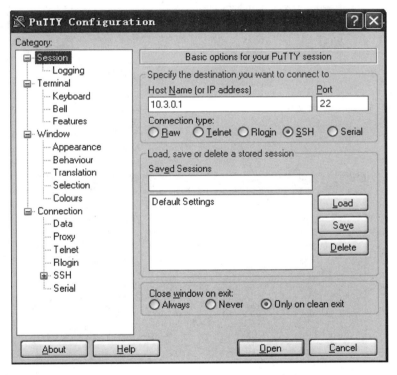

图 1-11 输入 SSH 服务器的 IP 地址

（4）在左侧 Category 目录树单击"Connection"→"SSH"，出现如图 1-12 所示的界面。在"Protocol options"区域中，选择"Preferred SSH protocol version"参数的值为"2"，然后单击"Open"按钮。

（5）第一次登录时，会出现如图 1-13 所示的提示框，单击"是"按钮。

（6）在弹出的登录界面输入 SSH 账号 sshadmin 后按 Enter 键，接着输入密码 Mydevice@123 再按 Enter 键，即可登录 FW。

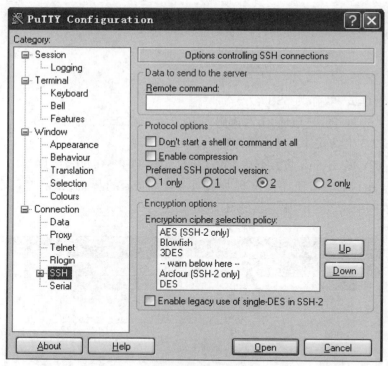

图 1-12 设置 SSH 协议版本

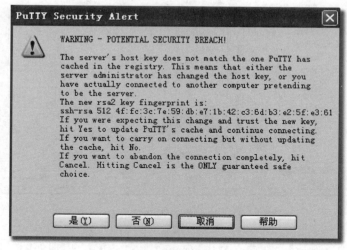

图 1-13 PuTTY 安全提示

配置脚本：

```
#
interface GigabitEthernet1/0/3
 ip address 10.3.0.1 255.255.255.0
 service-manage enable
```

```
   service-manage ssh permit
#
user-interface vty 0 4
  authentication-mode aaa
  user privilege level 3
  protocol inbound ssh
#
manager-user sshadmin
  password cipher %@%@fPXYG8r|>17U(MYaBLw0OE<3BRR/*~[B0>uW"^/)|U_>wKB=%@%@
  service-type ssh
  level 15

bind manager-user sshadmin role system-admin
#
stelnet server enable
ssh user sshadmin
ssh user sshadmin authentication-type password
ssh user sshadmin service-type stelnet
ssh server port 22
ssh server timeout 80
ssh server authentication-retries 4
ssh server rekey-interval 1
ssh server compatible-ssh1x enable
#
```

第 2 章 防火墙安全策略

2.1 安全策略概述

2.1.1 什么是安全策略

FW 的基本作用是对进出网络的访问行为进行控制,保护特定网络免受"不信任"网络的攻击,但同时还必须允许两个网络之间可以进行合法的通信。FW 就是通过安全策略技术实现访问控制的。

安全策略是 FW 的核心特性,它的作用是对通过 FW 的数据流进行检验,只有符合安全策略的合法流量才能通过 FW 进行转发,如图 2-1 所示。

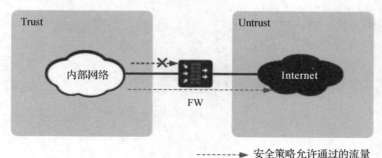

图 2-1 FW 的安全策略

安全策略是由匹配条件(例如五元组、用户、时间段等)和动作组成的控制规则,FW 收到流量后,对流量的属性(五元组、用户、时间段等)进行识别,并将流量的属性与安全策略的匹配条件进行匹配。如果所有条件都匹配,则此流量成功匹配安全策略。流量匹配安全策略后,设备将会执行安全策略的动作。

如果动作为"允许",则对流量进行如下处理:
如果没有配置内容安全检测,则允许流量通过。
如果配置内容安全检测,最终根据内容安全检测的结论来判断是否对流量进行放行。
如果动作为"禁止",则禁止流量通过。

2.1.2 安全策略的组成

如图 2-2 所示，安全策略是由匹配条件和动作组成的控制规则。FW 接收流量后，对流量的属性（五元组、用户、时间段等）进行识别，并将流量的属性与安全策略的匹配条件进行匹配。如果所有条件都匹配，则此流量成功匹配安全策略。流量匹配安全策略后，FW 将会执行安全策略的动作。此外，用户还可以根据需求设置其他的附加功能，例如记录日志功能、配置会话老化时间以及自定义长连接等。

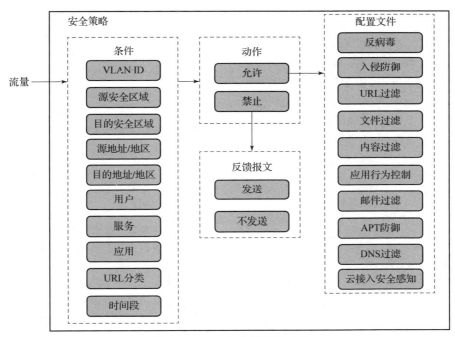

图 2-2 FW 安全策略的组成

下面具体介绍安全策略的匹配条件、处理动作以及其他附加的功能。

一、安全策略的匹配条件

安全策略的匹配条件均为可选，如果不选，默认为 any，表示该安全策略与任意报文匹配。安全策略的匹配条件具体见表 2-1。

表 2-1 安全策略的匹配条件

匹配条件	作用	举例
源安全区域/目的安全区域	指定流量发出/去往的安全区域。如果希望安全策略规则仅适用于特定的源安全区域/目的安全区域，可以在创建安全策略规则时将源安全区域/目的安全区域作为匹配条件	假设内网用户所在的安全区域为 Trust，外网所在的安全区域为 Untrust，如果希望控制内网用户访问外网的权限，则可以配置安全策略规则，指定源安全区域为 Trust，目的安全区域为 Untrust

续表

匹配条件	作用	举例
源地址/地区 目的地址/地区	指定流量发出/去往的地址，取值可以是地址、地址组、域名组、地区或地区组。 如果希望安全策略规则仅适用于特定的源地址/地区、目的地址/地区，可以在创建安全策略规则时将源地址/地区、目的地址/地区作为匹配条件	举例1：如果希望企业员工能够访问公网的 Web 服务器，则可以配置安全策略规则，指定源地址为企业员工所在的地址，目的地址为 any。 举例2：如果希望企业员工仅能访问企业内部的 Web 服务器，则可以配置安全策略规则，指定源地址为企业员工所在的地址，目的地址为企业内部的 Web 服务器所在的地址。 举例3：如果希望企业员工仅能访问几个搜索网站，则可以将这些搜索网站的域名加入域名组。配置安全策略规则，指定源地址为企业员工所在的地址，目的地址为配置的域名组。 举例4：某企业提供 Web 服务器供外部用户访问，出于安全考虑，不允许 A 国家访问此服务器，可以配置安全策略规则，指定源地址为地区"A 国家"、动作为禁止
用户	指定流量的所有者，代表了"谁"发出的流量。取值可以是"用户""用户组"或"安全组"。 源地址/地区和用户都表示流量的发出者，两者配置一种即可。一般情况下，源地址/地区适用于 IP 地址固定或企业规模较小的场景；用户适用于 IP 地址不固定且企业规模较大的场景	如果希望不同企业员工访问 Internet 的权限不同，企业需要创建用户、用户组或安全组。例如，企业根据员工级别和职能不同创建三个用户：高层管理者、市场员工、研发员工，他们访问 Internet 的权限不同，则可以配置安全策略规则，指定用户为匹配条件。如果安全策略中配置用户作为匹配条件，需要首先配置用户的认证
接入方式	指定接入认证类型，用于 Agile Controller 单点登录场景下对不同的接入认证类型进行策略控制	假设某企业仅允许有线连接下通过 Portal 页面接入的员工访问外网，则可以配置安全策略规则，指定匹配条件接入方式为有线 Portal
终端设备	指定终端设备类型，通过配置"终端设备"实现基于终端设备类型的网络行为控制和网络权限分配	假设某企业仅允许使用 PC 的员工访问外网，则可以配置安全策略规则，指定匹配条件终端设备为 PC

续表

匹配条件	作用	举例
服务	指定流量的协议类型或端口号。如果希望控制指定协议类型或端口号的流量,可以在创建安全策略规则时将服务作为匹配条件	假设某企业部署两台业务服务器,其中 Server1 通过 TCP 8888 端口对外提供服务,Server2 通过 UDP 6666 端口对外提供服务。为了控制 PC 访问这两台服务器,需要首先配置两个自定义服务,分别将两台服务器的非知名端口加入服务,然后配置安全策略引用这两个服务
应用	指定流量的应用类型。通过应用 FW 能够区分使用相同协议和端口号的不同应用程序,使网络管理更加精细。 如果希望控制不同应用的流量,可以在创建安全策略规则时将应用作为匹配条件	假设某学校希望禁止学生使用网页 IM 和网页游戏应用,则可以配置安全策略规则,指定匹配条件应用为网页 IM 和网页游戏,动作为禁止
URL 分类	指定流量的 URL 分类。如果希望特定的安全策略规则仅适用于特定类别的网站,可以在创建安全策略规则时将 URL 分类作为匹配条件。 除了在安全策略中直接配置 URL 分类之外,还可以在 URL 过滤中配置 URL 分类。在某些场景下,在 URL 过滤中配置 URL 分类,配置会比较烦琐,而通过在安全策略中直接配置 URL 分类,则可以减少配置。例如:配置安全策略规则,控制用户组 A 仅能访问 URL 分类 A,用户组 B 仅能访问 URL 分类 B,当新增一个用户组 C 访问 URL 分类 A 和 B 时,如果使用 URL 过滤,则还需要创建新的 URL 过滤配置文件,配置烦琐,而如果在安全策略直接配置 URL 分类,只需在原有安全策略中增加用户组 C 即可,减少了配置	如果希望企业员工仅能访问搜索/引擎类和教育/科学类网站,则可以配置安全策略规则,指定匹配条件 URL 分类为搜索/引擎和教育/科学
时间段	指定安全策略生效的时间段。如果希望安全策略规则仅在特定时间段内生效,可以在创建安全策略规则时将时间段作为匹配条件	如果企业希望工作时间内(8:30—12:00,13:00—17:30)不允许员工上网,午休时间(12:00—13:00)允许员工上网,则可以配置安全策略规则,指定匹配条件时间段

续表

匹配条件	作用	举例
VLAN ID	指定流量的 VLAN ID。如果希望基于不同 VLAN 控制流量，可以在创建安全策略规则时将 VLAN ID 作为匹配条件	当 FW 工作在二层时，不同 VLAN 的流量经过 FW，如果希望基于不同 VLAN 控制流量，可以配置安全策略规则，指定匹配条件为 VLAN ID

二、安全策略的动作

如果安全策略配置的所有匹配条件都匹配，则此流量成功匹配该安全策略规则。流量匹配安全策略后，设备将会执行安全策略的动作。安全策略的动作包括允许和禁止两种。

允许：如果动作为"允许"，则对流量进行如下处理。

如果没有配置内容安全检测，则允许流量通过。

如果配置内容安全检测，最终根据内容安全检测的结论来判断是否对流量放行。内容安全检测包括反病毒、入侵防御等，它是通过在安全策略中引用安全配置文件实现的。如果其中一个安全配置文件阻断该流量，则 FW 阻断该流量。如果所有的安全配置文件都允许该流量转发，则 FW 允许该流量转发。

禁止：表示拒绝符合条件的流量通过。

如果动作为"禁止"，FW 不仅可以将报文丢弃，还可以针对不同的报文类型选择发送对应的反馈报文。客户端/服务器收到 FW 发送的阻断报文后，应用层可以快速结束会话并让用户感知到请求被阻断。

Reset 客户端：FW 向 TCP 客户端发送 TCP reset 报文。

Reset 服务器：FW 向 TCP 服务器发送 TCP reset 报文。

ICMP 不可达：FW 向报文客户端发送 ICMP 不可达报文。

三、其他附加功能

其他附加功能包括记录日志功能、会话老化时间和自定义长连接功能。

1. 记录日志功能

记录日志功能包括：

记录流量日志：当流量命中了动作为 permit 的安全策略时，生成会话；当会话老化时，如果开启记录流量日志功能，FW 将记录流量日志。

记录策略命中日志：当流量命中了动作为 permit 或 deny 的安全策略时，如果开启记录策略命中日志功能，FW 将记录策略命中日志。

记录会话日志：当在 FW 上新建会话或会话老化时，如果开启记录会话日志功能，FW 将记录会话日志。

2. 会话老化时间

对于一个已经建立的会话表表项，只有当它不断被报文匹配时，才有存在的必要。如果长时间没有报文匹配，则说明通信双方可能已经断开了连接，不再需要此条会话表表项了。此时,为了节约系统资源,系统会在一条表项连续未被匹配一段时间后将其删除,即会话表项已经老化。管理员可以根据实际需要,基于安全策略设置会话的老化时间。

3. 自定义长连接

通常情况下,设备上默认对各种协议设定的老化时间已经可以满足各种协议的转发需求了。在不同的网络环境下,管理员也可以通过调整各种协议的老化时间来保障业务的正常运行。但是对于某些特殊业务,一条会话的两个连续报文可能间隔时间很长。例如:

用户通过 FTP 下载大文件,需要间隔很长时间才会在控制通道继续发送控制报文。

用户需要查询数据库服务器上的数据,这些查询操作的时间间隔远大于 TCP 的会话老化时间。

如果只靠延长这些业务所属协议的老化时间来解决这个问题,则会导致一些同样属于这个协议,但是其实并不需要这么长的老化时间的会话长时间不能得到老化。这会导致系统资源被大量占用,性能下降,甚至无法再为其他业务建立会话。所以必须缩小延长老化时间的流量范围。

长连接功能可以解决这一问题。长连接功能可以为这些特殊流量设定超长的老化时间,使这些特殊的业务数据流的会话信息长时间不被老化,保证此类业务正常运行。目前该功能只针对匹配策略的 TCP 协议报文生效。

在配置会话老化中,详细介绍了基于服务集的会话老化时间配置方法,对于几种配置并存的情况,其优先级关系如下所示:基于策略的自定义长连接→基于策略的老化时间→基于服务集的老化时间。

2.1.3 安全策略的匹配过程

本节将介绍安全策略的匹配规则、过滤机制以及未决策略。

FW 最基本的设计原则,一般是没有明确允许的,默认都会被禁止,这样 FW 一旦连接网络,就能保护网络的安全。如果想要允许某流量通过,可以创建安全策略。一般针对不同的业务流量,设备上会配置多条安全策略,下面将具体介绍多条安全策略的匹配顺序和匹配规则等。

一、安全策略的匹配规则

安全策略的匹配规则如图 2-3 所示。每条安全策略中包含多个匹配条件,各个匹配条件之间是"与"的关系,报文的属性与各个条件必须全部匹配,才认为该报文匹配这条规则。一个匹配条件中可以配置多个值,多个值之间是"或"的关系,报文的属性只要匹配任意一个值,就认为报文的属性匹配了这个条件。

当配置多条安全策略规则时,安全策略列表默认是按照配置顺序排列的,越先配置的安全策略规则,位置越靠前,优先级越高。安全策略的匹配就是按照策略列表的顺序执行的,即从策略列表顶端开始逐条向下匹配,如果流量匹配了某个安全策略,将不再进行下一个策略的匹配。所以安全策略的配置顺序很重要,需要先配置条件精确的策略,再配置宽泛的策略。如果某条具体的安全策略放在通用的安全策略之后,可能永远不会被命中。例如:

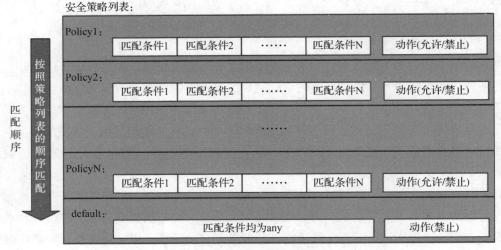

图 2-3 安全策略的匹配规则

企业的 FTP 服务器地址为 10.1.1.1，允许 IP 网段为 10.2.1.0/24 的办公区访问，但要求禁止两台临时办公 PC（10.2.1.1、10.2.1.2）访问 FTP 服务器。需要按照表 2-2 所列顺序配置安全策略。

表 2-2 配置顺序

序号	名称	源地址	目的地址	动作
1	policy1	10.2.1.1 10.2.1.2	10.1.1.1	禁止
2	policy2	10.2.1.0/24	10.1.1.1	允许

对比两条安全策略，policy1 条件细化，policy2 条件宽泛，如果不按照上述顺序配置安全策略，则 policy1 永远不会被命中，就无法满足禁止两台临时办公 PC（10.2.1.1、10.2.1.2）访问 FTP 服务器的需求。

通常的业务情况是先有通用规则，后有例外规则。在初始规划时，可以尽可能地同时把通用规则和例外规则列出来，按照正确的顺序配置。但是在维护阶段可能还会添加例外规则，因此需要在配置后调整顺序。

此外，系统默认存在一条默认安全策略 default，默认安全策略位于策略列表的最底部，优先级最低，所有匹配条件均为 any，动作默认为禁止。如果所有配置的策略都未匹配，则将匹配默认安全策略 default。

同一安全区域内的流量和不同安全区域间的流量受默认安全策略控制的情况分别为：

①对于不同安全区域间的流量（包括但不限于从 FW 发出的流量、FW 接收的流量、不同安全区域间传输的流量），受默认安全策略控制。

②对于同一安全区域内的流量，默认不受默认安全策略控制，默认转发动作为允许。如果希望同域流量受默认安全策略控制，则需要开启默认安全策略控制同一安全区域内流量的

开关。开启后，默认安全策略的配置将对同一安全区域内的流量生效，包括默认安全策略的动作、日志记录功能等。

默认安全策略可以修改默认动作、日志记录功能（包括策略命中日志、会话日志和流量日志）。

二、安全策略的过滤机制

对于同一条数据流，只需在访问发起的方向上配置安全策略，反向流量无须配置安全策略。即首包匹配安全策略，通过安全策略过滤后建立会话表，后续包直接匹配会话表，无须再匹配安全策略，提高业务处理效率。以客户端 PC 访问 Web 服务器为例，来说明安全策略的过滤机制。

如图 2-4 所示，客户端 PC 访问 Web 服务器，当流量到达 FW 后，执行首包流程，做安全策略过滤，匹配安全策略，FW 允许报文通过，同时建立会话，会话包含了 PC 发出报文的信息，如源/目的地址、源/目的端口号、应用协议等。当 Web 服务器回应请求报文时，FW 会查找会话表，将回应请求报文中的信息与会话表中的会话信息进行比对，如果该报文中的信息与会话中的信息相匹配，且符合协议规范对后续包的定义，则认为这个报文属于 PC 访问 Web 服务器行为的后续回应报文，直接允许这个报文通过。

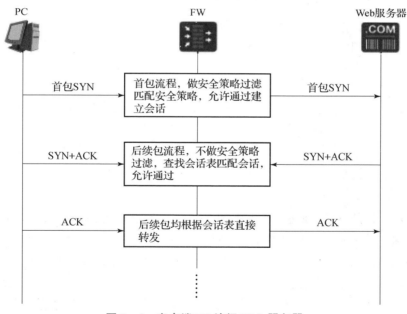

图 2-4　客户端 PC 访问 Web 服务器

三、未决策略

如果安全策略中配置了应用或 URL 分类，则流量需要发送给内容安全引擎进行应用识别或 URL 分类查询。在应用识别或 URL 分类查询未完成时，将不确定命中的安全策略，处于策略未决状态。FW 需要获取多个报文才能识别出应用或 URL 分类，FW 会先根据首包匹配安全策略，主要针对五元组匹配，匹配条件应用或 URL 分类未决，并建立一条会话，其中应用或 URL 分类信息保留为空，直到应用识别或 URL 分类查询完成后重新匹配安全策略，并刷新会话信息。

例如，配置的安全策略列表见表 2-3。

表 2-3 配置的安全策略列表

规则	源地址	目的地址	应用或 URL 分类	动作
policy1	内网 PC 10.2.1.0/24	外网服务器 10.1.1.1	教育/科学类网站	允许
policy2	any	any	游戏	阻断
policy3	内网 PC 10.2.1.0/24	any	any	允许

当内网用户访问教育/科学类网站时，安全策略的过滤过程见表 2-4。

表 2-4 安全策略的过滤过程

阶段	匹配过程	匹配结果
第一阶段	根据首包匹配安全策略 policy1，主要针对五元组匹配，匹配条件应用或 URL 分类未决，并建立一条会话	应用识别或 URL 分类查询未完成，默认会先建立一条临时会话，放行并继续检测流量
第二阶段	内容安全引擎要经过几个后续包才能识别出应用或 URL 分类，后续包先匹配第一阶段建立的会话表	—
第三阶段	经过几个后续包后，内容安全引擎识别出应用或 URL 分类，后续包重新匹配安全策略，并刷新会话信息	匹配 policy1，允许内网用户访问教育/科学类网站

2.1.4 本地安全策略

安全策略不仅可以控制通过 FW 的流量，也可以控制本地流量。本地流量是指目的为 FW 自身的流量，或者从 FW 自身发出的流量。

在很多需要 FW 本身进行报文收发的应用中，需要放开本地流量的安全策略。包括：

①需要对 FW 本身进行管理的情况。例如 Telnet 登录、Web 登录、接入 SNMP 网管等。

②FW 本身作为某种服务的客户端或服务器，需要主动向对端发起请求或处理对端发起的请求的情况。例如 FTP、PPPoE 拨号、NTP、IPSec VPN、DNS、升级服务、URL 远程查询、邮件外发等。

控制本地流量的安全策略的配置要求：

①FW 本身所在区域为 Local 区域。

②连接对端设备的接口所在的安全区域。

③源地址、目的地址、服务等其他匹配条件。

④处理动作。

例如：允许 FW 访问升级中心。配置如下：
源安全区域为 Local。
目的安全区域为升级中心所在的安全区域。
目的地址为升级中心的地址。
如果升级方式配置为 HTTPS，需要放行 HTTPS 协议；如果升级方式配置为 HTTP，需要放行 HTTP 和 FTP 协议，以及协议为 TCP、目的端口为 10 001~15 000 的自定义服务。
动作为允许。

2.1.5 安全策略的例外情况

默认情况下，安全策略仅对单播报文进行控制，对广播和组播报文不做控制，直接转发。但是还存在一些特殊情况：

通过 firewall l2 – multicast packet – filter enable 命令配置二层组播报文受安全策略控制后，FW 可以对除了二层 ND 组播报文之外的所有二层组播报文（包括经过 FW 和从 FW 发出的二层组播报文）进行安全策略控制。

表 2 – 5 中的协议均为网络互联互通协议，为安全起见，这些协议的单播报文默认受安全策略和默认安全策略控制，如果希望设备能够快速接入网络，可以配置 undo firewall packet – filter basic – protocol enable 命令，使这些协议的单播报文不受安全策略和默认安全策略控制。

表 2 – 5　网络互联互通协议受安全策略和默认安全策略控制情况

协议类型	经过 FW 的报文	到 FW 自身的报文/从 FW 发出的报文	说明
BFD	单播报文：受控 组播报文：不受控	单播报文：受控 组播报文：不受控	可以依据目的 IP 地址来区分是单播报文还是组播报文
BGP	受控	受控	BGP 只存在单播报文
DHCPv4	单播报文（UDP 端口号 67/68）：受控 广播报文（UDP 端口号 67/68）：不受控	单播报文（UDP 端口号 67/68）：受控 广播报文（UDP 端口号 67/68）：不受控	可以依据目的 IP 地址来区分是单播报文还是组播报文
DHCPv6	单播报文（UDP 端口号 546/547）：受控 组播报文（UDP 端口号 546/547）：不受控	单播报文（UDP 端口号 546/547）：受控 组播报文（UDP 端口号 546/547）：不受控	可以依据目的 IP 地址来区分是单播报文还是组播报文

续表

协议类型	经过 FW 的报文	到 FW 自身的报文/从 FW 发出的报文	说明
LDP	单播报文（TCP 端口号：646）：受控 组播报文（UDP 端口号：646）：不受控	单播报文（TCP 端口号：646）：受控 组播报文（UDP 端口号：646）：不受控	—
OSPF	单播报文：受控	单播报文（协议号：89）：受控 组播报文（协议号：89）：不受控	经过防火墙的 OSPF 报文只有配置虚连接时才会出现，并且该场景下只存在 OSPF 单播报文。 可以依据目的 IP 地址来区分是单播报文还是组播报文

其他一些典型的协议受控情况：

①多通道协议在配置 ASPF 功能后，FW 对数据通道的报文不进行安全策略过滤。

②FW 在执行 service – manage enable 命令，开启接口的访问控制管理功能后，到设备自身的 http/https/ping/snmp/ssh/telnet 协议报文受 service – manage 配置控制，不受安全策略控制。

③当认证策略的认证动作配置为 Portal 认证，用户向 Web 服务器发起 HTTP/HTTPS 请求时，Syn 首包不受安全策略控制。

2.2 如何规划安全策略

安全策略的主要目标是降低入侵成功率和发现攻击者。为了实现这个目标，可以配置基于应用的安全策略规则，允许用户访问列入白名单的应用，同时扫描所有流量，检测和阻止所有已知的威胁，并将未知威胁的文件发送到沙箱，识别新威胁，以便后续进行阻断，确保在攻击的整个生命周期内进行检测和预防。具体方法见表 2 – 6。

表 2 – 6 规划安全策略方法

基本方法	说明
流量可视化	安全策略控制的前提是全面了解网络中的应用、用户和内容。 通过用户识别以及 SSL 解密，可以全面了解所有用户和应用的流量信息，以便 FW 可以检查所有用户流量

续表

基本方法	说明
减小攻击面	全面了解网络中的应用、用户和内容之后，创建基于应用的安全策略允许关键业务，阻断风险应用。 为了进一步减少攻击面，请在允许某应用的安全策略基础上开启 URL 过滤和文件过滤等功能，阻止用户访问高风险网站和下载高危文件
防范已知威胁	在所有动作为允许的安全策略规则中引用内容安全配置文件，用于防范已知威胁
检测未知威胁	将未知威胁的文件送往沙箱进行检测。FW 定时读取沙箱的检测结果，并根据检测结果对后续流量进行阻断

网络中可能存在多种业务流量，针对不同的业务流量，设备上会配置多条安全策略。为了保证安全策略配置的正确性，管理员需要在配置安全策略前完成安全策略的规划。安全策略的规划思路如下：

（1）了解企业的信息资产和服务，评估可能的风险。

要配置安全策略，首先要了解公司的业务，识别需要保护的信息资产，包括该资产可能面临的威胁。例如，对于一家科技公司，知识产权是该公司最宝贵的资产，该资产面临的最大威胁之一就是源代码被盗。

（2）使用安全区域划分网络，简化管理。

使用接口和安全区域划分网络，管理员应首先明确需要划分哪几个安全区域，接口如何连接，分别加入哪些安全区域。例如：interface1 连接外网加入 Untrust 区域，interface2 连接服务器加入 DMZ 区域，interface3 连接办公网络加入 Trust 区域。

流量不能在安全区域之间流动，除非存在动作为允许的安全策略，防止攻击者进入网络。通过部署基于安全区域、用户和应用的安全策略能阻止攻击者横向移动，即定义细粒度的区域，该区域仅允许特定的用户访问特定的应用和资源。

（3）识别业务和应用，确定业务黑白灰名单。

识别出允许访问的应用白名单，并根据业务进行分类，以便应用到不同的策略中。

识别出禁止访问的应用黑名单，应用到不同的策略中。

灰名单是未知的，用于发现在企业运作的过程中遗漏的其他合法应用。例如，使用非知名端口的应用、企业自己开发的应用等。

在规划开始阶段，不需要全面了解所有的应用，而应聚焦于白名单，其他交给灰名单解决，避免业务中断。例如：某公司允许访问的应用白名单除了正式批准的应用程序之外，还包括一般的商业办公软件和个人应用。其他未知的应用可以先从了解应用的使用情况开始，逐步梳理应用的权限。例如，允许使用官方正式批准的应用，逐步淘汰和禁止其他的应用，即把策略从允许改成告警，最终阻断。此外，也可以为某类用户单独保留使用权限。

（4）确定用户与业务/应用的访问关系与规则。

确定允许访问每个应用的用户/用户组。通过感染终端用户进入内网是最简单的攻击手段，因此，为了减小攻击面，仅允许具有合法业务需求的用户/用户组访问。

例如：研发员工只能在非工作时间访问外网，且不能使用"娱乐"类别的应用。市场员工可以在任何时间访问外网，但是不能使用"Game"子类别的应用。管理者（特殊用户）可以自由访问外网。

（5）解密流量减少攻击面。

随着加密流量的发展，加密流量成为攻击者传递威胁的常见手段。例如，攻击者可能会使用 Gmail 等通过 SSL 加密的 Web 应用程序将漏洞通过电子邮件发送给访问该应用程序的员工。如果此时没有启用 SSL 解密，将无法感知这部分流量，因此将扩大攻击面。

为了减小攻击面，建议解密所有的流量。除非存在特殊情况，例如，被解密影响的关键应用、出于监管或法律原因排除的特定用户。

（6）确定部署哪些内容安全检测。

各种攻击活动都通过合法的应用传递，为了防止已知和未知的威胁，要在所有动作为允许的安全策略中引用内容安全配置文件。例如，为了保证公司的源代码不被病毒感染，可以在动作为允许的安全策略上引用反病毒配置文件。

（7）创建初始的安全策略。

根据已规划的应用和用户信息，定义初始的安全策略。

允许用户所在的 IP 地址段或用户/用户组访问所有应用白名单的安全策略。

禁止已知的恶意 IP 地址和应用的安全策略。

用于进一步优化策略的临时安全策略。

临时安全策略用于发现未知应用和业务的，如果对自己的应用和业务不是很了解，可以按照以下思路规划临时安全策略：

①配置默认安全策略的动作为允许通过，对业务进行调试，保证业务正常运行。
②查看日志、会话表，以日志、会话表中记录的信息为匹配条件配置安全策略。
③恢复默认安全策略的配置，再次对业务进行调试，验证安全策略的正确性。

默认安全策略的动作配置为 permit 后，防火墙允许所有报文通过，可能会带来安全风险，因此调测完毕后，务必将默认安全策略动作恢复为 deny。

（8）监控并根据日志调整策略。

对于临时安全策略，需要监控和评估匹配该策略的流量，以便进一步调整应用白名单，优化安全策略。

监控一段时间后，如果流量不再命中临时安全策略，可以删除该临时安全策略。

（9）长期关注应用变化，分析可能带来的影响。

应用处在不断的变化中，业务感知特征库也在不断地更新，要不断分析其影响，并调整相应的安全策略。

2.3 配置安全策略（CLI 语法）

系统存在一条默认安全策略，名称为 default，匹配条件均为 any，动作默认为禁止。默认安全策略不能删除，但是可以修改动作和日志记录功能。

默认安全策略的动作配置为允许后，FW 允许所有报文通过，可能会带来安全风险，因此，出于安全考虑，默认安全策略的动作建议保持默认状态，即禁止任何流量通过。

如果流量没有匹配到管理员定义的安全策略，就会命中默认安全策略。同一安全区域内的流量和不同安全区域间的流量受默认安全策略控制的情况分别为：

对于不同安全区域间的流量（包括但不限于从 FW 发出的流量、FW 接收的流量、不同安全区域间传输的流量），受默认安全策略控制。

对于同一安全区域内的流量，如果控制同域流量的开关未开启，则不受默认安全策略控制，默认转发动作为允许。如需对域内流量进行转发控制，需要配置具体的安全策略。如果控制同域流量的开关开启，则受默认安全策略控制，默认安全策略的配置将对同一安全区域内的流量生效，包括默认安全策略的动作、日志记录功能等。

在安全策略视图下使用 default packet – filter intrazone enable 命令开启默认安全策略控制同一安全区域内的流量的开关。

操作步骤：

在系统视图下进入安全策略视图。

```
security – policy
```

在安全策略视图下创建安全策略规则，并进入安全策略规则视图。

在命令行配置中，安全策略以"rule"的形式存在，所以，某些描述中，"安全策略规则"与"安全策略"的含义相同。

```
rule name rule – name
```

可选：配置安全策略规则的描述信息。

```
description description
```

合理填写描述信息有助于管理员正确理解安全策略规则的功能，便于查找和维护。

配置安全策略规则的匹配条件见表 2 – 7。

表 2 – 7　配置安全策略规则的匹配条件

功能	命令
配置 VLAN ID	vlan – id { vlan – id │ any } 对于 QinQ 报文，默认情况下，FW 可以解析报文的外层 VLAN。如果希望基于内层 VLAN 过滤，需要通过 firewall transparent inside – vlan inspect enable 命令开启内层 VLAN 检测功能
配置源安全区域	source – zone { zone – name & <1 – 6> │ any }
配置目的安全区域	destination – zone { zone – name & <1 – 6> │ any }

续表

功能	命令
配置源地址/地区	source – address ｛ address – set address – set – name ＆ ＜1 – 6＞ ｜ ipv4 – address ｛ ipv4 – mask – length ｜ mask mask – address ｜ wildcard ｝ ［ description description ］ ｜ ipv6 – address ipv6 – prefix – length ［ description description ］ ｜ range ｛ ipv4 – start – address ipv4 – end – address ｜ ipv6 – start – address ipv6 – end – address ｝ ［ description description ］ ｜ geo – location geo – location – name ＆ ＜1 – 6＞ ｜ geo – location – set geo – location – set – name ＆ ＜1 – 6＞ ｜ domain – set domain – set – name ＆ ＜1 – 6＞ ｜ mac – address ＆ ＜1 – 6＞ ｜ any ｝ source – address – exclude ｛ address – set address – set – name ＆ ＜1 – 6＞ ｜ ipv4 – address ｛ ipv4 – mask – length ｜ mask mask – address ｜ wildcard ｝ ｜ ipv6 – address ipv6 – prefix – length ｜ range ｛ ipv4 – start – address ipv4 – end – address ｜ ipv6 – start – address ipv6 – end – address ｝ ｝ ［ description description ］ 说明： 不要仅引用空的地址对象、地址组、地区组或域名组，否则该匹配条件无法匹配
配置目的地址/地区	destination – address ｛ address – set address – set – name ＆ ＜1 – 6＞ ｜ ipv4 – address ｛ ipv4 – mask – length ｜ mask mask – address ｜ wildcard ｝ ［ description description ］ ｜ ipv6 – address ipv6 – prefix – length ［ description description ］ ｜ range ｛ ipv4 – start – address ipv4 – end – address ｜ ipv6 – start – address ipv6 – end – address ｝ ［ description description ］ ｜ geo – location geo – location – name ＆ ＜1 – 6＞ ｜ geo – location – set geo – location – set – name ＆ ＜1 – 6＞ ｜ domain – set domain – set – name ＆ ＜1 – 6＞ ｜ mac – address ＆ ＜1 – 6＞ ｜ any ｝ destination – address – exclude ｛ address – set address – set – name ＆ ＜1 – 6＞ ｜ ipv4 – address ｛ ipv4 – mask – length ｜ mask mask – address ｜ wildcard ｝ ｜ ipv6 – address ipv6 – prefix – length ｜ range ｛ ipv4 – start – address ipv4 – end – address ｜ ipv6 – start – address ipv6 – end – address ｝ ｝ ［ description description ］ 说明： 不要仅引用空的地址对象、地址组、地区组或域名组，否则该匹配条件无法匹配
配置用户、用户组或安全组	user ｛ username user – name ＆ ＜1 – 6＞ ｜ user – group user – group – name ＆ ＜1 – 6＞ ｜ security – group security – group – name ＆ ＜1 – 6＞ ｜ any ｝ 说明： 如果需要对使用会话认证的用户进行安全策略管控，且用户与 DNS 服务器交互的 DNS 业务报文经过 FW 转发，那么还需要在 FW 上配置一条允许 DNS 业务报文通过的安全策略，否则无法将用户的 HTTP 请求重定向到认证页面，从而导致认证失败。 可以引用本地已经创建的用户、用户组或安全组，也可以新建用户、用户组或安全组。 FW 还支持导入并引用 AD 或 LDAP 服务器上的用户、用户组和安全组。 说明： 使用此功能前，需要在"新用户认证选项"上配置服务器导入策略，且服务器类型必须是 AD 或 LDAP 类型。配置方法请参见从服务器导入用户/用户组/安全组。 导入的目标组和远程查询路径由服务器导入策略决定，而服务器导入策略中配置的导入类型和过滤参数在此功能中不生效。 服务器上的用户姓名（cn 的取值）和登录名（sAMAccountName 属性的取值）建议保持一致。 一条策略最多允许引用 64 个用户、用户组或安全组

续表

功能	命令
配置接入方式	access - authentication { wired - 802.1x | wireless - 802.1x | wired - portal | wireless - portal | any }
配置终端设备	device - classification { device - group group - name | device - category category - name | any }
配置应用	application { any | app app - name & <1 - 6> | app - group app - group - name & <1 - 6> | category category - name [sub - category sub - category - name & <1 - 6>] | label label - name & <1 - 6> | software software - name & <1 - 6> } 策略配置应用识别后，会对 FW 的整机性能有一定的影响，请根据实际需求有选择性地配置
配置 URL 分类	url { pre - defined { category { name category - name | category - id } | sub - category { name sub - category - name | sub - category - id } } | user - defined sub - category sub - category - name | any }
配置服务（引用服务或服务组）	service { service - name & <1 - 6> | any } service - exclude service - name & <1 - 6>
配置服务（直接引用 TCP/UDP/SCTP 端口或 IP 层协议）	service protocol { { 17 | udp } | { 6 | tcp } | { 132 | sctp } } [source - port { source - port | start - source - port to end - source - port } & <1 - 64> | destination - port { destination - port | start - destination - port to end - destination - port } & <1 - 64>] * service protocol { 1 | icmp } [icmp - type { icmp - name | icmp - type - number { icmp - code - number [to icmp - code - number] } & <1 - 64> }] service protocol { 58 | icmpv6 } [icmpv6 - type { icmpv6 - name | icmpv6 - type - number { icmpv6 - code - number [to icmpv6 - code - number] } & <1 - 64> }] service protocol protocol - number service - exclude protocol { { 17 | udp } | { 6 | tcp } | { 132 | sctp } } [source - port { source - port | start - source - port to end - source - port } & <1 - 64> | destination - port { destination - port | start - destination - port to end - destination - port } & <1 - 64>] * service - exclude protocol { 1 | icmp } [icmp - type { icmp - name | icmp - type - number { icmp - code - number [to icmp - code - number] } & <1 - 64> }] service - exclude protocol { 58 | icmpv6 } [icmpv6 - type { icmpv6 - name | icmpv6 - type - number { icmpv6 - code - number [to icmpv6 - code - number] } & <1 - 64> }] service - exclude protocol protocol - number
配置生效时间	time - range time - range - name

配置安全策略规则的动作。

配置非默认安全策略规则的动作：

```
action { permit | deny }
```

配置默认安全策略规则的动作：

```
default action { permit | deny }
```

配置发送反馈报文：

```
send-deny-packet { reset { to-client | to-server } * | icmp destination-unreachable }
```

如果安全策略的动作为"禁止"，FW 不仅可以将报文丢弃处理，还可以向报文的发送端和响应端发送反馈报文。根据报文类型的不同，发送的反馈报文类型也不同：

对于 TCP 报文，可以通过 send-deny-packet reset { to-client | to-server } * 命令向 TCP 客户端或服务器发送 TCP reset 报文，也可以向两者同时发送 TCP reset 报文。

对于 UDP/ICMP 报文，可以通过 send-deny-packet icmp destination-unreachable 命令向客户端发送 ICMP 不可达报文。

当 FW 工作在二层时，不支持发送 ICMP 不可达报文。

发起端或接收端收到阻断报文后，应用层可以快速结束会话并让用户感知到请求被阻断。

当 FW 作为旁路检测的设备时，Reset 报文可以通过指定接口发送，如果未指定接口，Reset 报文按原路返回。

当 FW 受到攻击时，可能出现设备持续大量发送反馈报文的现象。为了避免对性能造成影响，可以通过在安全策略视图下配置 send-deny-packet rate-limit 对反馈报文进行限速。当反馈报文的速率达到配置的最大值时，FW 将不再发送反馈报文。

当被阻断的报文为跨虚拟系统的报文、经 NAT64 转换的报文、经过 VPN 封装的报文或者 TCP 代理的报文时，FW 不会发送反馈报文。

可选：配置安全策略规则引用内容安全的配置文件。只有动作为 permit 的安全策略规则引用的配置文件才会生效。

```
profile { aapt | app-control | av | data-filter | dns-filter | file-block | ips | mail-filter | url-filter | casa | aie } name
```

name 必须为已存在的内容安全配置文件名称，除智能检测引擎外，每种配置文件类型默认存在一个名为"default"的配置文件。

FW 对流量进行 IPS/AV 等内容安全的一体化检测时，会对整机的性能有一定的影响。在配置安全策略引用内容安全的文件时，根据实际需求有选择性地进行配置。

对以上除智能检测引擎外的内容安全的配置文件进行新建、修改和删除操作时，需要在系统视图下通过 engine configuration commit 进行提交使之生效，进而保证引用其的安全策略也生效。

提交配置前，请确保 IAE 引擎状态已就绪，否则，通过 engine configuration commit 提交的配置不会生效。

配置示例：

某企业在网络边界处部署了 FW 作为安全网关，要求禁止企业员工上班时间玩游戏。

```
< sysname > system - view
[sysname] security - policy
[sysname - policy - security] rule name policy_sec_01
[sysname - policy - security - rule - policy_sec_01] source - zone trust
[sysname - policy - security - rule - policy_sec_01] destination - zone untrust
[sysname - policy - security - rule - policy_sec_01] application category Entertainment sub - category Game
[sysname - policy - security - rule - policy_sec_01] time - range worktime
[sysname - policy - security - rule - policy_sec_01] action deny
[sysname - policy - security - rule - policy_sec_01] quit
```

2.4 基本策略配置举例（CLI）

实验：基于 IP 地址和端口的安全策略

一、实验目的

通过配置安全策略，实现基于 IP 地址、时间段以及服务（端口）的访问控制。

二、组网需求

如图 2-5 所示，某企业部署两台业务服务器，其中，Server1 通过 TCP 8888 端口对外提供服务，Server2 通过 UDP 6666 端口对外提供服务。需要通过 FW 进行访问控制，8:00—17:00 的上班时间段内禁止 IP 地址为 10.1.1.2、10.2.1.2 的两台 PC 使用这两台服务器对外提供的服务。其他 PC 在任何时间都可以使用这两台服务器对外提供的服务。

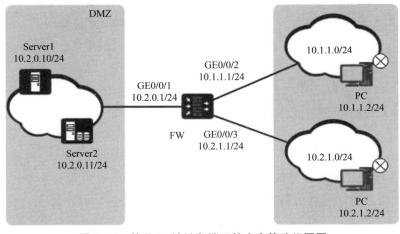

图 2-5 基于 IP 地址和端口的安全策略组网图

三、数据规划（表2-8）

表2-8 数据规划

项目	数据	说明
GigabitEthernet 0/0/1	IP 地址：10.2.0.1/24 安全区域：DMZ	—
GigabitEthernet 0/0/2	IP 地址：10.1.1.1/24 安全区域：Trust	—
GigabitEthernet 0/0/3	IP 地址：10.2.1.1/24 安全区域：Trust	—
Server 1	IP 地址：10.2.0.10/24 端口：TCP 8888	通过非知名端口提供服务
Server 2	IP 地址：10.2.0.11/24 端口：UDP 6666	通过非知名端口提供服务

四、配置思路

本例的访问控制涉及限制源IP、目的IP及端口、时间段，需要提前配置好地址集、服务集和时间段，然后配置安全策略引用这些限制条件。

（1）配置源IP地址集，将几个不允许访问服务器的IP地址加入地址集。

配置安全策略时，可以直接指定多个IP地址或地址段，但是对于零散的、不连续的地址，建议配置为地址集，方便集中管理，而且也方便被其他策略复用。

因为策略的目的地址是单一的地址，所以这里没有配置目的IP的地址集，而是采用配置安全策略时直接输入目的地址的方式。

（2）配置两个自定义服务集，分别将两台服务器的非知名端口加入服务集。

本例中服务器使用的是非知名端口，必须配置自定义服务集，然后在安全策略中引用。

如果服务器通过知名端口（例如HTTP的80端口）提供的服务，可以在配置安全策略时直接使用预定义服务集（例如HTTP、FTP等）。

（3）配置一个范围为上班时间（08:00—17:00）的时间段。

（4）配置两条安全策略，分别限制IP地址为10.1.1.2和10.2.1.2的PC对两台服务器的访问。

（5）配置允许Trust到DMZ的域间访问安全策略。

本例中除了两台特殊的PC外，整个Trust区域的PC都可以访问服务器，所以先配置禁止两台PC访问服务器的安全策略，然后开放Trust到DMZ的域间访问。

系统存在一条默认安全策略（条件均为any，动作默认为禁止）。如果需要控制只有某些IP可以访问服务器，则需要保持默认安全策略的禁止动作，然后配置允许哪些IP访问服务器的安全策略。

另外，安全策略是按照配置顺序匹配的，注意先配置细化的后配置宽泛的策略。例如，要控制在 10.1.1.0/24 网段中，除了某几个 IP 不能访问服务器外，其他的 IP 都可以访问。此时需要先配置拒绝特殊 IP 通过的安全策略，然后配置允许整个网段通过的安全策略。

五、操作步骤

①配置接口 IP 地址和安全区域，完成网络基本参数配置。

配置 GigabitEthernet 0/0/1 接口 IP 地址，将接口加入 DMZ 域。

```
<FW> system-view
[FW] interface GigabitEthernet 0/0/1
[FW-GigabitEthernet0/0/1] ip address 10.2.0.1 24
[FW-GigabitEthernet0/0/1] quit
[FW] firewall zone dmz
[FW-zone-dmz] add interface GigabitEthernet 0/0/1
[FW-zone-dmz] quit
```

配置 GigabitEthernet 0/0/2 接口 IP 地址，将接口加入 Trust 域。

```
[FW] interface GigabitEthernet 0/0/2
[FW-GigabitEthernet0/0/2] ip address 10.1.1.1 24
[FW-GigabitEthernet0/0/2] quit
[FW] firewall zone trust
[FW-zone-trust] add interface GigabitEthernet 0/0/2
[FW-zone-trust] quit
```

配置 GigabitEthernet 0/0/3 接口 IP 地址，将接口加入 Trust 域。

```
[FW] interface GigabitEthernet 0/0/3
[FW-GigabitEthernet0/0/3] ip address 10.2.1.1 24
[FW-GigabitEthernet0/0/3] quit
[FW] firewall zone trust
[FW-zone-trust] add interface GigabitEthernet 0/0/3
[FW-zone-trust] quit
```

配置名称为 server_deny 的地址集，将几个不允许访问服务器的 IP 地址加入地址集。

```
[FW] ip address-set server_deny type object
[FW-object-address-set-server_deny] address 10.1.1.2 mask 32
[FW-object-address-set-server_deny] address 10.2.1.2 mask 32
[FW-object-address-set-server_deny] quit
```

配置名称为 time_deny 的时间段，指定 PC 不允许访问服务器的时间。

```
[FW] time-range time_deny
[FW-time-range-time_deny] period-range 08:00:00 to 17:00:00 mon tue wed thu fri sat sun
[FW-time-range-time_deny] quit
```

分别为 Server1 和 Server2 配置自定义服务集 server1_port 和 server2_port，将服务器的非知名端口加入服务集。

```
[FW] ip service-set server1_port type object
[FW-object-service-set-server1_port] service protocol TCP source-port 0 to 65535 destination-port 8888
[FW-object-service-set-server1_port] quit
[FW] ip service-set server2_port type object
[FW-object-service-set-server2_port] service protocol UDP source-port 0 to 65535 destination-port 6666
[FW-object-service-set-server2_port] quit
```

②配置安全策略规则，引用之前配置的地址集、时间段及服务集。

未配置的匹配条件默认值均为 any。

```
# 限制 PC 使用 Server1 对外提供的服务的安全策略
[FW] security-policy
[FW-policy-security] rule name policy_sec_deny1
[FW-policy-security-rule-policy_sec_deny1] source-zone trust
[FW-policy-security-rule-policy_sec_deny1] destination-zone dmz
[FW-policy-security-rule-policy_sec_deny1] source-address address-set server_deny
[FW-policy-security-rule-policy_sec_deny1] destination-address 10.2.0.10 32
[FW-policy-security-rule-policy_sec_deny1] service server1_port
[FW-policy-security-rule-policy_sec_deny1] time-range time_deny
[FW-policy-security-rule-policy_sec_deny1] action deny
[FW-policy-security-rule-policy_sec_deny1] quit
# 限制 PC 使用 Server2 对外提供的服务的安全策略
[FW-policy-security] rule name policy_sec_deny2
[FW-policy-security-rule-policy_sec_deny2] source-zone trust
[FW-policy-security-rule-policy_sec_deny2] destination-zone dmz
[FW-policy-security-rule-policy_sec_deny2] source-address address-set server_deny
[FW-policy-security-rule-policy_sec_deny2] destination-address 10.2.0.11 32
[FW-policy-security-rule-policy_sec_deny2] service server2_port
```

```
[FW-policy-security-rule-policy_sec_deny2] time-range time_deny
[FW-policy-security-rule-policy_sec_deny2] action deny
[FW-policy-security-rule-policy_sec_deny2] quit
# 允许 PC 使用 Server1 对外提供的服务的安全策略
[FW-policy-security] rule name policy_sec_permit3
[FW-policy-security-rule-policy_sec_permit3] source-zone trust
[FW-policy-security-rule-policy_sec_permit3] destination-zone dmz
[FW-policy-security-rule-policy_sec_permit3] destination-address 10.2.0.10 32
[FW-policy-security-rule-policy_sec_permit3] service server1_port
[FW-policy-security-rule-policy_sec_permit3] action permit
[FW-policy-security-rule-policy_sec_permit3] quit
# 允许 PC 使用 Server2 对外提供的服务的安全策略
[FW-policy-security] rule name policy_sec_permit4
[FW-policy-security-rule-policy_sec_permit4] source-zone trust
[FW-policy-security-rule-policy_sec_permit4] destination-zone dmz
[FW-policy-security-rule-policy_sec_permit4] destination-address 10.2.0.11 32
[FW-policy-security-rule-policy_sec_permit4] service server2_port
[FW-policy-security-rule-policy_sec_permit4] action permit
[FW-policy-security-rule-policy_sec_permit4] quit
[FW-policy-security] quit
```

结果验证：

在 08:00—17:00 时间段内，IP 地址为 10.1.1.2、10.2.1.2 的两台 PC 无法使用这两台服务器对外提供的服务，在其他时间段可以使用。其他 PC 在任何时间都可以使用这两台服务器对外提供的服务。

配置脚本：

以下只给出与本例有关的脚本。

```
#
ip address-set server_deny type object
 address 0 10.1.1.2 mask 32
 address 1 10.2.1.2 mask 32
#
ip service-set server1_port type object
 service 0 protocol tcp source-port 0 to 65535 destination-port 8888
#
ip service-set server2_port type object
 service 0 protocol udp source-port 0 to 65535 destination-port 6666
```

```
#
 time-range time_deny
  period-range 08:00:00 to 17:00:00 daily
#
interface GigabitEthernet 0/0/1
 undo shutdown
 ip address 10.2.0.1 255.255.255.0
#
interface GigabitEthernet 0/0/2
 undo shutdown
 ip address 10.1.1.1 255.255.255.0
#
interface GigabitEthernet 0/0/3
 undo shutdown
 ip address 10.2.1.1 255.255.255.0
#
firewall zone trust
 set priority 85
 add interface GigabitEthernet 0/0/2
 add interface GigabitEthernet 0/0/3
#
firewall zone dmz
 set priority 50
 add interface GigabitEthernet 0/0/1
#
security-policy
 rule name policy_sec_deny1
  source-zone trust
  destination-zone dmz
  source-address address-set server_deny
  destination-address 10.2.0.10 32
  service server1_port
  time-range time_deny
  action deny
 rule name policy_sec_deny2
  source-zone trust
  destination-zone dmz
  source-address address-set server_deny
  destination-address 10.2.0.11 32
```

```
  service server2_port
  time-range time_deny
  action deny
 rule name policy_sec_permit3
  source-zone trust
  destination-zone dmz
  destination-address 10.2.0.10 32
  service server1_port
  action permit
 rule name policy_sec_permit4
  source-zone trust
  destination-zone dmz
  destination-address 10.2.0.11 32
  service server2_port
  action permit
#
return
```

第 3 章
防火墙网络地址转换技术(NAT)

3.1 NAT 技术概述

NAT（Network Address Translation）是一种地址转换技术，支持将报文的源地址进行转换，也支持将报文的目的地址进行转换。

3.1.1 NAT 类型

根据转换方式的不同，NAT 可以分为三类，见表 3-1。

表 3-1 NAT 分类

分类		转换内容	是否转换端口	适合场景
源 NAT	转换源地址时不转换端口	源 IP 地址	否	适合公网 IP 地址数量充足，仅有少量私网用户访问 Internet 的场景。私网地址与公网地址一对一转换
	转换源地址时转换端口	源 IP 地址	是	适合大量的私网用户访问 Internet 场景。大量私网地址转换为少量公网地址
目的 NAT	静态目的 NAT（包括目的 NAT 策略和 NAT Server）：公网地址与私网地址一对一进行映射	目的 IP 地址	可选	适用于通过一个公网地址访问一个私网地址或者多个公网地址访问多个私网地址的场景
	静态目的 NAT（包括目的 NAT 策略和 NAT Server）：公网端口与私网端口一对一进行映射	目的 IP 地址	可选	适用于通过一个公网地址的多个端口访问一个私网地址的多个端口的场景

续表

分类		转换内容	是否转换端口	适合场景
目的 NAT	静态目的 NAT（包括目的 NAT 策略和 NAT Server）：公网地址的多个端口与多个私网地址一对一进行映射	目的 IP 地址	是	适用于通过一个公网地址的多个端口访问多个私网地址的场景
	静态目的 NAT（包括目的 NAT 策略和 NAT Server）：多个公网地址与多个私网端口一对一进行映射	目的 IP 地址	是	适用于通过多个公网地址访问一个私网地址的多个端口的场景
	动态目的 NAT（包括目的 NAT 策略和基于 ACL 的目的 NAT）：公网的地址随机转换为目的地址池中的地址	目的 IP 地址	可选	适合公网地址与私网地址不存在固定的映射关系，公网的地址随机转换为目的地址池中的地址的场景
双向 NAT	源 NAT + 静态目的 NAT	源 IP 地址 + 目的 IP 地址	可选	适合源和目的地址同时需要转换，且目的地址转换前后存在固定映射关系的场景
	源 NAT + 动态目的 NAT	源 IP 地址 + 目的 IP 地址	可选	适合源和目的地址同时需要转换，且目的地址转换前后不存在固定映射关系的场景

3.1.2 NAT 策略

FW 的 NAT 功能可以通过配置 NAT 策略实现。NAT 策略由转换后的地址（地址池地址或者出接口地址）、匹配条件、动作三部分组成。

- 地址池类型包括源地址池（NAT No-PAT、NAPT、三元组 NAT、Smart NAT）和目的地址池。根据 NAT 转换方式的不同，可以选择不同类型的地址池或者出接口方式。
- 匹配条件包括源地址、目的地址、源安全区域、目的安全区域、出接口、服务、时间段。根据不同的需求配置不同的匹配条件，对匹配上条件的流量进行 NAT 转换。

目的 NAT 策略不支持配置目的安全区域和出接口。

- 动作包括源地址转换或者目的地址转换。无论是源地址转换还是目的地址转换，都可以对匹配上条件的流量选择 NAT 转换或者不转换两种方式。

如果创建了多条 NAT 策略，设备会从上到下依次进行匹配（图 3-1）。如果流量匹配了某个 NAT 策略，进行 NAT 转换后，将不再进行下一个 NAT 策略的匹配。双向 NAT 策略和目的 NAT 策略会在源 NAT 策略的前面。双向 NAT 策略和目的 NAT 策略之间按配置先后顺序排列，源 NAT 策略也按配置先后顺序排列。新增的策略和被修改 NAT 动作的策略都会被调整到同类 NAT 策略的最后面。NAT 策略的匹配顺序可根据需要进行调整，但是源 NAT 策略不允许调整到双向 NAT 策略和目的 NAT 策略之前。

图 3-1　NAT 策略

3.1.3　NAT 处理流程

不同的 NAT 类型对应不同的 NAT 策略，在 FW 上的处理顺序不同，如图 3-2 所示。

如图 3-2 所示，NAT 处理流程简述如下：

（1）FW 收到报文后，查找 NAT Server 生成的 Server-Map 表，如果报文匹配到 Server-Map 表，则根据表项转换报文的目的地址，然后进行步骤（4）处理；如果报文没有匹配到 Server-Map 表，则进行步骤（2）处理。

（2）查找基于 ACL 的目的 NAT，如果报文符合匹配条件，则转换报文的目的地址，然后进行步骤（4）处理；如果报文不符合基于 ACL 的目的 NAT 的匹配条件，则进行步骤（3）处理。

（3）查找 NAT 策略中的目的 NAT，如果报文符合匹配条件，则转换报文的目的地址后进行路由处理；如果报文不符合目的 NAT 的匹配条件，则直接进行路由处理。

（4）根据报文当前的信息查找路由（包括策略路由），如果找到路由，则进入步骤（5）处理；如果没有找到路由，则丢弃报文。

（5）查找安全策略，如果安全策略允许报文通过且之前并未匹配过 NAT 策略（目的 NAT 或者双向 NAT），则进行步骤（6）处理；如果安全策略允许报文通过且之前匹配过双向 NAT，则直接进行源地址转换，然后创建会话并进行步骤（7）处理；如果安全策略允许报文通过且之前匹配过目的 NAT，则直接创建会话，然后进行步骤（7）处理；如果安全策略不允许报文通过，则丢弃报文。

第 3 章 防火墙网络地址转换技术（NAT）

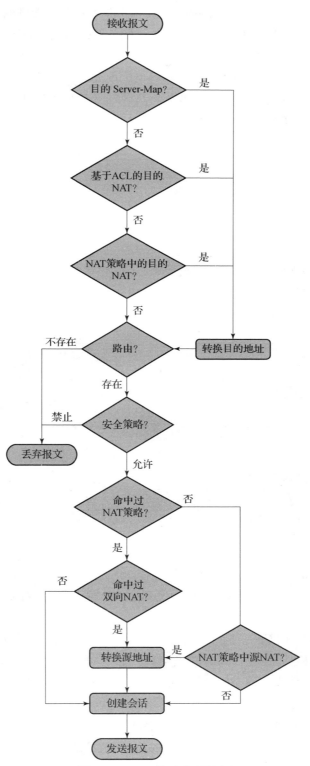

图 3-2 NAT 策略处理顺序

(6) 查找 NAT 策略中的源 NAT，如果报文符合源 NAT 的匹配条件，则转换报文的源地址，然后创建会话；如果报文不符合源 NAT 的匹配条件，则直接创建会话。

(7) FW 发送报文。

NAT 策略中的目的 NAT 会在路由和安全策略之前处理，NAT 策略中的源 NAT 会在路由和安全策略之后处理。因此，配置路由和安全策略的源地址是 NAT 转换前的源地址，配置路由和安全策略的目的地址是 NAT 转换后目的地址。

3.2 源 NAT 技术

3.2.1 源 NAT 技术概述

一、源 NAT 简介

源 NAT 是指对报文中的源地址进行转换。

通过源 NAT 技术将私网 IP 地址转换成公网 IP 地址，使私网用户可以利用公网地址访问 Internet。转换过程如图 3-3 所示。

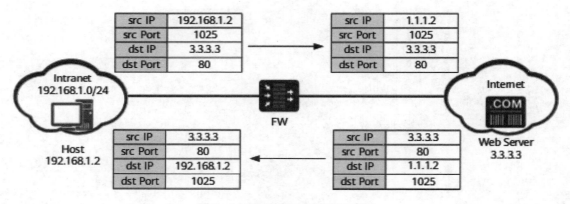

图 3-3 源 NAT 工作原理示意图

当 Host 访问 Web Server 时，FW 的处理过程如下：

(1) 当私网地址用户访问 Internet 的报文到达 FW 时，FW 将报文的源 IP 地址由私网地址转换为公网地址。

(2) 当回程报文返回至 FW 时，FW 再将报文的目的地址由公网地址转换为私网地址。

(3) 根据转换源地址时是否同时转换端口，源 NAT 分为仅源地址转换的 NAT（NAT No-PAT）、源地址和源端口同时转换的 NAT（NAPT、Smart NAT、Easy IP、三元组 NAT）。

二、NAT No-PAT

NAT No-PAT 是一种 NAT 转换时只转换地址，不转换端口，实现私网地址到公网地址一对一的地址转换方式。适用于上网用户较少且公网地址数与同时上网的用户数量相同的场景。工作原理如图 3-4 所示。

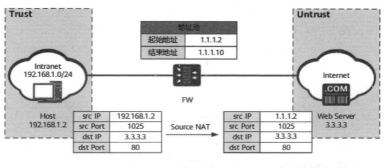

图 3－4　NAT NO－PAT 工作原理示意图

当 Host 访问 Web Server 时，FW 的处理过程如下：

（1）FW 收到 Host 发送的报文后，根据目的 IP 地址判断报文需要在 Trust 区域和 Untrust 区域之间流动，通过安全策略检查后，继而查找 NAT 策略，发现需要对报文进行地址转换。

（2）FW 根据轮询算法从 NAT 地址池中选择一个空闲的公网 IP 地址，替换报文的源 IP 地址，并建立 Server－Map 表和会话表，然后将报文发送至 Internet。

（3）FW 收到 Web Server 响应 Host 的报文后，通过查找会话表匹配到步骤（2）中建立的表项，将报文的目的地址替换为 Host 的 IP 地址，然后将报文发送至 Intranet。

此方式下，公网地址和私网地址属于一对一转换。如果地址池中的地址已经全部分配出去，则剩余内网主机访问外网时不会进行 NAT 转换，直到地址池中有空闲地址时才会进行 NAT 转换。

FW 上生成的 Server－Map 表中存放 Host 的私网 IP 地址与公网 IP 地址的映射关系。

● 正向 Server－Map 表项

保证特定私网用户访问 Internet 时，快速转换地址，提高了 FW 处理效率。

● 反向 Server－Map 表项

允许 Internet 上的用户主动访问私网用户，将报文进行地址转换。

NAT NO－PAT 有两种：

● 本地（Local）NO－PAT

本地 NO－PAT 生成的 Server－Map 表中包含安全区域参数，只有此安全区域的 Server 可以访问内网 Host。

● 全局（Global）NO－PAT

全局 NO－PAT 生成的 Server－Map 表中不包含安全区域参数，一旦建立，所有安全区域的 Server 都可以访问内网 Host。

三、NAPT

NAPT 是一种转换时同时转换地址和端口，实现多个私网地址共用一个或多个公网地址的地址转换方式。其适用于公网地址数量少，需要上网的私网用户数量大的场景。工作原理如图 3-5 所示。

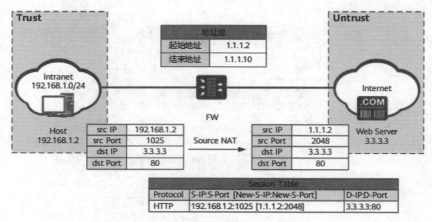

图 3-5 NAPT 工作原理示意图

当 Host 访问 Web Server 时，FW 的处理过程如下：

（1）FW 收到 Host 发送的报文后，根据目的 IP 地址判断报文需要在 Trust 区域和 Untrust 区域之间流动，通过安全策略检查后，查找 NAT 策略，发现需要对报文进行地址转换。

（2）FW 根据源 IP Hash 算法从 NAT 地址池中选择一个公网 IP 地址，替换报文的源 IP 地址，同时使用新的端口号替换报文的源端口号，并建立会话表，然后将报文发送至 Internet。

（3）FW 收到 Web Server 响应 Host 的报文后，通过查找会话表匹配到步骤 2 中建立的表项，将报文的目的地址替换为 Host 的 IP 地址，将报文的目的端口号替换为原始的端口号，然后将报文发送至 Intranet。

此方式下，由于地址转换的同时还进行端口的转换，可以实现多个私网用户共同使用一个公网 IP 地址上网，FW 根据端口区分不同用户，所以可以支持同时上网的用户数量更多。此外，NAPT 方式不会生成 Server-Map 表，这一点也与 NAT NO-PAT 方式不同。

四、Easy IP

Easy IP 是一种利用出接口的公网 IP 地址作为 NAT 转后的地址，同时转换地址和端口的地址转换方式。对于接口 IP 是动态获取的场景，Easy IP 也一样支持。

当 FW 的公网接口通过拨号方式动态获取公网地址时，如果只想使用这一个公网 IP 地址进行地址转换，此时不能在 NAT 地址池中配置固定的地址，因为公网 IP 地址是动态变化的。可以使用 Easy IP 方式，即使出接口上获取的公网 IP 地址发生变化，FW 也会按照新的公网 IP 地址来进行地址转换。工作原理如图 3-6 所示。

当 Host 访问 Web Server 时，FW 的处理过程如下：

（1）FW 收到 Host 发送的报文后，根据目的 IP 地址判断报文需要在 Trust 区域和 Untrust 区域之间流动，通过安全策略检查后，查找 NAT 策略，发现需要对报文进行地址转换。

第 3 章 防火墙网络地址转换技术（NAT）

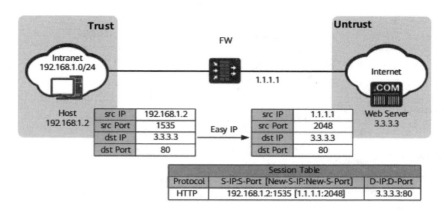

图 3-6 Easy IP 工作原理示意图

（2）FW 使用与 Internet 连接的接口的公网 IP 地址替换报文的源 IP 地址，同时使用新的端口号替换报文的源端口号，并建立会话表，然后将报文发送至 Internet。

（3）FW 收到 Web Server 响应 Host 的报文后，通过查找会话表匹配到步骤（2）中建立的表项，将报文的目的地址替换为 Host 的 IP 地址，将报文的目的端口号替换为原始的端口号，然后将报文发送至 Intranet。

此方式下，由于地址转换的同时还进行端口的转换，可以实现多个私网用户共同使用一个公网 IP 地址上网，FW 根据端口区分不同用户，所以可以支持同时上网的用户数量更多。

3.2.2 源 NAT

实验：私网用户通过 NAPT 访问 Internet（不限制私网与公网 IP 地址比例）

一、实验目的

介绍私网用户通过 NAPT 访问 Internet 的配置举例。

二、组网需求

某公司在网络边界处部署了 FW 作为安全网关。为了使私网中 10.1.1.0/24 网段的用户可以正常访问 Internet，需要在 FW 上配置源 NAT 策略。除了公网接口的 IP 地址外，公司还向 ISP 申请了 6 个 IP 地址（1.1.1.10～1.1.1.15）作为私网地址转换后的公网地址。当大量的内网用户上网时，会导致 NAT 转换时端口冲突，因此需要限制公网地址对应的私网地址数，保证用户正常上网。网络环境如图 3-7 所示，其中，Router 是 ISP 提供的接入网关。

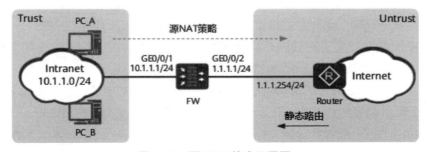

图 3-7 源 NAT 技术组网图

三、数据规划（表3-2）

表3-2 数据规划

项目		数据	说明
GigabitEthernet 0/0/1		IP 地址：10.1.1.1/24 安全区域：Trust	私网主机需要将 10.1.1.1 配置为默认网关
GigabitEthernet 0/0/2		IP 地址：1.1.1.1/24 安全区域：Untrust	实际配置时，需要按照 ISP 的要求进行配置
允许访问 Internet 的私网网段		10.1.1.0/24	—
转换后的公网地址		1.1.1.10 ~ 1.1.1.15	由于私网地址比公网地址多，无法做到地址一一映射，所以需要开启允许端口转换，通过端口转换实现公网地址复用
单个公网地址对应的私网地址最大数		256	—
路由	FW 默认路由	目的地址：0.0.0.0 下一跳：1.1.1.254	为了使私网流量可以正常转发至 ISP 的路由器，可以在 FW 上配置去往 Internet 的默认路由
	Router 静态路由	目的地址：1.1.1.10 ~ 1.1.1.15 下一跳：1.1.1.1	由于转换后的公网地址不存在实际接口，通过路由协议无法直接发现，所以需要在 Router 上手工配置静态路由。通常需要联系 ISP 的网络管理员进行配置

四、配置思路

（1）配置接口 IP 地址和安全区域，完成网络基本参数配置。

（2）配置安全策略，允许私网指定网段与 Internet 进行报文交互。

（3）配置 NAT 地址池，配置时开启允许端口转换，以实现公网地址复用。同时配置单个公网地址对应的私网地址最大数为 256。

（4）配置源 NAT 策略，实现私网指定网段访问 Internet 时自动进行源地址转换。

（5）在 FW 上配置默认路由，使私网流量可以正常转发至 ISP 的路由器。

（6）在私网主机上配置默认网关，使私网主机访问 Internet 时，将流量发往 FW。

（7）在 Router 上配置静态路由，使从 Internet 返回的流量可以被正常转发至 FW。

五、操作步骤

（1）配置接口 IP 地址和安全区域，完成网络基本参数配置。

```
# 配置接口 GigabitEthernet 0/0/1 的 IP 地址。
<FW> system-view
[FW] interface GigabitEthernet 0/0/1
[FW-GigabitEthernet 0/0/1] ip address 10.1.1.1 24
[FW-GigabitEthernet 0/0/1] quit
# 配置接口 GigabitEthernet 0/0/2 的 IP 地址。
[FW] interface GigabitEthernet 0/0/2
[FW-GigabitEthernet 0/0/2] ip address 1.1.1.1 24
[FW-GigabitEthernet 0/0/2] quit
# 将接口 GigabitEthernet 0/0/1 加入 Trust 区域。
[FW] firewall zone trust
[FW-zone-trust] add interface GigabitEthernet 0/0/1
[FW-zone-trust] quit
# 将接口 GigabitEthernet 0/0/2 加入 Untrust 区域。
[FW] firewall zone untrust
[FW-zone-untrust] add interface GigabitEthernet 0/0/2
[FW-zone-untrust] quit
```

（2）配置安全策略，允许私网指定网段与 Internet 进行报文交互。

```
[FW] security-policy
[FW-policy-security] rule name policy1
[FW-policy-security-rule-policy1] source-zone trust
[FW-policy-security-rule-policy1] destination-zone untrust
[FW-policy-security-rule-policy1] source-address 10.1.1.0 24
[FW-policy-security-rule-policy1] action permit
[FW-policy-security-rule-policy1] quit
[FW-policy-security] quit
```

（3）配置 NAT 地址池，配置时开启允许端口地址转换，实现公网地址复用，同时配置私网与公网地址比例为 256∶1。

```
[FW] nat address-group addressgroup1
[FW-address-group-addressgroup1] mode pat
[FW-address-group-addressgroup1] section 0 1.1.1.10 1.1.1.15
[FW-address-group-addressgroup1] srcip-car-num 256
[FW-address-group-addressgroup1] route enable
[FW-address-group-addressgroup1] quit
```

（4）配置源 NAT 策略，实现私网指定网段访问 Internet 时自动进行源地址转换。

```
[FW] nat-policy
[FW-policy-nat] rule name policy_nat1
[FW-policy-nat-rule-policy_nat1] source-zone trust
[FW-policy-nat-rule-policy_nat1] destination-zone untrust
[FW-policy-nat-rule-policy_nat1] source-address 10.1.1.0 24
[FW-policy-nat-rule-policy_nat1] action source-nat address-group addressgroup1
[FW-policy-nat-rule-policy_nat1] quit
[FW-policy-nat] quit
```

（5）在 FW 上配置默认路由，使私网流量可以正常转发至 ISP 的路由器。

```
[FW] ip route-static 0.0.0.0 0.0.0.0 1.1.1.254
```

（6）在私网主机上配置默认网关，使私网主机访问 Internet 时，将流量发往 FW。具体配置过程略。

（7）在 Router 上配置到 NAT 地址池地址（1.1.1.10～1.1.1.15）的静态路由，下一跳为 1.1.1.1，使从 Internet 返回的流量可以被正常转发至 FW。

通常需要联系 ISP 的网络管理员来配置此静态路由。

结果验证：

（1）公司内网用户可以访问 Internet。

（2）当公司内网用户上网时，执行 display firewall session table 命令查询源地址为内网 PC 的私网地址的表项，查看本次 NAT 转换的信息。存在该表项，且 NAT 转换后的 IP 地址为 NAT 地址池中的地址，表示 NAT 策略配置成功。"[ ]"中的内容为 NAT 转换后的 IP 地址和端口。

```
Current Total Sessions : 1
http VPN:public --> public 10.1.1.55:2474[1.1.1.10:3761]-->3.3.3.3:80
```

（3）当公司内网用户上线，使当前公网地址对应的私网地址数达到阈值时，FW 将发送日志和告警。

FW 的配置脚本：

```
#
 sysname FW
#
interface GigabitEthernet0/0/1
 undo shutdown
 ip address 10.1.1.1 255.255.255.0
#
interface GigabitEthernet0/0/2
 undo shutdown
```

```
 ip address 1.1.1.1 255.255.255.0
#
firewall zone trust
 set priority 85
 add interface GigabitEthernet0/0/1
#
firewall zone untrust
 set priority 5
 add interface GigabitEthernet0/0/2
#
 ip route-static 0.0.0.0 0.0.0.0 1.1.1.254
#
nat address-group addressgroup1 0
 mode pat
 route enable
 section 0 1.1.1.10 1.1.1.15
 srcip-car-num 256
#
security-policy
 rule name policy1
    source-zone trust
    destination-zone untrust
    source-address 10.1.1.0 24
    action permit
#
nat-policy
 rule name policy_nat1
    source-zone trust
    destination-zone untrust
    source-address 10.1.1.0 24
    action source-nat address-group addressgroup1
#
return
```

3.3 目的 NAT 技术

3.3.1 目的 NAT 技术概述

目的 NAT 是指对报文中的目的地址和端口进行转换。

通过目的 NAT 技术将公网 IP 地址转换成私网 IP 地址，使公网用户可以利用公网地址访问内部 Server。转换过程如图 3-8 所示。

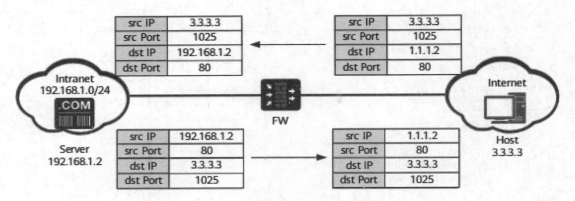

图 3-8 目的 NAT 工作原理示意图

当外网用户访问内部 Server 时，FW 的处理过程如下：

（1）当外网用户访问内网 Server 的报文到达 FW 时，FW 将报文的目的 IP 地址由公网地址转换为私网地址。

（2）当回程报文返回至 FW 时，FW 再将报文的源地址由私网地址转换为公网地址。根据转换后的目的地址是否固定，目的 NAT 分为静态目的 NAT 和动态目的 NAT。

3.3.2 目的 NAT 实验

公网用户通过目的 NAT 访问内部服务器（公网地址与私网地址一对一进行映射）。

一、实验目的

介绍公网用户通过目的 NAT 访问内部服务器的配置举例。

二、组网需求

某公司在网络边界处部署了 FW 作为安全网关。为了使私网 FTP 服务器能够对外提供服务，需要在 FW 上配置目的 NAT。除了公网接口的 IP 地址外，公司还向 ISP 申请了 IP 地址（1.1.10.10）作为内网服务器对外提供服务的地址。网络环境如图 3-9 所示，其中，Router 是 ISP 提供的接入网关。

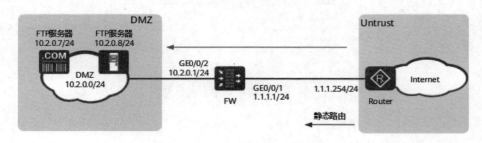

图 3-9 目的 NAT 组网图

第3章 防火墙网络地址转换技术（NAT）

三、数据规划（表 3-3）

表 3-3 数据规划

项目		数据	说明
GigabitEthernet 0/0/1		IP 地址：1.1.1.1/24 安全区域：Untrust	实际配置时，需要按照 ISP 的要求进行配置
GigabitEthernet 0/0/2		IP 地址：10.2.0.1/24 安全区域：DMZ	内网服务器需要将 10.2.0.1 配置为默认网关
目的 NAT		目的地址池：10.2.0.7 ~ 10.2.0.8	通过目的 NAT，当外网用户访问 1.1.10.10 时，FW 能够将流量送给内网的服务器
路由	默认路由	目的地址：0.0.0.0 下一跳：1.1.1.254	为了使内网服务器对外提供的服务流量可以正常转发至 ISP 的路由器，可以在 FW 上配置去往 Internet 的默认路由

四、配置思路

（1）配置接口 IP 地址和安全区域，完成网络基本参数配置。

（2）配置安全策略，允许外部网络用户访问内部服务器。

（3）配置目的 NAT，当外网用户访问 1.1.10.10 时，FW 能够将流量送给内网的服务器。

（4）在 FW 上配置默认路由，使内网服务器对外提供的服务流量可以正常转发至 ISP 的路由器。

（5）在 Router 上配置到服务器公网地址的静态路由。

五、操作步骤

（1）配置接口 IP 地址和安全区域，完成网络基本参数配置。

```
# 配置接口 GigabitEthernet 0/0/1 的 IP 地址。
<FW> system-view
[FW] interface GigabitEthernet 0/0/1
[FW-GigabitEthernet 0/0/1] ip address 1.1.1.1 24
[FW-GigabitEthernet 0/0/1] quit
# 配置接口 GigabitEthernet 0/0/2 的 IP 地址。
[FW] interface GigabitEthernet 0/0/2
[FW-GigabitEthernet 0/0/2] ip address 10.2.0.1 24
[FW-GigabitEthernet 0/0/2] quit
# 将接口 GigabitEthernet 0/0/1 加入 Untrust 区域。
[FW] firewall zone untrust
```

[FW - zone - untrust] add interface GigabitEthernet 0/0/1
[FW - zone - untrust] quit
将接口 GigabitEthernet 0/0/2 加入 DMZ 区域。
[FW] firewall zone dmz
[FW - zone - dmz] add interface GigabitEthernet 0/0/2
[FW - zone - dmz] quit

（2）配置安全策略，允许外部网络用户访问内部服务器。

[FW] security - policy
[FW - policy - security] rule name policy1
[FW - policy - security - rule - policy1] source - zone untrust
[FW - policy - security - rule - policy1] destination - zone dmz
[FW - policy - security - rule - policy1] destination - address 10.2.0.0 24
[FW - policy - security - rule - policy1] action permit
[FW - policy - security - rule - policy1] quit
[FW - policy - security] quit

（3）配置目的 NAT 地址池。

[FW] destination - nat address - group addressgroup1
[FW - dnat - address - group - addressgroup1] section 10.2.0.7 10.2.0.8
[FW - dnat - address - group - addressgroup1] quit

（4）配置 NAT 策略。

[FW] nat - policy
[FW - policy - nat] rule name policy_nat1
[FW - policy - nat - rule - policy_nat1] source - zone untrust
[FW - policy - nat - rule - policy_nat1] destination - address 1.1.10.10 32
[FW - policy - nat - rule - policy_nat1] service protocol tcp destination - port 3000 to 3001
[FW - policy - nat - rule - policy_nat1] action destination - nat static port - to - address address - group addressgroup1 21
[FW - policy - nat - rule - policy_nat1] quit
[FW - policy - nat] quit

（5）配置报文目的地址的黑洞路由，以防出现路由环路。

[FW] ip route - static 1.1.10.10 255.255.255.255 NULL0

（6）开启 FTP 协议的 NAT ALG 功能。

[FW] firewall interzone dmz untrust
[FW - interzone - dmz - untrust] detect ftp
[FW - interzone - dmz - untrust] quit

(7) 配置默认路由，使内网服务器对外提供的服务流量可以正常转发至 ISP 的路由器。

[FW] ip route-static 0.0.0.0 0.0.0.0 1.1.1.254

(8) 在 Router 上配置到服务器映射的公网地址（1.1.10.10）的静态路由，下一跳为 1.1.1.1，使去往服务器的流量能够送往 FW。

通常需要联系 ISP 的网络管理员来配置此静态路由。

FW 的配置脚本：

```
#
 sysname FW
#
interface GigabitEthernet0/0/1
 undo shutdown
 ip address 1.1.1.1 255.255.255.0
#
interface GigabitEthernet0/0/2
 undo shutdown
 ip address 10.2.0.1 255.255.255.0
#
firewall zone untrust
  set priority 5
  add interface GigabitEthernet0/0/1
#
firewall zone dmz
  set priority 50
  add interface GigabitEthernet0/0/2
#
firewall interzone dmz untrust
  detect ftp
#
  ip route-static 0.0.0.0 0.0.0.0 1.1.1.254
  ip route-static 1.1.10.10 255.255.255.255 NULL0
#
destination-nat address-group addressgroup1 0
 section 10.2.0.7 10.2.0.8
#
security-policy
  rule name policy1
    source-zone untrust
    destination-zone dmz
```

```
        destination-address 10.2.0.0 24
        action permit
    #
    nat-policy
      rule name policy_nat1
        source-zone untrust
        destination-address 1.1.10.10 32
        service protocol tcp destination-port 3000 to 3001
        action destination-nat static port-to-address address-group addressgroup1 21
    #
    return
```

3.4　NAT Server

3.4.1　NAT Server 技术概述

一、命令功能

nat server 命令用来配置 NAT Server，用户可以通过 global-address 和 global-port 定义的公网地址和端口来访问私网地址和端口分别为 host-address 和 host-port 的内部服务器。

undo nat server 命令用来删除 NAT Server。

二、命令格式

nat server [name] [vpn-instance vpn-instance-name1] [zone zone-name] protocol protocol-type global global-address [global-address-end] global-port [global-port-end] inside host-address [host-address-end] host-port [host-port-end] [vrrp virtual-router-id] [no-reverse] [vpn-instance vpn-instance-name2] [unr-route] [description description] [nat-disable]

nat server [name] [vpn-instance vpn-instance-name1] [zone zone-name] [protocol protocol-type] global global-address [global-address-end] inside host-address [host-address-end] [vrrp virtual-router-id] [no-reverse] [vpn-instance vpn-instance-name2] [unr-route] [description description] [nat-disable]

nat server [name] [vpn-instance vpn-instance-name1] [zone zone-name] protocol protocol-type global interface [interface-name | interface-type interface-number] [global-port [global-port-end]] inside host-address [host-address-end] [host-port [host-port-end]] [vrrp virtual-router-id] [no-reverse] [vpn-instance vpn-instance-name2] [description description] [nat-disable]

```
nat server [ name ] [ vpn-instance vpn-instance-name1 ] [ zone zone-name ]
global interface [ interface-name | interface-type interface-number ] [ global-
port [ global-port-end ] ] inside host-address [ host-address-end ] [ host-port
[ host-port-end ] ] [ vrrp virtual-router-id ] [ no-reverse ] [ vpn-instance vpn-
instance-name2 ] [ description description ] [ nat-disable ]

nat server name name [ unr-route | nat-disable ]
undo nat server { name name [ unr-route | nat-disable ] | all }
```

三、参数说明（表 3 – 4）

表 3 – 4　参数说明

参数	参数说明	取值
name	NAT Server 的名称	字符串形式，区分大小写，长度范围是 1 ~ 256 个字符，支持纯数字组成。不能命名为 "all" "vsys" "all-systems"，且不能命名为 "name" "global" "protocol" "vpn-instance" 和 "zone" 及其前缀。以 "name" 为例，不能为 "n" "na" "nam" "name"，必须以字母或者数字开头
global-address [global-address-end]	服务器映射的公网地址。配置了 global-address-end 表示 IP 地址段，end-global-address 必须大于起始地址 global-address	点分十进制格式。不同机型支持可配的 IP 地址段不同，如下所示。 USG6110E，USG6307E/6311E/6311E-POE，USG6510E/6510E-POE/6510E-DK：64 USG6331E/6530E：256 USG6306E/6308E/6312E/6322E/6332E/6350E/6360E/6380E，USG6515E/6550E/6560E/6580E：256 USG6000E-E03/6000E-E07，USG6106E，USG6301E-C/6302E-C/6303E-C/6305E/6306E-B/6308E-B/6309E/6315E/6318E-B/6325E/6335E/6338E-B/6355E/6358E-B/6365E/6378E-B/6385E/6388E-B/6398E-B，USG6501E-C/6502E-C/6503E-C/6520E-K/6525E/6555E/6560E-K/6565E/6575E-B/6585E/6590E-K，USG6605E-B：256 USG6391E/6610E/6620E：256 USG6395E/6615E/6620E-K/6625E：256 USG6630E/6650E：256 USG6635E/6640E-K/6655E：256 USG6680E：256 USG6712E/6716E：256

续表

参数	参数说明	取值
host – address ［host – address – end］	服务器映射的私网地址，即内网服务器的真实地址。配置了 host – address – end 表示 IP 地址段，host – address – end 必须大于起始地址 host – address。如果配置了 global – address – end，也需要配置 host – address – end，私网地址与公网地址将一一对应进行地址映射，建议个数配置为一样，如果有多出的地址，则多出部分无效；如果配置了 global – port – end，也需要配置 host – address – end，私网地址与公网地址的多个公网端口对应进行地址映射，建议个数配置为一样，如果有多出的地址，则多出部分无效	点分十进制格式
protocol protocol – type	承载的协议类型或者协议号，TCP、UDP、SCTP 和 ICMP 协议可以用协议类型表示。只有配置了该参数后才能配置 global – port、global – port – end、host – port 和 host – port – end 参数。配置该参数后，公网端口和私网端口必须同时配置	以整数形式输入时，取值是 1、6、17、41、47、50、51；以名称形式输入时，取值为 tcp、udp、sctp 和 icmp
global – port	内部服务器提供给外部访问的端口号	取值可以是协议类型，也可以是整数形式，范围是 0～65 535。当外部端口号 global – port 配置为 0 时，如果配置了内部端口号 host – port，那么端口转换后的外部端口号默认取值为内部端口号。例如，将外部端口号配置为 0，内部端口号配置为 1，那么端口转换后外部端口号为 1
global – port – end	内部服务器提供给外部访问的端口号。配置了 global – port – end 表示端口段，global – port – end 必须大于起始端口 global – port	整数形式，范围是 1～65 535

续表

参数	参数说明	取值
host – port	服务器提供内部局域网用户访问的端口号	取值可以是协议类型，也可以是整数形式，范围是 0~65 535。 当内部端口号 host – port 配置为 0 时，如果配置了外部端口号 global – port，那么端口转换后的内部端口号默认取值为外部端口号。例如，将内部端口号配置为 0，外部端口号配置为 1，那么端口转换后内部端口号为 1
host – port – end	服务器提供内部局域网用户访问的端口号。配置了 host – port – end 表示端口段，host – port – end 必须大于起始端口 host – port	整数形式，范围是 1~65 535
vpn – instance vpn – instance – name1	VPN 实例的名称。此 VPN 实例名是手动创建的实例名，不是在虚拟系统下创建的 VPN 实例名	必须是已经存在的 VPN 实例的名称。字符串形式，长度范围是 1~31 个字符
vpn – instance vpn – instance – name2	VPN 实例的名称。此 VPN 实例名是手动创建的实例名，不是在虚拟系统下创建的 VPN 实例名	必须是已经存在的 VPN 实例的名称。字符串形式，长度范围是 1~31 个字符
zone zone – name	配置基于域的内部服务器的映射表	字符串形式，当名称中不包含空格时，长度范围是 1~32；当名称中包含空格时，需要使用双引号""将名称括起来，例如"group for test"，这时长度范围是 3~34。名称中不可以包含"?"和"–"
no – reverse	表示不创建反向 Server – Map，如果不配置，就表示正、反向 Server – Map 都创建	—
interface – type interface – number	表示 FW 的接口类型和接口号，用来指定具体的接口	—
vrrp virtual – router – id	表示 VRRP 备份组号。 仅 USG6110E、USG6307E/6311E/6311E – POE/6331E、USG6510E/6510E – POE/6510E – DK/6530E 不支持该参数	整数形式，取值范围为 1~255

续表

参数	参数说明	取值
unr – route	表示下发 UNR 路由，防止路由环路。与 nat – disable 同时配置时，不影响 unr – route 表项的创建	默认情况下，没有下发 UNR 路由
description description	表示 NAT Server 的描述信息	文本形式，长度范围为 1～31 个字符
all	只表示本系统下的所有 NAT Server。比如，在根系统下，配置 undo nat server all，只会删除根系统下的 NAT Server，不会删除虚拟系统的下的 NAT Server	—
nat – disable	保留 NAT Server 配置，但是该 NAT Server 不生效	默认情况下，配置的 NAT Server 为开启状态

四、使用指南

默认情况下，没有 NAT Server。

NAT Server 的名称和 ID 没有配置时，系统随机给此条 NAT Server 分配名称和 ID，且名称和 ID 相同。

通过该命令可以配置一些内部网络提供给外部使用的服务器，内部服务器可以位于普通的私网内，例如 WWW、FTP、TELNET、POP3。

当设备上配置了多条有相同公网 IP 和私网 IP 的 NAT Server 时，系统会优先匹配条件更精确的一条 NAT Server。如设备上配置了下面两条：

```
NAT Server:[sysname] nat server 1 global 10.10.1.1 inside 192.168.1.2
[sysname] nat server 2 protocol tcp global 10.10.1.1 888 inside 192.168.1.2 444
```

FW 收到用户访问 10.10.1.1 的报文后，查找 Server – Map 表，优先匹配条件更精确的一条 NAT Server，即第二条 NAT Server。若第二条 NAT Server 匹配成功，则转换报文的目的 IP 和端口号，并转发报文；若第二条 NAT Server 匹配不成功，则匹配第一条 NAT Server，转换目的 IP，并转发报文。

VRRP 关键字用于在双机热备组网中引导流量的走向，实现流量的负载分担。具体配置建议如下：

• 主备备份方式：系统自动将 NAT Server 公网地址与拥有最小 VRID 的 VRRP 备份组绑定，无须配置 VRRP 关键字。

• 负载分担方式：

□ 如果 NAT Server 公网地址与 VRRP 备份组地址不在同一网段，无须配置 VRRP 关键字。

□ 如果 NAT Server 公网地址与 VRRP 备份组地址在同一网段，一般情况下，无须手动配置 VRRP 关键字。系统自动将 NAT Server 公网地址与拥有最小 VRID 的 VRRP 备份组绑定，使流量在该备份组中的主用设备上进行传输。在同时存在多个 VRRP 备份组的情况下，需要通过配置 VRRP 关键字将 NAT Server 公网地址与 VRRP 备份组绑定，明确引导流量的走向，使流量在指定 VRRP 备份组中的主用设备上进行传输。

当公网用户主动访问 NAT Server 的 global 地址时，FW 收到此报文后，无法匹配到会话表，根据默认路由转发给路由器，路由器收到报文后，查找路由表再转发给 FW。此报文就会在 FW 和路由器之间循环转发，造成路由环路。

通过配置"unr – route"参数可以配置 UNR 路由。该 UNR 路由的作用与黑洞路由的作用相同，可以防止路由环路，同时也可以引入 OSPF 等动态路由协议中发布出去。上下行路由器可以接收到公网地址的路由。

当 NAT Server 的 global 地址与公网接口地址不在同一网段时，必须配置黑洞路由；当 NAT Server 的 global 地址与公网接口地址在同一网段时，建议配置黑洞路由。

当 global ¦ global – address [global – address – end] ¦ interface interface – type interface – number ¦ 里的 global – address 配置为接口 IP 地址或者配置 interface interface – type interface – number 参数时，FW 不会产生黑洞路由，不需要配置 unr – route 参数。

如果 nat server 命令已配置但没有配置 UNR 路由。可以不需改变原有的配置，手动配置 nat server name name unr – route 即可。满足用户的灵活配置 UNR 路由的需求。

五、使用实例

配置名称为"for_web"和"for_ftp"的两条 NAT Server，用来指定 WWW 服务器的 IP 地址是 192.168.10.10，FTP 服务器的 IP 地址是 192.168.10.11，希望用户可以通过 http://10.110.10.10:8080 访问 WWW 服务器，通过 ftp://10.110.10.10 访问 FTP 服务器。

```
<sysname> system-view
[sysname] nat server for_web protocol tcp global 10.110.10.10 8080 inside 192.168.10.10 www
[sysname] nat server for_ftp protocol tcp global 10.110.10.10 ftp inside 192.168.10.11 ftp
```

3.4.2 NAT Server 实验

实验：公网用户通过 NAT Server 访问内部服务器

一、实验目的

介绍公网用户通过 NAT Server 访问内部服务器的配置举例。

二、组网需求

某公司在网络边界处部署了 FW 作为安全网关。为了使私网 Web 服务器和 FTP 服务器能够对外提供服务，需要在 FW 上配置 NAT Server 功能。除了公网接口的 IP 地址外，公司还向 ISP 申请了一个 IP 地址（1.1.1.10）作为内网服务器对外提供服务的地址。网络环境如图 3 – 10 所示，其中，Router 是 ISP 提供的接入网关。

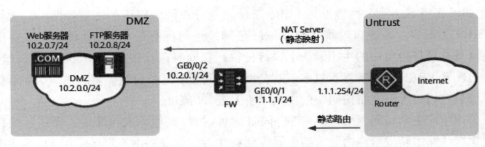

图 3-10 NAT Server 组网图

三、数据规划（表 3-5）

表 3-5 数据规划

项目		数据	说明
GigabitEthernet 0/0/1		IP 地址：1.1.1.1/24 安全区域：Untrust	实际配置时，需要按照 ISP 的要求进行配置
GigabitEthernet 0/0/2		IP 地址：10.2.0.1/24 安全区域：DMZ	内网服务器需要将 10.2.0.1 配置为默认网关
NAT Server		名称：policy_web 公网地址：1.1.1.10 私网地址：10.2.0.7 公网端口：8080 私网端口：80	通过该映射，外网用户能够访问 1.1.1.10，且端口号为 8080 的流量能够送给内网的 Web 服务器。Web 服务器的私网地址为 10.2.0.7，私网端口号为 80
		名称：policy_ftp 公网地址：1.1.1.10 私网地址：10.2.0.8 公网端口：21 私网端口：21	通过该映射，外网用户能够访问 1.1.1.10，且端口号为 21 的流量能够送给内网的 FTP 服务器。FTP 服务器的私网地址为 10.2.0.8，私网端口号为 21
路由	默认路由	目的地址：0.0.0.0 下一跳：1.1.1.254	为了使内网服务器对外提供的服务流量可以正常转发至 ISP 的路由器，可以在 FW 上配置去往 Internet 的默认路由

四、配置思路

（1）接口 IP 地址和安全区域，完成网络基本参数配置。

（2）配置安全策略，允许外部网络用户访问内部服务器。

（3）配置 NAT Server，分别映射内网 Web 服务器和 FTP 服务器。

（4）在 FW 上配置默认路由，使内网服务器对外提供的服务流量可以正常转发至 ISP 的路由器。

（5）在 Router 上配置到 NAT Server 的公网地址的静态路由。

五、操作步骤

（1）配置接口 IP 地址和安全区域，完成网络基本参数配置。

```
# 配置接口 GigabitEthernet 0/0/1 的 IP 地址。
<FW> system-view
[FW] interface GigabitEthernet 0/0/1
[FW-GigabitEthernet 0/0/1] ip address 1.1.1.1 24
[FW-GigabitEthernet 0/0/1] quit
# 配置接口 GigabitEthernet 0/0/2 的 IP 地址。
[FW] interface GigabitEthernet 0/0/2
[FW-GigabitEthernet 0/0/2] ip address 10.2.0.1 24
[FW-GigabitEthernet 0/0/2] quit
# 将接口 GigabitEthernet 0/0/1 加入 Untrust 区域。
[FW] firewall zone untrust
[FW-zone-untrust] add interface GigabitEthernet 0/0/1
[FW-zone-untrust] quit
# 将接口 GigabitEthernet 0/0/2 加入 DMZ 区域。
[FW] firewall zone dmz
[FW-zone-dmz] add interface GigabitEthernet 0/0/2
[FW-zone-dmz] quit
```

（2）配置安全策略，允许外部网络用户访问内部服务器。

```
[FW] security-policy
[FW-policy-security] rule name policy1
[FW-policy-security-rule-policy1] source-zone untrust
[FW-policy-security-rule-policy1] destination-zone dmz
[FW-policy-security-rule-policy1] destination-address 10.2.0.0 24
[FW-policy-security-rule-policy1] action permit
[FW-policy-security-rule-policy1] quit
[FW-policy-security] quit
```

（3）配置 NAT Server 功能。

```
[FW] nat server policy_web protocol tcp global 1.1.1.10 8080 inside 10.2.0.7 www unr-route
[FW] nat server policy_ftp protocol tcp global 1.1.1.10 ftp inside 10.2.0.8 ftp unr-route
```

说明：当 NAT Server 的 global 地址与公网接口地址不在同一网段时，必须配置黑洞路由；当 NAT Server 的 global 地址与公网接口地址在同一网段时，建议配置黑洞路由；当 NAT Server 的 global 地址与公网接口地址一致时，不会产生路由环路，不需要配置黑洞路由。

（4）FTP 协议的 NAT ALG 功能。

```
[FW] firewall interzone dmz untrust
[FW-interzone-dmz-untrust] detect ftp
[FW-interzone-dmz-untrust] quit
```

（5）配置默认路由，使内网服务器对外提供的服务流量可以正常转发至 ISP 的路由器。

```
[FW] ip route-static 0.0.0.0 0.0.0.0 1.1.1.254
```

（6）在 Router 上配置到服务器映射的公网地址（1.1.1.10）的静态路由，下一跳为 1.1.1.1，使去往服务器的流量能够送往 FW。

通常需要联系 ISP 的网络管理员来配置此静态路由。

FW 的配置脚本：

```
#
 sysname FW
#
 nat server policy_web 0 protocol tcp global 1.1.1.10 8080 inside 10.2.0.7 www unr-route
 nat server policy_ftp 1 protocol tcp global 1.1.1.10 ftp inside 10.2.0.8 ftp unr-route
#
interface GigabitEthernet0/0/1
 undo shutdown
 ip address 1.1.1.1 255.255.255.0
#
interface GigabitEthernet0/0/2
 undo shutdown
 ip address 10.2.0.1 255.255.255.0
#
firewall zone untrust
 set priority 5
 add interface GigabitEthernet0/0/1
#
firewall zone dmz
 set priority 50
 add interface GigabitEthernet0/0/2
#
firewall interzone dmz untrust
 detect ftp
#
 ip route-static 0.0.0.0 0.0.0.0 1.1.1.254
```

```
#
security-policy
   rule name policy1
      source-zone untrust
      destination-zone dmz
      destination-address 10.2.0.0 24
      action permit
#
return
```

3.5 双向 NAT 技术

3.5.1 双向 NAT 技术概述

双向 NAT 指的是在转换过程中同时转换报文的源信息和目的信息。双向 NAT 不是一个单独的功能，而是源 NAT 和目的 NAT 的组合。双向 NAT 是针对同一条流，在其经过防火墙时，同时转换报文的源地址和目的地址。

双向 NAT 主要应用在以下两个场景。

一、外网用户访问内部服务器

当外部网络中的用户访问内部服务器时，使用该双向 NAT 功能同时转换该报文的源和目的地址可以避免在内部服务器上设置网关，简化配置。

如图 3-11 所示，当 Host 访问 Server 时，FW 的处理过程如下：

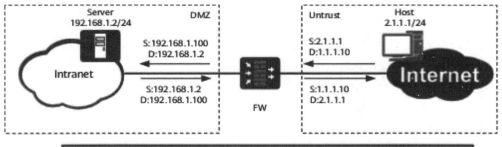

图 3-11 外网用户访问内部服务器工作原理示意图

（1）FW 对匹配双向 NAT 处理的策略的报文进行地址转换。

（2）FW 从目的 NAT 地址池中选择一个私网 IP 地址替换报文的目的 IP 地址，同时使用新的端口号替换报文的目的端口号。

（3）判断是否满足安全策略的要求，通过安全策略后，从源 NAT 地址池中选择一个私网 IP 地址替换报文的源 IP 地址，同时使用新的端口号替换报文的源端口号，并建立会话表，然后将报文发送至 Intranet。

（4）FW 收到 Server 响应 Host 的报文后，通过查找会话表匹配到建立的表项，将报文的源地址和目的地址替换为原先的 IP 地址，将报文源和目的端口号替换为原始的端口号，然后将报文发送至 Internet。

二、私网用户访问内部服务器

私网用户与内部服务器在同一安全区域同一网段时，私网用户希望像外网用户一样，通过公网地址来访问内部服务器的场景。

如图 3-12 所示，当 Host 访问 Server 时，FW 的处理过程如下：

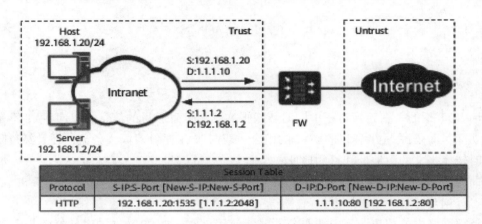

图 3-12　私网用户访问内部服务器工作原理示意图

（1）FW 对匹配双向 NAT 处理的策略的报文进行地址转换。

（2）FW 从目的 NAT 地址池中选择一个私网 IP 地址替换报文的目的 IP 地址，同时使用新的端口号替换报文的目的端口号。

（3）判断是否满足安全策略的要求，通过安全策略后，从源 NAT 地址池中选择一个公网 IP 地址替换报文的源 IP 地址，同时使用新的端口号替换报文的源端口号，并建立会话表，然后将报文发送至 Server。

（4）FW 收到 Server 响应 Host 的报文后，通过查找会话表匹配到建立的表项，将报文的源地址和目的地址替换原先的 IP 地址，将报文源端口号和目的端口号替换原始的端口号，然后将报文发送至 Host。

在 FW 中，双向 NAT 还可采用源 NAT 和 NAT Server 组合的方式。通过源 NAT 转换报文的源地址，同时通过 NAT Server 转换同一报文的目的地址，实现双向 NAT 功能。NAT Server 相关配置举例请参考配置 NAT Server。

3.5.2　实验：私网用户使用公网地址访问内部服务器（NAT Server）

一、实验目的

介绍私网用户使用公网地址访问内部服务器的配置举例。

二、组网需求

某公司在网络边界处部署了 FW 作为安全网关。为了使私网 Web 服务器和 FTP 服务器能够对外提供服务,需要在 FW 上配置目的 NAT。另外,和两台服务器同在一个安全区域,并且 IP 地址同在一个网段的 PC D 也需要访问这两台服务器。由于公司希望 PC D 可以使用公网地址访问内部服务器,因此还需要在 FW 上配置源 NAT 功能。

除了公网接口的 IP 地址外,公司还向 ISP 申请了两个公网 IP 地址,其中,1.1.10.10 作为内网服务器对外提供服务的地址,1.1.1.11 作为 PC D 地址转换后的公网地址。网络环境如图 3-13 所示,其中,Router 是 ISP 提供的接入网关。

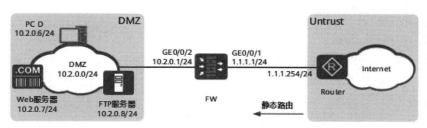

图 3-13 源 NAT + 目的 NAT 策略组网图

三、数据规划(表 3-6)

表 3-6 数据规划

项目		数据	说明
GigabitEthernet 0/0/1		IP 地址:1.1.1.1/24 安全区域:Untrust	实际配置时,需要按照 ISP 的要求进行配置
GigabitEthernet 0/0/2		IP 地址:10.2.0.1/24 安全区域:DMZ	内网服务器需要将 10.2.0.1 配置为默认网关
源 NAT 地址池地址		1.1.1.11	—
目的 NAT 地址池地址		10.2.0.7 ~ 10.2.0.8	—
路由	默认路由	目的地址:0.0.0.0 下一跳:1.1.1.254	为了使内网服务器对外提供的服务流量可以正常转发至 ISP 的路由器,可以在 FW 上配置去往 Internet 的默认路由

四、配置思路

(1)配置接口 IP 地址和安全区域,完成网络基本参数配置。

(2)配置安全策略,允许内部网络用户访问内部服务器。

(3)配置 NAT 策略,使 PC D 使用公网地址访问内部服务器。

(4)在 FW 上配置默认路由,使内网服务器对外提供的服务流量可以正常转发至 ISP 的路由器。

(5)在 Router 上配置到服务器映射的公网地址的静态路由。

五、操作步骤

(1) 配置接口 IP 地址和安全区域，完成网络基本参数配置。

```
# 配置接口 GigabitEthernet 0/0/1 的 IP 地址。
<FW> system-view
[FW] interface GigabitEthernet 0/0/1
[FW-GigabitEthernet 0/0/1] ip address 1.1.1.1 24
[FW-GigabitEthernet 0/0/1] quit
# 配置接口 GigabitEthernet 0/0/2 的 IP 地址。
[FW] interface GigabitEthernet 0/0/2
[FW-GigabitEthernet 0/0/2] ip address 10.2.0.1 24
[FW-GigabitEthernet 0/0/2] quit
# 将接口 GigabitEthernet 0/0/1 加入 Untrust 区域。
[FW] firewall zone untrust
[FW-zone-untrust] add interface GigabitEthernet 0/0/1
[FW-zone-untrust] quit
# 将接口 GigabitEthernet 0/0/2 加入 DMZ 区域。
[FW] firewall zone dmz
[FW-zone-dmz] add interface GigabitEthernet 0/0/2
[FW-zone-dmz] quit
```

(2) 配置安全策略，允许内部网络用户访问内部服务器。

```
[FW] security-policy
[FW-policy-security] rule name policy1
[FW-policy-security-rule-policy1] source-zone dmz
[FW-policy-security-rule-policy1] destination-zone dmz
[FW-policy-security-rule-policy1] destination-address 10.2.0.0 24
[FW-policy-security-rule-policy1] action permit
[FW-policy-security-rule-policy1] quit
[FW-policy-security] quit
```

(3) 配置源 NAT 地址池。

```
[FW] nat address-group addressgroup1
[FW-address-group-addressgroup1] mode pat
[FW-address-group-addressgroup1] section 0 1.1.1.11 1.1.1.11
[FW-address-group-addressgroup1] route enable
[FW-address-group-addressgroup1] quit
```

(4) 配置目的 NAT 地址池。

```
[FW] destination-nat address-group addressgroup2
[FW-dnat-address-group-addressgroup2] section 10.2.0.7 10.2.0.8
[FW-dnat-address-group-addressgroup2] quit
```

（5）配置 NAT 策略。

```
[FW] nat-policy
[FW-policy-nat] rule name policy_nat1
[FW-policy-nat-rule-policy_nat1] source-zone dmz
[FW-policy-nat-rule-policy_nat1] source-address 10.2.0.6 24
[FW-policy-nat-rule-policy_nat1] destination-address 1.1.10.10 32
[FW-policy-nat-rule-policy_nat1] service protocol tcp destination-port 3000 to 3001
[FW-policy-nat-rule-policy_nat1] action source-nat address-group addressgroup1
[FW-policy-nat-rule-policy_nat1] action destination-nat static port-to-address address-group addressgroup2 2000
[FW-policy-nat-rule-policy_nat1] quit
[FW-policy-nat] quit
```

（6）配置报文目的地址的黑洞路由，以防路由环路。

```
[FW] ip route-static 1.1.10.10 255.255.255.255 NULL0
```

（7）开启 FTP 协议的 NAT ALG 功能。

```
[FW] firewall zone dmz
[FW-zone-dmz] detect ftp
[FW-zone-dmz] quit
[FW] firewall interzone dmz untrust
[FW-interzone-dmz-untrust] detect ftp
[FW-interzone-dmz-untrust] quit
```

（8）配置默认路由，使内网服务器对外提供的服务流量可以正常转发至 ISP 的路由器。

```
[FW] ip route-static 0.0.0.0 0.0.0.0 1.1.1.254
```

（9）在 Router 上配置到公网地址（1.1.10.10）的静态路由，下一跳为 1.1.1.1，使去往服务器的流量能够送往 FW。

通常需要联系 ISP 的网络管理员来配置此静态路由。

FW 的配置脚本：

```
#
 sysname FW
#
interface GigabitEthernet0/0/1
 undo shutdown
 ip address 1.1.1.1 255.255.255.0
#
interface GigabitEthernet0/0/2
```

```
  undo shutdown
  ip address 10.2.0.1 255.255.255.0
#
firewall zone untrust
  set priority 5
  add interface GigabitEthernet0/0/1
#
firewall zone dmz
  set priority 50
  add interface GigabitEthernet0/0/2
  detect ftp
#
firewall interzone dmz untrust
  detect ftp
#
 ip route-static 0.0.0.0 0.0.0.0 1.1.1.254
 ip route-static 1.1.10.10 255.255.255.255 NULL0
#
nat address-group addressgroup1 0
 mode pat
 route enable
 section 0 1.1.1.11 1.1.1.11
#
destination-nat address-group addressgroup2 0
 section 10.2.0.7 10.2.0.8
#
security-policy
  rule name policy1
    source-zone dmz
    destination-zone dmz
    destination-address 10.2.0.0 24
    action permit
#
nat-policy
  rule name policy_nat1
    source-zone dmz
    source-address 10.2.0.6 24
    destination-address 1.1.10.10 32
    service protocol tcp destination-port 3000 to 3001
    action source-nat address-group addressgroup1
    action destination-nat static port-to-address address-group addressgroup2 2000
  #
  return
```

第 4 章

防火墙高可靠性技术

4.1 双机热备技术

4.1.1 双机热备技术原理

一、双机热备简介

FW 部署在网络出口位置时,如果发生故障,会影响到整网业务。为了提升网络的可靠性,需要部署两台 FW 并组成双机热备,如图 4-1 所示。

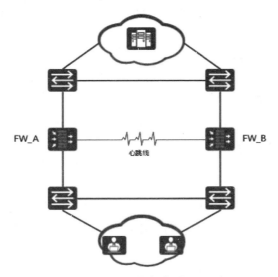

图 4-1 双机热备典型组网图

双机热备需要两台硬件和软件配置均相同的 FW。两台 FW 之间通过一条独立的链路连接,这条链路通常被称为"心跳线"。两台 FW 通过心跳线了解对端的健康状况,向对端备份配置和表项(如会话表、IPSec SA 等)。当一台 FW 出现故障时,业务流量能平滑地切换到另一台设备上处理,使业务不中断。

二、双机热备的系统要求

介绍双机热备功能对设备硬件、软件以及 License 的要求。

1. 硬件要求

组成双机热备的两台 FW 的型号必须相同，安装的单板类型、数量以及单板安装的位置必须相同。对于 USG6680E 和 USG6712E/6716E，要求组成双机热备的两台同型号设备的 BomID Version 匹配，即 BomID Version 为 000、001、002 的设备不能与 BomID Verison 为 003 及其之后的同型号设备组建双机热备环境，其中，BomID Version 可通过 display version 查看。

两台 FW 的硬盘配置可以不同。例如，一台 FW 安装硬盘，另一台 FW 不安装硬盘，不会影响双机热备的运行。但未安装硬盘的 FW 日志存储量将远低于安装了硬盘的 FW，而且部分日志和报表功能不可用。

2. 软件要求

组成双机热备的两台 FW 的系统软件版本、系统补丁版本、动态加载的组件包、特征库版本、Hash 选择 CPU 模式以及 Hash 因子都必须相同。

实际上，在系统软件版本升级或回退的过程中，两台 FW 可以暂时运行不同版本的系统软件。

3. License 要求

双机热备功能自身不需要 License。但对于其他需要 License 的功能，如 IPS、反病毒等功能，组成双机热备的两台 FW 需要分别申请和加载 License，两台 FW 之间不能共享 License。两台 FW 的 License 控制项种类、资源数量、升级服务到期时间都要相同。

三、心跳线

双机热备组网中，心跳线是两台 FW 交互消息了解对端状态以及备份配置命令和各种表项的通道。心跳线两端的接口通常被称为"心跳接口"。

心跳线主要传递如下消息：

- 心跳报文（Hello 报文）：两台 FW 通过定期（默认周期为 1 秒）互相发送心跳报文来检测对端设备是否存活。
- VGMP 报文：了解对端设备的 VGMP 组的状态，确定本端和对端设备当前状态是否稳定，是否要进行故障切换。
- 配置和表项备份报文：用于两台 FW 同步配置命令和状态信息。
- 心跳链路探测报文：用于检测对端设备的心跳口能否正常接收本端设备的报文，确定是否有心跳接口可以使用。
- 配置一致性检查报文：用于检测两台 FW 的关键配置是否一致，如安全策略、NAT 等。

上述报文均不受 FW 的安全策略控制，因此，不需要针对这些报文配置安全策略。

1. 心跳线和心跳接口的配置建议

- 心跳接口的连线方式可以是直连，也可以通过交换机或路由器连接。建议将组成双机热备的两台 FW 安装在同一个机架或者相邻的机架上，心跳接口使用网线或者光纤直连。
- 对于 USG6680E 和 USG6712E/6716E，请使用专门的两个 HA 接口作为心跳接口，这

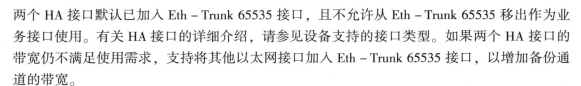

两个 HA 接口默认已加入 Eth – Trunk 65535 接口，且不允许从 Eth – Trunk 65535 移出作为业务接口使用。有关 HA 接口的详细介绍，请参见设备支持的接口类型。如果两个 HA 接口的带宽仍不满足使用需求，支持将其他以太网接口加入 Eth – Trunk 65535 接口，以增加备份通道的带宽。

- 对于其他未提供专门 HA 接口的机型，建议规划专门的接口作为心跳接口，该接口只用来发送心跳报文、备份报文等双机热备功能相关的报文，不要将业务报文引导到该接口上转发。同时，建议将多个以太网接口绑定成 Eth – Trunk 接口，使用 Eth – Trunk 作为心跳接口。这样既提高了链路的可靠性，又可以增加备份通道的带宽。
- 心跳接口需要发送业务相关的表项备份报文，心跳接口的流量大小与业务流量大小有关。心跳接口的带宽建议不低于峰值业务流量的 30%。
- 建议至少配置 2 个心跳接口，一个心跳接口作为主用，另一个心跳接口作为备份。

2. 心跳线和心跳接口的配置注意事项

- MGMT 接口（MEth0/0/0）不能作为心跳接口。
- 配置了 vrrp virtual – mac enable 命令的接口不能用作心跳接口。
- 两台 FW 心跳接口的类型、接口编号、链路协议类型必须相同。如果使用 Eth – Trunk 接口作为心跳接口，Eth – Trunk 接口的成员接口也要相同。如果使用 VLAN 接口（VLANIF）作为心跳接口，实际收发报文的二层物理接口也必须相同。
- 两台 FW 心跳接口必须加入相同的安全区域。
- 接口 MTU 值小于 1 500 的接口不能作为心跳接口。

说明： 配置和表项备份报文的最大长度为 1 500 字节，且报文不支持分片。如果心跳接口 MTU 值小于 1 500，会导致报文发送失败。

- 心跳接口通过交换机或路由器连接时，交换机或路由器上转发心跳报文和备份报文的接口的 MTU 值不能小于 1 500。
- 心跳接口非直连需要配置相关路由时，请正确配置路由，否则，shutdown/undo shutdown 心跳接口后，心跳接口可能会进入异常状态，无法恢复，只能通过删除该错误路由或者重新配置心跳接口才能解决。

例如，在主备设备任一设备上配置了一条静态路由 ip route – static dest – heartbeat – address 32 other – up – interface，其目的 IP 地址为对端心跳接口 IP 地址，下一跳出接口为任意其他状态为 Up 的接口，此时 shutdown/undo shutdown 该心跳接口，心跳接口将进入异常运行状态，无法恢复正常。

- 如果 FW 上配置了虚拟系统，心跳接口不能是虚拟系统的接口，必须是根系统的接口。虚拟系统的配置命令和表项也能通过规划在根系统的心跳接口备份到对端设备。

四、双机热备工作模式

介绍 FW 支持的双机热备运行模式以及选择使用哪种工作模式。

FW 支持主备备份和负载分担模式两种运行模式（表 4 – 1）。

表 4-1 主备备份和负载分担模式

项目	说明
主备备份模式	流量由单台设备处理,相较于负载分担模式,路由规划和故障定位相对简单
负载分担模式	相较于主备备份模式,组网方案和配置相对复杂。 负载分担组网中使用入侵防御、反病毒等内容安全检测功能时,可能会因为流量来回路径不一致而导致内容安全功能失效。 负载分担组网中配置 NAT 时,需要额外的配置来防止两台设备 NAT 资源分配冲突。 负载分担模式组网中,流量由两台设备共同处理,可以比主备备份模式或镜像模式组网承担更大的峰值流量。 负载分担模式组网中,设备发生故障时,只有一半的业务需要切换,故障切换的速度更快

- 主备备份模式:两台设备一主一备。正常情况下,业务流量由主用设备处理。当主用设备故障时,备用设备接替主用设备处理业务流量,保证业务不中断。

说明:镜像模式是实现主备备份双机热备的一种特殊技术手段,主要用于 DCN 和云管理场景中。

- 负载分担模式:两台设备互为主备。正常情况下,两台设备共同分担整网的业务流量。当其中一台设备故障时,另外一台设备会承担其业务,保证原本通过该设备转发的业务不中断。

五、VGMP 组

VGMP(VRRP Group Management Protocol)是华为公司的私有协议。VGMP 中定义了 VGMP 组,FW 基于 VGMP 组实现设备主备状态管理。

每台 FW 都有一个 VGMP 组,用户不能删除这个 VGMP 组,也不能再创建其他的 VGMP 组。VGMP 组有优先级和状态两个属性。VGMP 组优先级决定了 VGMP 组的状态。

VGMP 组优先级是不可配置的。设备正常启动后,会根据设备的硬件配置自动生成一个 VGMP 组优先级,这个优先级称为初始优先级。初始优先级与 CPU 个数有关,不同型号设备的初始优先级见表 4-2。当设备发生故障时,VGMP 组优先级会降低。

表 4-2 初始优先级

类型	型号	初始优先级
单 CPU 机型	除 USG6635E/6640E – K/6655E、USG6680E 和 USG6712E/6716E 外	45000
双 CPU 机型	USG6635E/6640E – K/6655E、USG6680E 和 USG6712E/6716E	45002

VGMP 组有四种状态:initialize、load – balance、active 和 standby。其中,initialize 是初始化状态,设备未启用双机热备功能时,VGMP 组处于这个状态。其他三个状态则是设备通

过比较自身和对端设备 VGMP 组优先级大小确定的。设备通过心跳线接收对端设备的 VGMP 报文，了解对端设备的 VGMP 组优先级。

- 设备自身的 VGMP 组优先级等于对端设备的 VGMP 组优先级时，设备的 VGMP 组状态为 load – balance。
- 设备自身的 VGMP 组优先级大于对端设备的 VGMP 组优先级时，设备的 VGMP 组状态为 active。
- 设备自身的 VGMP 组优先级小于对端设备的 VGMP 组优先级时，设备的 VGMP 组状态为 standby。
- 设备没有接收到对端设备的 VGMP 报文，无法了解到对端 VGMP 组优先级时，设备的 VGMP 组状态为 active。例如，心跳线故障。

双机热备要求两台设备的硬件型号、单板的类型和数量都要相同。因此，正常情况下，两台设备的 VGMP 组优先级是相等的，VGMP 组状态为 load – balance。如果某一台设备发生了故障，该设备的 VGMP 组优先级会降低。故障设备的 VGMP 组优先级小于无故障设备的 VGMP 组优先级，故障设备的 VGMP 组状态会变成 standby，无故障设备的 VGMP 组状态会变成 active。

FW 能根据 VGMP 组的状态调整 VRRP 备份组状态、动态路由（OSPF、OSPFv3 和 BGP）的开销值、VLAN 的状态以及接口的状态（镜像模式），从而实现主备备份或负载分担模式的双机热备。具体请参见：

- 基于 VRRP 的双机热备。
- 基于动态路由的双机热备。
- 透明模式双机热备。
- 镜像模式双机热备。

使用 display hrp state 命令可以查看设备的 VGMP 组优先级和状态。

```
HRP_M<sysname> display hrp state
  Role: active, peer: standby
  Running priority: 45000, peer: 44998
  Backup channel usage: 0.00%
  Stable time: 0 days, 2 hours, 15 minutes
  Last state change information: 2017 – 09 – 22 14:31:24 HRP core state changed, old_
state = normal, new_state = abnormal(active), local_priority = 45000, peer_
priority = 44998.
```

display hrp state 部分回显信息的解释见表 4 – 3。

表 4 – 3　display hrp state 部分回显信息的解释

项目	描述
Running priority: 45000, peer: 44998	本端和对端的 VGMP 组优先级。"Running priority"表示本端 VGMP 组优先级，"peer"表示对端 VGMP 组优先级

续表

项目	描述
Last state change information	本端VGMP组最后一次状态切换的相关信息。old_state是VGMP组的历史状态，new_state是VGMP组的当前状态。old_state和new_state可能有如下取值： • initial：表示VGMP组状态为initialize。 • normal：表示VGMP组状态为load-balance。 • abnormal（standby）：表示VGMP组状态为standby。 • abnormal（active）：表示VGMP组状态为active。 从输出信息可以看出，VGMP组状态发生变化是因为对端设备发生了故障，VGMP组优先级降低。本端VGMP组优先级高于对端VGMP组优先级。本端VGMP组状态由load-balance变成了active

4.1.2 双机热备基本组网与配置实验

实验1 主备备份双机热备：防火墙直路部署，上下行连接交换机（232）

一、实验目的

介绍业务接口工作在三层，上下行连接交换机的主备备份组网的CLI举例。

二、组网图形（图4-2）

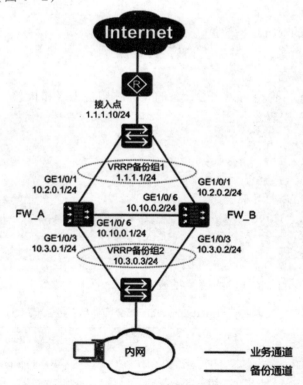

图4-2 业务接口工作在三层，上下行连接交换机的主备备份组网

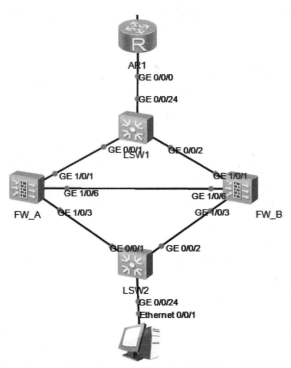

图 4-2 业务接口工作在三层，上下行连接交换机的主备备份组网（续）

三、IP 地址规划（表 4-4）

表 4-4 IP 地址规划

设备	接口	IP 地址	网关
FW_A	G1/0/1	10.2.0.1/24	
	G1/0/3	10.3.0.1/24	
	G1/0/6	10.10.0.1/24	
FW_B	G1/0/1	10.2.0.2/24	
	G1/0/3	10.3.0.2/24	
	G1/0/6	10.10.0.2/24	
R1	G0/0/0	1.1.1.10/24	
PC1	E0/0/0	10.3.0.100/24	10.3.0.3

四、组网需求

如图 4-2 所示，企业的两台 FW 的业务接口都工作在三层，上下行分别连接二层交换机。

上行交换机连接运营商的接入点，运营商为企业分配的 IP 地址为 1.1.1.1。

现在希望两台 FW 以主备备份方式工作。正常情况下，流量通过 FW_A 转发。当 FW_A

出现故障时,流量通过 FW_B 转发,保证业务不中断。

五、操作步骤

1. 防火墙配置

(1) 完成网络基本配置。

```
# 配置 FW_A 各接口的 IP 地址。
<FW_A> system-view
[FW_A] interface GigabitEthernet 1/0/1
[FW_A-GigabitEthernet1/0/1] ip address 10.2.0.1 24
[FW_A-GigabitEthernet1/0/1] quit
[FW_A] interface GigabitEthernet 1/0/3
[FW_A-GigabitEthernet1/0/3] ip address 10.3.0.1 24
[FW_A-GigabitEthernet1/0/3] quit
[FW_A] interface GigabitEthernet 1/0/6
[FW_A-GigabitEthernet1/0/6] ip address 10.10.0.1 24
[FW_A-GigabitEthernet1/0/6] quit
# 配置 FW_B 各接口的 IP 地址。
<FW_B> system-view
[FW_B] interface GigabitEthernet 1/0/1
[FW_B-GigabitEthernet1/0/1] ip address 10.2.0.2 24
[FW_B-GigabitEthernet1/0/1] quit
[FW_B] interface GigabitEthernet 1/0/3
[FW_B-GigabitEthernet1/0/3] ip address 10.3.0.2 24
[FW_B-GigabitEthernet1/0/3] quit
[FW_B] interface GigabitEthernet 1/0/6
[FW_B-GigabitEthernet1/0/6] ip address 10.10.0.2 24
[FW_B-GigabitEthernet1/0/6] quit
# 将 FW_A 各接口加入相应的安全区域。
[FW_A] firewall zone trust
[FW_A-zone-trust] add interface GigabitEthernet 1/0/3
[FW_A-zone-trust] quit
[FW_A] firewall zone dmz
[FW_A-zone-dmz] add interface GigabitEthernet 1/0/6
[FW_A-zone-dmz] quit
[FW_A] firewall zone untrust
[FW_A-zone-untrust] add interface GigabitEthernet 1/0/1
[FW_A-zone-untrust] quit
# 将 FW_B 各接口加入相应的安全区域。
[FW_B] firewall zone trust
[FW_B-zone-trust] add interface GigabitEthernet 1/0/3
```

```
[FW_B-zone-trust] quit
[FW_B] firewall zone dmz
[FW_B-zone-dmz] add interface GigabitEthernet 1/0/6
[FW_B-zone-dmz] quit
[FW_B] firewall zone untrust
[FW_B-zone-untrust] add interface GigabitEthernet 1/0/1
[FW_B-zone-untrust] quit
# 在 FW_A 上配置一条默认路由,下一跳为 1.1.1.10。
[FW_A] ip route-static 0.0.0.0 0.0.0.0 1.1.1.10
# 在 FW_B 上配置一条默认路由,下一跳为 1.1.1.10。
[FW_B] ip route-static 0.0.0.0 0.0.0.0 1.1.1.10
```

(2) 配置 VRRP 备份组。

```
# 在 FW_A 上行业务接口 GE1/0/1 上配置 VRRP 备份组 1,并设置其状态为 Active。需要注意的是,
如果接口的 IP 地址与 VRRP 备份组地址不在同一网段,则配置 VRRP 备份组地址时需要指定掩码。
[FW_A] interface GigabitEthernet 1/0/1
[FW_A-GigabitEthernet1/0/1] vrrp vrid 1 virtual-ip 1.1.1.1 24 active
[FW_A-GigabitEthernet1/0/1] quit
# 在 FW_A 下行业务接口 GE1/0/3 上配置 VRRP 备份组 2,并设置其状态为 Active。
[FW_A] interface GigabitEthernet 1/0/3
[FW_A-GigabitEthernet1/0/3] vrrp vrid 2 virtual-ip 10.3.0.3 active
[FW_A-GigabitEthernet1/0/3] quit
# 在 FW_B 上行业务接口 GE1/0/1 上配置 VRRP 备份组 1,并设置其状态为 Standby。需要注意的是,
如果接口的 IP 地址与 VRRP 备份组地址不在同一网段,则配置 VRRP 备份组地址时需要指定掩码。
[FW_B] interface GigabitEthernet 1/0/1
[FW_B-GigabitEthernet1/0/1] vrrp vrid 1 virtual-ip 1.1.1.1 24 standby
[FW_B-GigabitEthernet1/0/1] quit
# 在 FW_B 下行业务接口 GE1/0/3 上配置 VRRP 备份组 2,并设置其状态为 Standby。
[FW_B] interface GigabitEthernet 1/0/3
[FW_B-GigabitEthernet1/0/3] vrrp vrid 2 virtual-ip 10.3.0.3 standby
[FW_B-GigabitEthernet1/0/3] quit
```

(3) 指定心跳口并启用双机热备功能。

在 FW_A 上指定心跳口并启用双机热备功能。

```
[FW_A] hrp interface GigabitEthernet 1/0/6 remote 10.10.0.2
[FW_A] hrp enable
```

在 FW_B 上指定心跳口并启用双机热备功能。

```
[FW_B] hrp interface GigabitEthernet 1/0/6 remote 10.10.0.1
[FW_B] hrp enable
```

(4) 在 FW_A 上配置安全策略。双机热备状态成功建立后,FW_A 的安全策略配置会自动备份到 FW_B 上。

配置安全策略,允许内网用户访问 Internet。
HRP_M[FW_A] security-policy
HRP_M[FW_A-policy-security] rule name trust_to_untrust
HRP_M[FW_A-policy-security-rule-trust_to_untrust] source-zone trust
HRP_M[FW_A-policy-security-rule-trust_to_untrust] destination-zone untrust
HRP_M[FW_A-policy-security-rule-trust_to_untrust] source-address 10.3.0.0 24
HRP_M[FW_A-policy-security-rule-trust_to_untrust] action permit
HRP_M[FW_A-policy-security-rule-trust_to_untrust] quit
HRP_M[FW_A-policy-security] quit

（5）在 FW_A 上配置 NAT 策略。双机热备状态成功建立后，FW_A 的 NAT 策略配置会自动备份到 FW_B 上。

配置 NAT 策略,当内网用户访问 Internet 时,将源地址由 10.3.0.0/16 网段转换为地址池中的地址(1.1.1.2 - 1.1.1.5)。
HRP_M[FW_A] nat address-group group1
HRP_M[FW_A-address-group-group1] section 0 1.1.1.2 1.1.1.5
HRP_M[FW_A-address-group-group1] quit
HRP_M[FW_A] nat-policy
HRP_M[FW_A-policy-nat] rule name policy_nat1
HRP_M[FW_A-policy-nat-rule-policy_nat1] source-zone trust
HRP_M[FW_A-policy-nat-rule-policy_nat1] destination-zone untrust
HRP_M[FW_A-policy-nat-rule-policy_nat1] source-address 10.3.0.0 24
HRP_M[FW_A-policy-nat-rule-policy_nat1] action source-nat address-group group1

2. 路由器配置（省略）

六、结果验证

（1）在 PC1 端 ping 外网接口 1.1.1.10，创造持续流量，测试双机热备性能，如图 4-3 所示。

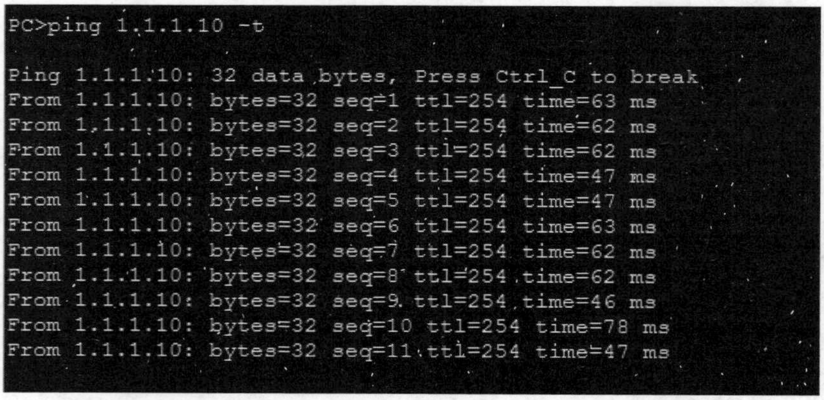

```
PC>ping 1.1.1.10 -t

Ping 1.1.1.10: 32 data bytes, Press Ctrl_C to break
From 1.1.1.10: bytes=32 seq=1 ttl=254 time=63 ms
From 1.1.1.10: bytes=32 seq=2 ttl=254 time=62 ms
From 1.1.1.10: bytes=32 seq=3 ttl=254 time=62 ms
From 1.1.1.10: bytes=32 seq=4 ttl=254 time=47 ms
From 1.1.1.10: bytes=32 seq=5 ttl=254 time=47 ms
From 1.1.1.10: bytes=32 seq=6 ttl=254 time=63 ms
From 1.1.1.10: bytes=32 seq=7 ttl=254 time=62 ms
From 1.1.1.10: bytes=32 seq=8 ttl=254 time=62 ms
From 1.1.1.10: bytes=32 seq=9 ttl=254 time=46 ms
From 1.1.1.10: bytes=32 seq=10 ttl=254 time=78 ms
From 1.1.1.10: bytes=32 seq=11 ttl=254 time=47 ms
```

图 4-3　PC1 端 ping 外网接口 1.1.1.10

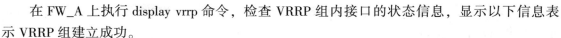

在 FW_A 上执行 display vrrp 命令,检查 VRRP 组内接口的状态信息,显示以下信息表示 VRRP 组建立成功。

```
HRP_M<FW1>display vrrp
2019-10-24 14:29:44.110
  GigabitEthernet1/0/1 | Virtual Router 1
    State : Master
    Virtual IP : 1.1.1.1
    Master IP : 10.2.0.1
    PriorityRun : 120
    PriorityConfig : 100
    MasterPriority : 120
    Preempt : YES Delay Time : 0 s
    TimerRun : 60 s
    TimerConfig : 60 s
    Auth type : NONE
    Virtual MAC : 0000-5e00-0101
    Check TTL : YES
    Config type : vgmp-vrrp
    Backup-forward : disabled
    Create time : 2019-10-24 14:05:50
    Last change time : 2019-10-24 14:06:51
  GigabitEthernet1/0/3 | Virtual Router 2
    State : Master
    Virtual IP : 10.3.0.3
    Master IP : 10.3.0.1
    PriorityRun : 120
    PriorityConfig : 100
    MasterPriority : 120
    Preempt : YES Delay Time : 0 s
    TimerRun : 60 s
    TimerConfig : 60 s
    Auth type : NONE
    Virtual MAC : 0000-5e00-0102
    Check TTL : YES
    Config type : vgmp-vrrp
    Backup-forward : disabled
    Create time : 2019-10-24 14:05:50
    Last change time : 2019-10-24 14:06:51
```

在 FW_B 上执行 display vrrp 命令，检查 VRRP 组内接口的状态信息，显示以下信息表示 VRRP 组建立成功。

```
RP_S<FW_B>display vrrp
2019-10-24 14:31:57.430
  GigabitEthernet1/0/1 |Virtual Router 1
    State : Backup
    Virtual IP : 1.1.1.1
    Master IP : 10.2.0.1
    PriorityRun : 120
    PriorityConfig : 100
    MasterPriority : 120
    Preempt : YES Delay Time : 0 s
    TimerRun : 60 s
    TimerConfig : 60 s
    Auth type : NONE
    Virtual MAC : 0000-5e00-0101
    Check TTL : YES
    Config type : vgmp-vrrp
    Backup-forward : disabled
    Create time : 2019-10-24 13:53:37
    Last change time : 2019-10-24 14:08:38
  GigabitEthernet1/0/3 |Virtual Router 2
    State : Backup
    Virtual IP : 10.3.0.3
    Master IP : 10.3.0.1
    PriorityRun : 120
    PriorityConfig : 100
    MasterPriority : 120
    Preempt : YES Delay Time : 0 s
    TimerRun : 60 s
    TimerConfig : 60 s
    Auth type : NONE
    Virtual MAC : 0000-5e00-0102
    Check TTL : YES
    Config type : vgmp-vrrp
    Backup-forward : disabled
    Create time : 2019-10-24 13:54:00
    Last change time : 2019-10-24 14:08:38
```

在 FW_A 上执行 display hrp state verbose 命令进行检查。

```
HRP_M<FW_A>display hrp state verbose
2019-10-24 14:36:14.430
  Role: active, peer: standby
  Running priority: 45000, peer: 45000
  Backup channel usage: 0.00%
  Stable time: 0 days, 0 hours, 29 minutes
  Last state change information: 2019-10-24 14:06:51 HRP core state changed, old_
state = abnormal(standby), new_state = normal, local_priority = 45000, peer_
prio
rity = 45000.
    Configuration:
    hello interval:                    1000ms
    preempt:                           60s
    mirror configuration:              off
    mirror session:                    off
    track trunk member:                on
    auto-sync configuration:           on
    auto-sync connection-status:       on
    adjust ospf-cost:                  on
    adjust ospfv3-cost:                on
    adjust bgp-cost:                   on
    nat resource:                      off
    Detail information:
              GigabitEthernet1/0/1 vrrp vrid 1: active
              GigabitEthernet1/0/3 vrrp vrid 2: active
                                     ospf-cost: +0
                                     ospfv3-cost: +0
                                     bgp-cost: +0
```

Router 位于 Untrust 区域。在 Trust 区域的 PC 端能够 ping 通 Untrust 区域的 Router。分别在 FW_A 和 FW_B 上检查会话。

```
HRP_M<FW_A> display firewall session table
 Current Total Sessions : 1
  icmp VPN: public --> public 10.3.0.10:0[1.1.1.2:10298] --> 1.1.1.10:2048
HRP_S<FW_B> display firewall session table
 Current Total Sessions : 1
  icmp VPN:public --> public Remote 10.3.0.10:0[1.1.1.2:10298] --> 1.1.1.10:
2048
```

可以看出，FW_B 上存在带有 Remote 标记的会话，表示配置双机热备功能后，会话备份成功。

（2）在 PC 上执行 ping 1.1.1.10 -t，如图 4-4 所示，然后将 FW_A 防火墙 GE1/0/1 接口网线拔出，观察防火墙状态切换及 ping 包丢包情况；再将 FW_A 防火墙 GE1/0/1 接口网线恢复，观察防火墙状态切换及 ping 包丢包情况。

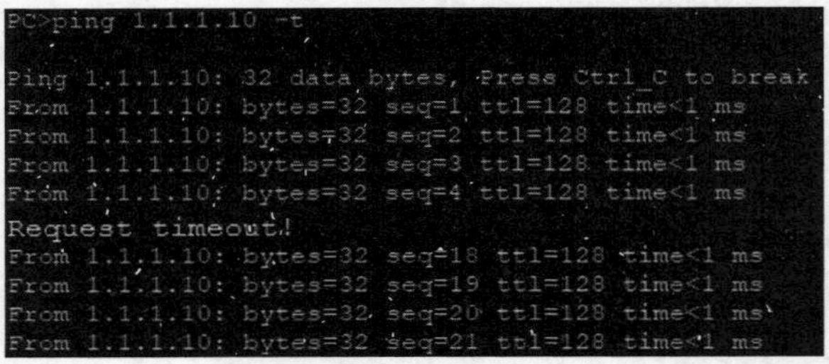

```
PC>ping 1.1.1.10 -t
Ping 1.1.1.10: 32 data bytes, Press Ctrl_C to break
From 1.1.1.10: bytes=32 seq=1 ttl=128 time<1 ms
From 1.1.1.10: bytes=32 seq=2 ttl=128 time<1 ms
From 1.1.1.10: bytes=32 seq=3 ttl=128 time<1 ms
From 1.1.1.10: bytes=32 seq=4 ttl=128 time<1 ms
Request timeout!
From 1.1.1.10: bytes=32 seq=18 ttl=128 time<1 ms
From 1.1.1.10: bytes=32 seq=19 ttl=128 time<1 ms
From 1.1.1.10: bytes=32 seq=20 ttl=128 time<1 ms
From 1.1.1.10: bytes=32 seq=21 ttl=128 time<1 ms
```

图 4-4　PC1 端 ping 外网接口 1.1.1.10 -t 展示双机热备功能

七、配置脚本（表 4-5）

表 4-5　配置脚本

FW_A	FW_B
# hrp enable hrp interface GigabitEthernet 1/0/6 remote 10.10.0.2 # interface GigabitEthernet 1/0/1 　ip address 10.2.0.1 255.255.255.0 　vrrp vrid 1 virtual -ip 1.1.1.1 255.255.255.0 active # interface GigabitEthernet 1/0/3 　ip address 10.3.0.1 255.255.255.0 　vrrp vrid 2 virtual -ip 10.3.0.3 active #interface GigabitEthernet 1/0/6 　ip address 10.10.0.1 255.255.255.0 # firewall zone trust 　set priority 85 　add interface GigabitEthernet 1/0/3 # firewall zone untrust 　set priority 5 　add interface GigabitEthernet 1/0/1	# hrp enable hrp interface GigabitEthernet 1/0/6 remote 10.10.0.1 # interface GigabitEthernet 1/0/1 　ip address 10.2.0.2 255.255.255.0 　vrrp vrid 1 virtual -ip 1.1.1.1 255.255.255.0 standby # interface GigabitEthernet 1/0/3 　ip address 10.3.0.2 255.255.255.0 　vrrp vrid 2 virtual -ip 10.3.0.3 standby # interface GigabitEthernet 1/0/6 　ip address 10.10.0.2 255.255.255.0 # firewall zone trust 　set priority 85 add interface Gigabit-Ethernet 1/0/3 # firewall zone untrust

续表

FW_A	FW_B
| ```
#
firewall zone dmz
 set priority 50
 add interface GigabitEthernet 1/0/6
#
 ip route-static 0.0.0.0 0.0.0.0 1.1.1.10
#
 nat address-group group1 1
 section 0 1.1.1.2 1.1.1.5
#
security-policy
 rule name trust_to_untrust
  source-zone trust
  destination-zone untrust
  source-address 10.3.0.0 24
  action permit
#
nat-policy
 rule name policy_nat1
  source-zone trust
  destination-zone untrust
  source-address 10.3.0.0 16
  action source-nat address-group group1
``` | ```
 set priority 5
 add interface GigabitEthernet 1/0/1
#
firewall zone dmz
 set priority 50
 add interface GigabitEthernet1/0/6
#
 ip route-static 0.0.0.0 0.0.0.0 1.1.1.10
#
 nat address-group group1 1
 section 0 1.1.1.2 1.1.1.5
#
security-policy
 rule name trust_to_untrust
  source-zone trust
  destination-zone untrust
  source-address 10.3.0.0 24
  action permit
#
nat-policy
 rule name policy_nat1
  source-zone trust
  destination-zone untrust
  source-address 10.3.0.0 16
  action source-nat address-group group1
``` |

实验 2　主备备份双机热备：防火墙直路部署，上下行连接路由器（333）

一、实验目的

介绍业务接口工作在三层，上下行连接路由器的主备备份组网的 CLI 举例。

二、组网需求

如图 4-5 所示，两台 FW 的业务接口都工作在三层，上下行分别连接路由器。FW 与上下行路由器之间运行 OSPF 协议。

现在希望两台 FW 以主备备份方式工作。正常情况下，流量通过 FW_A 转发。当 FW_A 出现故障时，流量通过 FW_B 转发，保证业务不中断。

三、实施拓扑（图 4-6）

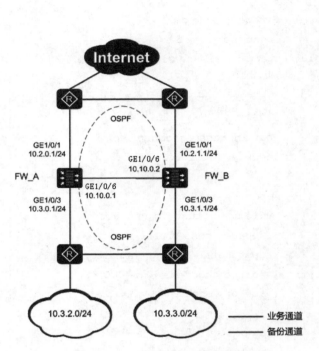

图 4-5　业务接口工作在三层，
上下行连接路由器的主备备份组网

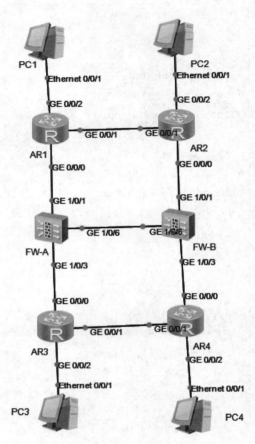

图 4-6　实施拓扑

四、IP 地址规划（表 4-6）

表 4-6　IP 地址规划

设备	接口	安全区域	IP 地址	网关
FW_A	G1/0/1	Untrust	10.2.0.1/24	
	G1/0/3	Trust	10.3.0.1/24	
	G1/0/6	DMZ	10.10.0.1/24	
FW_B	G1/0/1	Untrust	10.2.1.1/24	
	G1/0/3	Trust	10.3.1.1/24	
	G1/0/6	DMZ	10.10.0.2/24	

续表

设备	接口	安全区域	IP 地址	网关
R1	G0/0/0	—	10.2.0.2/24	
	G0/0/1	—	10.2.2.1/24	
	G0/0/2	—	2.2.2.2/24	
R2	G0/0/0	—	10.2.1.2/24	
	G0/0/1	—	10.2.2.2/24	
	G0/0/2	—	3.3.3.3/24	
R3	G0/0/0	—	10.3.0.2/24	
	G0/0/1	—	10.3.4.1/24	
	G0/0/2	—	10.3.2.1/24	
R4	G0/0/0	—	10.3.1.2/24	
	G0/0/1	—	10.3.4.2/24	
	G0/0/2	—	10.3.3.1/24	
PC1	E0/0/0	—	2.2.2.10/24	2.2.2.2
PC2	E0/0/0	—	3.3.3.10/24	3.3.3.3
PC3	E0/0/0	—	10.3.2.10/24	10.3.2.1
PC4	E0/0/0	—	10.3.3.10/24	10.3.3.1

五、操作步骤

（1）完成网络基本配置。

```
# 配置 FW_A 各接口的 IP 地址。
<FW_A> system-view
[FW_A] interface GigabitEthernet 1/0/1
[FW_A-GigabitEthernet1/0/1] ip address 10.2.0.1 24
[FW_A-GigabitEthernet1/0/1] quit
[FW_A] interface GigabitEthernet 1/0/3
[FW_A-GigabitEthernet1/0/3] ip address 10.3.0.1 24
[FW_A-GigabitEthernet1/0/3] quit
[FW_A] interface GigabitEthernet 1/0/6
[FW_A-GigabitEthernet1/0/6] ip address 10.10.0.1 24
[FW_A-GigabitEthernet1/0/6] quit
# 配置 FW_B 各接口的 IP 地址。
<FW_B> system-view
```

[FW_B] interface GigabitEthernet 1/0/1
[FW_B-GigabitEthernet1/0/1] ip address 10.2.1.1 24
[FW_B-GigabitEthernet1/0/1] quit
[FW_B] interface GigabitEthernet 1/0/3
[FW_B-GigabitEthernet1/0/3] ip address 10.3.1.1 24
[FW_B-GigabitEthernet1/0/3] quit
[FW_B] interface GigabitEthernet 1/0/6
[FW_B-GigabitEthernet1/0/6] ip address 10.10.0.2 24
[FW_B-GigabitEthernet1/0/6] quit
将FW_A各接口加入相应的安全区域。
[FW_A] firewall zone trust
[FW_A-zone-trust] add interface GigabitEthernet 1/0/3
[FW_A-zone-trust] quit
[FW_A] firewall zone dmz
[FW_A-zone-dmz] add interface GigabitEthernet 1/0/6
[FW_A-zone-dmz] quit
[FW_A] firewall zone untrust
[FW_A-zone-untrust] add interface GigabitEthernet 1/0/1
[FW_A-zone-untrust] quit
将FW_B各接口加入相应的安全区域。
[FW_B] firewall zone trust
[FW_B-zone-trust] add interface GigabitEthernet 1/0/3
[FW_B-zone-trust] quit
[FW_B] firewall zone dmz
[FW_B-zone-dmz] add interface GigabitEthernet 1/0/6
[FW_B-zone-dmz] quit
[FW_B] firewall zone untrust
[FW_B-zone-untrust] add interface GigabitEthernet 1/0/1
[FW_B-zone-untrust] quit
在FW_A上配置OSPF,保证路由可达。
[FW_A] ospf 10
[FW_A-ospf-10] area 0
[FW_A-ospf-10-area-0.0.0.0] network 10.2.0.0 0.0.0.255
[FW_A-ospf-10-area-0.0.0.0] network 10.3.0.0 0.0.0.255
[FW_A-ospf-10-area-0.0.0.0] quit
[FW_A-ospf-10] quit
在FW_B上配置OSPF,保证路由可达。
[FW_B] ospf 10
[FW_B-ospf-10] area 0

```
[FW_B-ospf-10-area-0.0.0.0] network 10.2.1.0 0.0.0.255
[FW_B-ospf-10-area-0.0.0.0] network 10.3.1.0 0.0.0.255
[FW_B-ospf-10-area-0.0.0.0] quit
[FW_B-ospf-10] quit
```

（2）配置双机热备功能。

```
# 在 FW_A 上配置 VGMP 组监控上下行业务接口。
[FW_A] hrp track interface GigabitEthernet 1/0/1
[FW_A] hrp track interface GigabitEthernet 1/0/3
# 在 FW_B 上配置 VGMP 组监控上下行业务接口。
[FW_B] hrp track interface GigabitEthernet 1/0/1
[FW_B] hrp track interface GigabitEthernet 1/0/3
```
在 FW_A 上配置根据 VGMP 状态调整 OSPF Cost 值功能。配置这个命令后，FW 发布 OSPF 路由时，会判断自身是主用设备还是备用设备。如果是主用设备，FW 会把学习到的路由直接发布出去；如果是备用设备，FW 会增加 Cost 值后再将路由发布出去。这样上下行路由器在计算路由时，就能将下一跳指向主用设备，并把报文转发到主用设备上。

```
[FW_A] hrp adjust ospf-cost enable
# 在 FW_B 上配置根据 VGMP 状态调整 OSPF Cost 值功能。
[FW_B] hrp adjust ospf-cost enable
# 在 FW_A 上指定心跳口并启用双机热备功能。
[FW_A] hrp interface GigabitEthernet 1/0/6 remote 10.10.0.2
[FW_A] hrp enable
# 在 FW_B 上指定心跳口并启用双机热备功能。
[FW_B] hrp interface GigabitEthernet 1/0/6 remote 10.10.0.1
[FW_B] hrp standby-device
[FW_B] hrp enable
```

（3）在 FW_A 上配置安全策略。双机热备状态成功建立后，FW_A 的安全策略配置会自动备份到 FW_B 上。

```
HRP_M[FW_A] security-policy
HRP_M[FW_A-policy-security] rule name policy_ospf_1
HRP_M[FW_A-policy-security-rule-policy_ospf_1] source-zone local
HRP_M[FW_A-policy-security-rule-policy_ospf_1] destination-zone trust untrust
HRP_M[FW_A-policy-security-rule-policy_ospf_1] action permit
HRP_M[FW_A-policy-security-rule-policy_ospf_1] quit
HRP_M[FW_A-policy-security] rule name policy_ospf_2
HRP_M[FW_A-policy-security-rule-policy_ospf_2] source-zone trust untrust
HRP_M[FW_A-policy-security-rule-policy_ospf_2] destination-zone local
HRP_M[FW_A-policy-security-rule-policy_ospf_2] action permit
```

```
HRP_M[FW_A-policy-security-rule-policy_ospf_2] quit
HRP_M[FW_A-policy-security] rule name policy_sec
HRP_M[FW_A-policy-security-rule-policy_sec] source-zone trust
HRP_M[FW_A-policy-security-rule-policy_sec] destination-zone untrust
HRP_M[FW_A-policy-security-rule-policy_sec] source-address 10.3.2.0 24
HRP_M[FW_A-policy-security-rule-policy_sec] source-address 10.3.3.0 24
HRP_M[FW_A-policy-security-rule-policy_sec] action permit
```

（4）配置路由器。

分别在四台路由器上配置 OSPF，发布相邻网段，见表 4-7。具体配置命令请参考路由器的相关文档。

表 4-7　配置路由器

R1	OSFP 配置
	[R1] ospf 10 [R1-ospf-10] area 0 [R1-ospf-10-area-0.0.0.0] network 2.2.2.0 0.0.0.255 [R1-ospf-10-area-0.0.0.0] network 10.2.0.0 0.0.0.255 [R1-ospf-10-area-0.0.0.0] network 10.2.2.0 0.0.0.255
R2	OSFP 配置
	[R2] ospf 10 [R2-ospf-10] area 0 [R2-ospf-10-area-0.0.0.0] network 3.3.3.0 0.0.0.255 [R2-ospf-10-area-0.0.0.0] network 10.2.1.0 0.0.0.255 [R2-ospf-10-area-0.0.0.0] network 10.2.2.0 0.0.0.255
R3	OSFP 配置
	[R3] ospf 10 [R3-ospf-10] area 0 [R3-ospf-10-area-0.0.0.0] network 10.3.0.0 0.0.0.255 [R3-ospf-10-area-0.0.0.0] network 10.3.2.0 0.0.0.255 [R3-ospf-10-area-0.0.0.0] network 10.3.4.0 0.0.0.255
R4	OSFP 配置
	[R4] ospf 10 [R4-ospf-10] area 0 [R4-ospf-10-area-0.0.0.0] network 10.3.1.0 0.0.0.255 [R4-ospf-10-area-0.0.0.0] network 10.3.3.0 0.0.0.255 [R4-ospf-10-area-0.0.0.0] network 10.3.4.0 0.0.0.255

六、结果验证

在 FW_A 和 FW_B 上执行 display hrp state verbose 命令，检查当前 VGMP 组的状态，显示以下信息表示双机热备建立成功。

```
HRP_M<FW_A> display hrp state verbose
 Role: active, peer: standby
 Running priority: 46004, peer: 46004
 Backup channel usage: 30%
 Stable time: 1 days, 13 hours, 35 minutes
 Last state change information: 2015-03-22 16:01:56 HRP core state changed, old_
state = normal(standby), new_state = normal(active), local_priority = 46004,
peer_priority = 46004.

Configuration:
 hello interval:                    1000ms
 preempt:                           60s
 mirror configuration:              off
 mirror session:                    off
 track trunk member:                on
 auto-sync configuration:           on
 auto-sync connection-status:       on
 adjust ospf-cost:                  on
 adjust ospfv3-cost:                on
 adjust bgp-cost:                   on
 nat resource:                      off

Detail information:
                    GigabitEthernet1/0/1: up
                    GigabitEthernet1/0/3: up
                           ospf-cost: +0
HRP_S<FW_B> display hrp state verbose
 Role: standby, peer: active
 Running priority: 46004, peer: 46004
 Backup channel usage: 30%
 Stable time: 1 days, 13 hours, 35 minutes
 Last state change information: 2015-03-22 16:01:56 HRP core state changed, old_
state = normal(standby), new_state = normal(standby), local_priority = 46004,
peer_priority = 46004.
Configuration:
```

```
    hello interval:                      1000ms
    preempt:                             60s
    mirror configuration:                off
    mirror session:                      off
    track trunk member:                  on
    auto-sync configuration:             on
    auto-sync connection-status: on
    adjust ospf-cost:                    on
    adjust ospfv3-cost:                  on
    adjust bgp-cost:                     on
    nat resource: off


    Detail information:
                        GigabitEthernet1/0/1: up
                        GigabitEthernet1/0/3: up
                            ospf-cost: +65500
```

七、联通性测试（表4-8）

表4-8 联通性测试

PC3 ping PC1	PC3 ping PC2
| ```
PC>ping 2.2.2.10

Ping 2.2.2.10: 32 data bytes, Press Ctrl_C to br
Request timeout!
From 2.2.2.10: bytes=32 seq=2 ttl=125 time=15 ms
From 2.2.2.10: bytes=32 seq=3 ttl=125 time=15 ms
From 2.2.2.10: bytes=32 seq=4 ttl=125 time=15 ms
From 2.2.2.10: bytes=32 seq=5 ttl=125 time=16 ms

--- 2.2.2.10 ping statistics ---
 5 packet(s) transmitted
 4 packet(s) received
 20.00% packet loss
 round-trip min/avg/max = 0/15/16 ms
``` | ```
PC>ping 3.3.3.10

Ping 3.3.3.10: 32 data bytes, Press Ctrl_C to bre
Request timeout!
From 3.3.3.10: bytes=32 seq=2 ttl=124 time=453 ms
From 3.3.3.10: bytes=32 seq=3 ttl=124 time=31 ms
From 3.3.3.10: bytes=32 seq=4 ttl=124 time=15 ms
From 3.3.3.10: bytes=32 seq=5 ttl=124 time=31 ms

--- 3.3.3.10 ping statistics ---
 5 packet(s) transmitted
 4 packet(s) received
 20.00% packet loss
 round-trip min/avg/max = 0/132/453 ms
``` |
| PC4 ping PC1 | PC4 ping PC2 |
| ```
PC>ping 2.2.2.10

Ping 2.2.2.10: 32 data bytes, Press Ctrl_C to
Request timeout!
From 2.2.2.10: bytes=32 seq=2 ttl=124 time=15
From 2.2.2.10: bytes=32 seq=3 ttl=124 time=15
From 2.2.2.10: bytes=32 seq=4 ttl=124 time=16
From 2.2.2.10: bytes=32 seq=5 ttl=124 time=16

--- 2.2.2.10 ping statistics ---
 5 packet(s) transmitted
 4 packet(s) received
 20.00% packet loss
 round-trip min/avg/max = 0/15/16 ms
``` | ```
PC>ping 3.3.3.10

Ping 3.3.3.10: 32 data bytes, Press Ctrl_C to
Request timeout!
From 3.3.3.10: bytes=32 seq=2 ttl=125 time=15
From 3.3.3.10: bytes=32 seq=3 ttl=125 time=15
From 3.3.3.10: bytes=32 seq=4 ttl=125 time=15
From 3.3.3.10: bytes=32 seq=5 ttl=125 time=15

--- 3.3.3.10 ping statistics ---
 5 packet(s) transmitted
 4 packet(s) received
 20.00% packet loss
 round-trip min/avg/max = 0/15/15 ms
``` |

创建不间断数据流（表4-9）。

表4-9 创建不间断数据流

删除 FW-A 或 FW-B 上行的连线，观察流量变化。两个流量会出现几个数据丢包，之后，很快恢复联通性。

八、配置脚本（表4-10）

表4-10 配置脚本

FW_A	FW_B
#	#
hrp enable	hrp enable
hrp interface GigabitEthernet 1/0/6 remote 10.10.0.2	hrp standby-device
hrp track interface GigabitEthernet 1/0/1	hrp interface GigabitEthernet 1/0/6 remote 10.10.0.1
hrp track interface GigabitEthernet 1/0/3	hrp track interface GigabitEthernet 1/0/1
#	hrp track interface GigabitEthernet 1/0/3
interface GigabitEthernet 1/0/1	#
ip address 10.2.0.1 255.255.255.0	interface GigabitEthernet 1/0/1

续表

FW_A	FW_B

#
interface GigabitEthernet 1/0/3
 ip address 10.3.0.1 255.255.255.0
#
interface GigabitEthernet 1/0/6
 ip address 10.10.0.1 255.255.255.0
#
firewall zone trust
  set priority 85
  add interface GigabitEthernet1/0/3
#
firewall zone untrust
  set priority 5
  add interface GigabitEthernet 1/0/1
#
firewall zone dmz
  set priority 50
  add interface GigabitEthernet 1/0/6
#
ospf 10
 area 0.0.0.0
  network 10.2.0.0 0.0.0.255
  network 10.3.0.0 0.0.0.255
#
security-policy
 rule name policy_ospf_1
  source-zone local
  destination-zone trust
  destination-zone untrust
  action permit
 rule name policy_ospf_2
  source-zone trust
  source-zone untrust
  destination-zone local
  action permit
 rule name policy_sec
  source-zone trust
  destination-zone untrust
  source-address 10.3.2.0 24
  source-address 10.3.3.0 24
  action permit
	ip address 10.2.1.1 255.255.255.0
	#
	interface GigabitEthernet 1/0/3
	 ip address 10.3.1.1 255.255.255.0
	#
	interface GigabitEthernet 1/0/6
	 ip address 10.10.0.2 255.255.255.0
	#
	firewall zone trust
	  set priority 85
	  add interface GigabitEthernet1/0/3
	#
	firewall zone untrust
	  set priority 5
	  add interface GigabitEthernet 1/0/1
	#
	firewall zone dmz
	  set priority 50
	  add interface GigabitEthernet 1/0/6
	#
	ospf 10
	 area 0.0.0.0
	  network 10.2.1.0 0.0.0.255
	  network 10.3.1.0 0.0.0.255
	#
	security-policy
	 rule name policy_ospf_1
	  source-zone local
	  destination-zone trust
	  destination-zone untrust
	  action permit
	 rule name policy_ospf_2
	  source-zone trust
	  source-zone untrust
	  destination-zone local
	  action permit
	 rule name policy_sec
	  source-zone trust
	  destination-zone untrust
	  source-address 10.3.2.0 24
	  source-address 10.3.3.0 24
	  action permit

实验3　主备双机332-防火墙直路部署，上行连接路由器（OSPF），下行连接交换机

一、实验目的

介绍业务接口工作在三层，上行连接路由器（OSPF），下行连接交换机的主备备份组网的CLI举例。

二、组网图形

图4-7所示为业务接口工作在三层，上行连接路由器，下行连接交换机的主备备份组网。

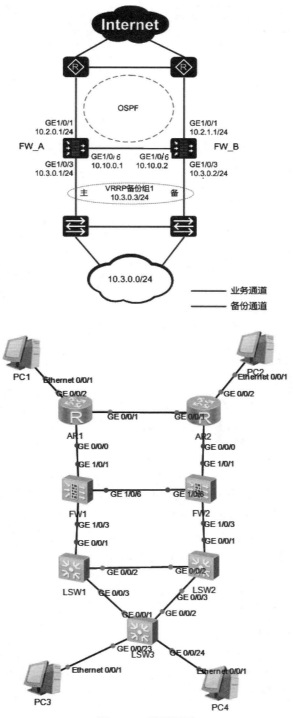

图4-7 组网图形

三、IP 地址规划（表 4-11）

表 4-11 IP 地址规划

设备	接口	IP 地址	网关
FW_A	G1/0/1	10.2.0.1/24	
	G1/0/3	10.3.0.1/24	
	G1/0/6	10.10.0.1/24	
FW_B	G1/0/1	10.2.1.1/24	
	G1/0/3	10.3.0.2/24	
	G1/0/6	10.10.0.2/24	
R1	G0/0/0	10.2.0.2/24	
	G0/0/1	10.4.0.1/24	
	G0/0/2	2.2.2.1/24	
R2	G0/0/0	10.2.1.2/24	
	G0/0/1	10.4.0.2/24	
	G0/0/2	3.3.3.1/24	
PC1	E0/0/0	2.2.2.104	2.2.2.1
PC2	E0/0/0	3.3.3.104	3.3.3.1
PC3	E0/0/0	10.3.0.100	10.3.0.3
PC4	E0/0/0	10.3.0.200	10.3.0.3

四、组网需求

如图 4-7 所示，两台 FW 的业务接口都工作在三层，上行连接路由器，下行连接二层交换机。FW 与路由器之间运行 OSPF 协议。

现在希望两台 FW 以主备备份方式工作。正常情况下，流量通过 FW_A 转发。当 FW_A 出现故障时，流量通过 FW_B 转发，保证业务不中断。

五、操作步骤

（1）完成网络基本配置。

```
# 配置 FW_A 各接口的 IP 地址。
<FW_A> system-view
[FW_A] interface GigabitEthernet 1/0/1
[FW_A-GigabitEthernet1/0/1] ip address 10.2.0.1 24
[FW_A-GigabitEthernet1/0/1] quit
[FW_A] interface GigabitEthernet 1/0/3
```

```
[FW_A-GigabitEthernet1/0/3] ip address 10.3.0.1 24
[FW_A-GigabitEthernet1/0/3] quit
[FW_A] interface GigabitEthernet 1/0/6
[FW_A-GigabitEthernet1/0/6] ip address 10.10.0.1 24
[FW_A-GigabitEthernet1/0/6] quit
# 配置 FW_B 各接口的 IP 地址。
<FW_B> system-view
[FW_B] interface GigabitEthernet 1/0/1
[FW_B-GigabitEthernet1/0/1] ip address 10.2.1.1 24
[FW_B-GigabitEthernet1/0/1] quit
[FW_B] interface GigabitEthernet 1/0/3
[FW_B-GigabitEthernet1/0/3] ip address 10.3.0.2 24
[FW_B-GigabitEthernet1/0/3] quit
[FW_B] interface GigabitEthernet 1/0/6
[FW_B-GigabitEthernet1/0/6] ip address 10.10.0.2 24
[FW_B-GigabitEthernet1/0/6] quit
# 将 FW_A 各接口加入相应的安全区域。
[FW_A] firewall zone trust
[FW_A-zone-trust] add interface GigabitEthernet 1/0/3
[FW_A-zone-trust] quit
[FW_A] firewall zone dmz
[FW_A-zone-dmz] add interface GigabitEthernet 1/0/6
[FW_A-zone-dmz] quit
[FW_A] firewall zone untrust
[FW_A-zone-untrust] add interface GigabitEthernet 1/0/1
[FW_A-zone-untrust] quit
# 将 FW_B 各接口加入相应的安全区域。
[FW_B] firewall zone trust
[FW_B-zone-trust] add interface GigabitEthernet 1/0/3
[FW_B-zone-trust] quit
[FW_B] firewall zone dmz
[FW_B-zone-dmz] add interface GigabitEthernet 1/0/6
[FW_B-zone-dmz] quit
[FW_B] firewall zone untrust
[FW_B-zone-untrust] add interface GigabitEthernet 1/0/1
[FW_B-zone-untrust] quit
# 在 FW_A 上配置 OSPF,保证路由可达。
[FW_A] ospf 10
[FW_A-ospf-10] area 0
```

```
[FW_A-ospf-10-area-0.0.0.0] network 10.2.0.0 0.0.0.255
[FW_A-ospf-10-area-0.0.0.0] network 10.3.0.0 0.0.0.255
[FW_A-ospf-10-area-0.0.0.0] quit
[FW_A-ospf-10] quit
# 在 FW_B 上配置 OSPF，保证路由可达。
[FW_B] ospf 10
[FW_B-ospf-10] area 0
[FW_B-ospf-10-area-0.0.0.0] network 10.2.1.0 0.0.0.255
[FW_B-ospf-10-area-0.0.0.0] network 10.3.0.0 0.0.0.255
[FW_B-ospf-10-area-0.0.0.0] quit
[FW_B-ospf-10] quit
```

（2）配置双机热备功能。

```
# 由于 FW 上行连接路由器，下行连接交换机，因此，需要在 FW 上配置 VGMP 组监控上行接口，并在下行接口上配置 VRRP 备份组。
# 在 FW_A 上配置 VGMP 组监控上行业务接口。
[FW_A] hrp track interface GigabitEthernet 1/0/1
# 在 FW_B 上配置 VGMP 组监控上行业务接口。
[FW_B] hrp track interface GigabitEthernet 1/0/1
# 在 FW_A 下行业务接口 GE1/0/3 上配置 VRRP 备份组 1，并将其状态设置为 Active。
[FW_A] interface GigabitEthernet 1/0/3
[FW_A-GigabitEthernet1/0/3] vrrp vrid 1 virtual-ip 10.3.0.3 active
[FW_A-GigabitEthernet1/0/3] quit
# 在 FW_B 下行业务接口 GE1/0/3 上配置 VRRP 备份组 1，并将其状态设置为 Standby。
[FW_B] interface GigabitEthernet 1/0/3
[FW_B-GigabitEthernet1/0/3] vrrp vrid 1 virtual-ip 10.3.0.3 standby
[FW_B-GigabitEthernet1/0/3] quit
# 在 FW_A 上配置根据 VGMP 状态调整 OSPF Cost 值功能。
[FW_A] hrp adjust ospf-cost enable
# 在 FW_B 上配置根据 VGMP 状态调整 OSPF Cost 值功能。
[FW_B] hrp adjust ospf-cost enable
# 在 FW_A 上指定心跳口并启用双机热备功能。
[FW_A] hrp interface GigabitEthernet 1/0/6 remote 10.10.0.2
[FW_A] hrp enable
# 在 FW_B 上指定心跳口并启用双机热备功能。
[FW_B] hrp interface GigabitEthernet 1/0/6 remote 10.10.0.1
[FW_B] hrp enable
```

（3）在 FW_A 上配置安全策略。双机热备状态成功建立后，FW_A 的安全策略配置会自动备份到 FW_B 上。

配置安全策略,允许内网用户访问外网。
HRP_M[FW_A] security-policy
HRP_M[FW_A-policy-security] rule name policy_sec1
HRP_M[FW_A-policy-security-rule-policy_sec1] source-zone trust
HRP_M[FW_A-policy-security-rule-policy_sec1] destination-zone untrust
HRP_M[FW_A-policy-security-rule-policy_sec1] source-address 10.3.0.0 24
HRP_M[FW_A-policy-security-rule-policy_sec1] action permit
HRP_M[FW_A-policy-security-rule-policy_sec1] quit
配置安全策略,允许 FW 与上行路由器(部署在 untrust 区域)交互 OSPF 报文。
HRP_M[FW_A-policy-security] rule name policy_sec2
HRP_M[FW_A-policy-security-rule-policy_sec2] source-zone local untrust
HRP_M[FW_A-policy-security-rule-policy_sec2] destination-zone local untrust
HRP_M[FW_A-policy-security-rule-policy_sec2] action permit

(4) 配置路由器和交换机。

在路由器上配置 OSPF,发布相邻网段,见表 4-12。具体配置命令请参考路由器的相关文档。

表 4-12 在路由器上配置 OSPF

R1	OSFP 配置
	[R1] ospf 10 [R1-ospf-10] area 0 [R1-ospf-10-area-0.0.0.0] network 2.2.2.0 0.0.0.255 [R1-ospf-10-area-0.0.0.0] network 10.4.0.0 0.0.0.255 [R1-ospf-10-area-0.0.0.0] network 10.2.0.0 0.0.0.255
R2	OSFP 配置
	[R2] ospf 10 [R2-ospf-10] area 0 [R2-ospf-10-area-0.0.0.0] network 3.3.3.0 0.0.0.255 [R2-ospf-10-area-0.0.0.0] network 10.4.0.0 0.0.0.255 [R2-ospf-10-area-0.0.0.0] network 10.2.1.0 0.0.0.255

在交换机上将三个接口加入同一个 VLAN。具体配置命令请参考交换机的相关文档。本例中不需要任何配置。

六、结果验证

在 FW_A 上执行 display vrrp 命令,检查 VRRP 组内接口的状态信息,显示以下信息表示 VRRP 组建立成功。

```
HRP_M<FW_A> display vrrp
  GigabitEthernet1/0/3 |Virtual Router 1
      State : Master
      Virtual IP : 10.3.0.3
      Master IP : 10.3.0.1
      PriorityRun : 120
      PriorityConfig : 100
      MasterPriority : 120
      Preempt : YES Delay Time : 0 s
      TimerRun : 60 s
      TimerConfig : 60 s
      Auth type : NONE
      Virtual MAC : 0000-5e00-0101
      Check TTL : YES
      Config type : vgmp-vrrp
      Backup-forward : disabled
      Create time : 2015-03-17 17:35:54 UTC+08:00
      Last change time : 2015-03-22 16:01:56 UTC+08:00
```

在 FW_A 和 FW_B 上执行 display hrp state verbose 命令，检查当前 VGMP 组的状态，显示以下信息表示双机热备建立成功。

```
HRP_M<FW_A> display hrp state verbose
 Role: active, peer: standby
 Running priority: 46004, peer: 46004
 Backup channel usage: 30%
 Stable time: 1 days, 13 hours, 35 minutes
 Last state change information: 2015-03-22 16:01:56 HRP core state changed, old_
state = normal(standby), new_state = normal(active), local_priority = 46004,
peer_priority = 4604.


 Configuration:
 hello interval:                      1000ms
 preempt:                             60s
 mirror configuration:          off
 mirror session:                off
 track trunk member:                  on
 auto-sync configuration:       on
 auto-sync connection-status: on
```

```
adjust ospf-cost:              on
adjust ospfv3-cost:            on
adjust bgp-cost:               on
nat resource:                  off

Detail information:
            GigabitEthernet1/0/3 vrrp vrid 1: active
                    GigabitEthernet1/0/1: up
                            ospf-cost: +0
```

```
HRP_S<FW_B> display hrp state verbose
Role: standby, peer: active
Running priority: 46004, peer: 46004
Backup channel usage: 30%
Stable time: 1 days, 13 hours, 35 minutes
Last state change information: 2015-03-22 16:01:56 HRP core state changed, old_
state = normal(standby), new_state = normal(standby), local_priority = 46004,
peer_priority = 46004.

Configuration:
hello interval:                1000ms
preempt:                       60s
mirror configuration:          off
mirror session:                off
track trunk member:            on
auto-sync configuration:       on
auto-sync connection-status:   on
adjust ospf-cost:              on
adjust ospfv3-cost:            on
adjust bgp-cost:               on
nat resource:                  off

Detail information:
            GigabitEthernet1/0/3 vrrp vrid 1: standby
                    GigabitEthernet1/0/1: up
                            ospf-cost: +65500
```

七、联通性测试（表4-13）

表4-13 联通性测试

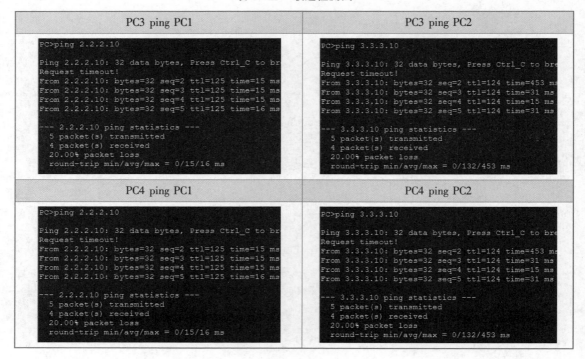

双机热备故障测试：

创建 PC3 到 PC2 和 PC4 到 PC1 的不间断流量，见表4-14。

表4-14 创建 PC3 到 PC2 和 PC4 到 PC1 的不间断流量

注意：按 Ctrl + C 组合键可以停止持续流量。

八、配置脚本（表 4 – 15）

表 4 – 15　配置脚本

FW_A	FW_B
# hrp enable hrp interface GigabitEthernet 1 / 0 / 6 remote 10.10.0.2 hrp track interface GigabitEthernet 1 / 0 / 1 # interface GigabitEthernet 1 / 0 / 1 　ip address 10.2.0.1 255.255.255.0 # interface GigabitEthernet 1 / 0 / 3 　ip address 10.3.0.1 255.255.255.0 　vrrp vrid 1 virtual – ip 10.3.0.3 active # interface GigabitEthernet 1 / 0 / 6 　ip address 10.10.0.1 255.255.255.0 # firewall zone trust 　set priority 85 　add interface GigabitEthernet 1 / 0 / 3 # firewall zone untrust 　set priority 5 　add interface GigabitEthernet 1 / 0 / 1 # firewall zone dmz 　set priority 50 　add interface GigabitEthernet1 / 0 / 6 # ospf 10 　area 0.0.0.0 　　network 10.2.0.0 0.0.0.255 　　network 10.3.0.0 0.0.0.255 # security – policy 　rule name policy_sec1 　　source – zone trust 　　destination – zone untrust 　　source – address 10.3.0.0 24 　　action permit 　rule name policy_sec2 　　source – zone local 　　source – zone untrust 　　destination – zone local 　　destination – zone untrust 　　action permit	# hrp enable hrp interface GigabitEthernet 1 / 0 / 6 remote 10.10.0.1 hrp track interface GigabitEthernet 1 / 0 / 1 # interface GigabitEthernet 1 / 0 / 1 　ip address 10.2.1.1 255.255.255.0 # interface GigabitEthernet 1 / 0 / 3 　ip address 10.3.0.2 255.255.255.0 　vrrp vrid 1 virtual – ip 10.3.0.3 standby # interface GigabitEthernet 1 / 0 / 6 　ip address 10.10.0.2 255.255.255.0 # firewall zone trust set priority 85 　add interface GigabitEthernet 1 / 0 / 3 # firewall zone untrust set priority 5 　add interface GigabitEthernet 1 / 0 / 1 # firewall zone dmz set priority 50 　add interface GigabitEthernet1 / 0 / 6 # ospf 10 　area 0.0.0.0 　　network 10.2.1.0 0.0.0.255 network 10.3.0.0 0.0.0.255 # security – policy 　rule name policy_sec1 　　source – zone trust 　　destination – zone untrust 　　source – address 10.3.0.0 24 　　action permit 　rule name policy_sec2 　　source – zone local 　　source – zone untrust 　　destination – zone local 　　destination – zone untrust 　　action permit

4.2 IP – Link 技术

4.2.1 IP – Link 技术基本原理

4.2.1.1 简介

介绍 IP – Link 的定义和目的。

一、定义

IP – Link 是指 FW 通过向指定的目的 IP 周期性地发送探测报文并等待应答，来判断链路是否发生故障。

FW 发送探测报文后，在三个探测周期（默认为 15 s）内未收到响应报文，则认为当前链路发生故障，IP – Link 的状态变为 Down。随后，FW 会进行 IP – Link Down 相关的后续操作，例如双机热备主备切换等。

当链路从故障中恢复，FW 能连续地收到 3 个响应报文时，认为链路故障已经消除，IP – Link 的状态变为 Up。也就是说，链路故障恢复后，IP – Link 的状态并不会立即变为 Up，而是要等三个探测周期（默认为 15 s）才会变为 Up。

二、目的

IP – Link 主要用于业务链路正常与否的自动侦测，可以检测到与 FW 不直接相连的链路状态，保证业务持续通畅。

4.2.1.2 应用场景

一、IP – Link 与双机热备联动

介绍 IP – Link 与双机热备联动的场景。

当 FW 工作于双机热备份场景时，IP – Link 自动侦测后发现链路故障影响主备业务，通过配置 VGMP 管理组绑定 IP – Link，FW 会对 VGMP 管理组的优先级进行相关调整，触发主备 FW 切换，从而保证业务能够持续流通。

配置 VGMP 管理组监控 IP – Link 后，可以检测到与 FW 不直接相连的接口或链路状态。如图 4 – 8 所示，当位于 Untrust 区域的路由器接口（IP 地址为 1.1.1.1/24）发生故障时，启用 IP – Link 链路可达性检查功能后，系统将会触发主备切换，保证业务正常进行。

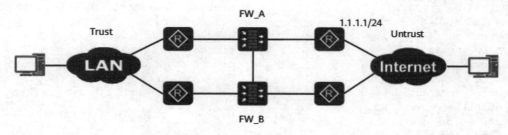

图 4 – 8　IP – Link 链路可达性检查组网图

二、IP – Link 与静态路由联动

介绍 IP – Link 与静态路由联动的场景。

当 IP – Link 自动侦测发现链路故障时，FW 会对自身的静态路由进行相应的调整，保证每次用到的链路是最高优先级和链路可达的，以保持业务的持续流通。

如图 4 – 9 所示，内部网络用户访问 Internet 时，有两条静态路由可供选择，其中一条静态路由绑定了 IP – Link 进行链路可达性检查，当该链路不通时，流量切换至另一条路由，以保证业务的畅通。

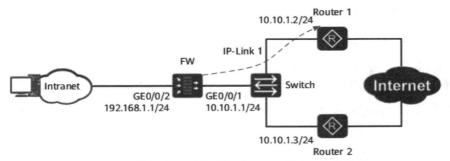

图 4 – 9　静态路由场景下的 IP – Link 链路可达性检查

三、IP – Link 与策略路由联动

介绍 IP – Link 与策略路由联动的场景。

由于策略路由无法感知下一跳和默认下一跳所在链路的可达性，当下一跳或默认下一跳所在链路不可达时，对报文执行设置下一跳、默认下一跳操作，可能会导致报文转发失败。

策略路由通过与 IP – Link 联动，可以解决上述问题，增强了策略路由应用的灵活性，以及策略路由对网络场景的动态感知能力。

配置 IP – Link 时，将 IP – Link 监控链路的目的 IP 地址与策略路由中的报文的下一跳、默认下一跳设置为一致，并可将策略路由与 IP – Link 关联，由 IP – Link 监视报文的下一跳和默认下一跳所在链路的可达性，通过 IP – Link 的状态来动态地决定策略路由的可用性：

- IP – Link 状态为 Up 时，链路可达，策略路由有效，可以指导转发。
- IP – Link 状态为 Down 时，链路不可达，策略路由失效，设备直接按照路由表来指导报文转发。

四、IP – Link 与 DHCP 联动

介绍 IP – Link 与 DHCP 联动的场景。

如图 4 – 10 所示，FW 作为出口网关，采用双上行链路。主链路是 FW 作为 DHCP Client 获取 IP 地址，备链路是 PPPoE 拨号。当 IP – Link 检查 DHCP Server 后的链路时，FW 会获取网关地址作为下一跳进行链路检测。如果发现 DHCP Server 后的链路故障，则将 FW 切换到备份链路。

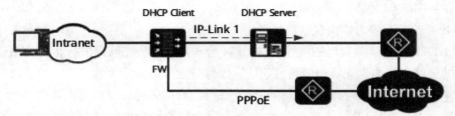

图 4 – 10　DHCP Client 场景下的 IP – Link 链路可达性检查

4.2.2　IP – Link 与双机热备联动实验

一、实验目的

以主备备份方式的双机热备为例，介绍双机热备与 IP – Link 联动。

二、组网需求

FW 作为安全设备被部署在业务节点上。其中，上下行设备均是路由器，FW_A、FW_B 以主备备份方式工作。

组网图如图 4 – 11 所示，具体描述如下：

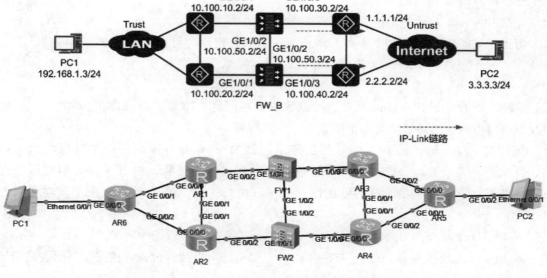

图 4 – 11　双机热备与 IP – Link 联动举例组网图

- 两台 FW 和路由器之间运行动态路由 OSPF 协议，由路由器根据路由计算结果，将业务流量发送到主用 FW 上。
- 将 FW 的上下行业务端口加入同一 Link – group 管理组，在链路故障时，能够加快路由收敛速度。
- FW 通过双机热备与 IP – Link 联动功能监控网络的出接口。当 FW_A 所在链路的网络出接口故障时，FW_B 切换成主用设备，业务流量通过 FW_B 转发。

三、IP 地址规划（表 4-16）

表 4-16　IP 地址规划

设备	接口	IP 地址	网关
FW_A	G1/0/1	10.100.10.2/24	
	G1/0/3	10.100.30.2/24	
	G1/0/2	10.100.50.2/24	
FW_B	G1/0/1	10.100.20.2/24	
	G1/0/3	10.100.40.2/24	
	G1/0/6	10.100.50.3/24	
R1	G0/0/0	192.168.2.2/24	
	G0/0/1	10.100.60.1/24	
	G0/0/2	10.100.10.1/24	
R2	G0/0/0	192.168.3.2/24	
	G0/0/1	10.100.60.2/24	
	G0/0/2	10.100.20.1/24	
R3	G0/0/0	10.100.30.1/24	
	G0/0/1	10.100.70.1/24	
	G0/0/2	1.1.1.1/24	
R4	G0/0/0	10.100.40.1/24	
	G0/0/1	10.100.70.2/24	
	G0/0/2	2.2.2.2/24	
R5	G0/0/0	1.1.1.2/24	
	G0/0/1	2.2.2.1/24	
	G0/0/2	3.3.3.1/24	
R6	G0/0/0	192.168.1.1/24	
	G0/0/1	192.168.2.1/24	
	G0/0/2	192.168.3.1/24	
PC1	E0/0/0	192.168.1.3/24	192.168.1.1（网关）
PC2	E0/0/0	3.3.3.100	3.3.3.1

四、操作步骤

（1）在 FW_A 上完成以下基本配置。

配置 GigabitEthernet 1/0/1 的 IP 地址。
<FW_A> system-view
[FW_A] interface GigabitEthernet 1/0/1
[FW_A-GigabitEthernet1/0/1] ip address 10.100.10.2 24
[FW_A-GigabitEthernet1/0/1] quit
配置 GigabitEthernet 1/0/1 加入 Trust 区域。
[FW_A] firewall zone trust
[FW_A-zone-trust] add interface GigabitEthernet 1/0/1
[FW_A-zone-trust] quit
配置 GigabitEthernet 1/0/3 的 IP 地址。
[FW_A] interface GigabitEthernet 1/0/3
[FW_A-GigabitEthernet1/0/3] ip address 10.100.30.2 24
[FW_A-GigabitEthernet1/0/3] quit
配置 GigabitEthernet 1/0/3 加入 Untrust 区域。
[FW_A] firewall zone untrust
[FW_A-zone-untrust] add interface GigabitEthernet 1/0/3
[FW_A-zone-untrust] quit
配置 GigabitEthernet 1/0/1 和 GigabitEthernet 1/0/3 加入同一 Link-group 管理组。
[FW_A] interface GigabitEthernet 1/0/1
[FW_A-GigabitEthernet1/0/1] link-group 1
[FW_A-GigabitEthernet1/0/1] quit
[FW_A] interface GigabitEthernet 1/0/3
[FW_A-GigabitEthernet1/0/3] link-group 1
[FW_A-GigabitEthernet1/0/3] quit
配置 GigabitEthernet 1/0/2 的 IP 地址。
[FW_A] interface GigabitEthernet 1/0/2
[FW_A-GigabitEthernet1/0/2] ip address 10.100.50.2 24
[FW_A-GigabitEthernet1/0/2] quit
配置 GigabitEthernet 1/0/2 加入 DMZ 区域。
[FW_A] firewall zone dmz
[FW_A-zone-dmz] add interface GigabitEthernet 1/0/2
[FW_A-zone-dmz] quit
在 FW_A 上配置运行 OSPF 动态路由协议。
[FW_A] ospf 101
[FW_A-ospf-101] area 0
[FW_A-ospf-101-area-0.0.0.0] network 10.100.10.0 0.0.0.255

```
[FW_A-ospf-101-area-0.0.0.0] network 10.100.30.0 0.0.0.255
[FW_A-ospf-101-area-0.0.0.0] quit
[FW_A-ospf-101] quit
# 配置根据 HRP 状态调整 OSPF 的相关 COST 值的功能。
FW 部署于 OSPF 网络中做双机热备份时，必须配置该命令。
[FW] hrp adjust ospf-cost enable
# 配置 VGMP 组监控业务接口。
[FW_A] hrp track interface GigabitEthernet 1/0/1
[FW_A] hrp track interface GigabitEthernet 1/0/3
# 配置 IP-Link 监控网络出接口。
[FW_A] ip-link check enable
[FW_A] ip-link name test
[FW_A-iplink-test] destination 1.1.1.1 interface GigabitEthernet 1/0/3
[FW_A-iplink-test] quit
# 配置双机热备与 IP-Link 联动，由 VGMP 管理组监控 IP-Link。当网络出接口故障时，IP-Link
状态变为 Down，VGMP 管理组优先级降低 2。
[FW_A] hrp track ip-link test
# 配置 HRP 备份通道。
[FW_A] hrp interface GigabitEthernet 1/0/2 remote 10.100.50.3
# 启动 HRP。
[FW_A] hrp enable
```

（2）在 FW_B 上完成双机热备配置。

FW_B 和 FW_A 的配置基本相同，不同之处在于：

FW_B 各接口的 IP 地址与 FW_A 各接口的 IP 地址不相同，且 FW_B 和 FW_A 对应的业务接口的 IP 地址不能在同一网段。

在 FW_B 上配置运行 OSPF 动态路由协议时，应该发布与 FW_B 的业务接口直接相连的网段的路由。

需要在 FW_B 上执行命令 hrp standby-device，指定 FW_B 为备用设备。

（3）在 FW_B 上配置双机热备与 IP-Link 联动。

```
[FW_B] ip-link check enable
[FW_B] ip-link name test
[FW_B-iplink-test] destination 2.2.2.2 interface GigabitEthernet 1/0/3
[FW_B-iplink-test] quit
[FW_B] hrp track ip-link test
```

（4）在 FW_A 上启动配置命令的自动备份，并配置安全策略。

当 FW_A 和 FW_B 都启动 HRP 功能后，在 FW_A 上开启配置命令的自动备份，这样在 FW_A 上配置的安全策略都将自动备份到 FW_B。

```
# 启动配置命令的自动备份功能。(默认启动,可省略)
HRP_M[FW_A] hrp auto-sync config
# 配置安全策略,使 192.168.1.0/24 网段用户可以访问 Untrust 区域。
HRP_M[FW_A] security-policy
HRP_M[FW_A-policy-security] rule name ha
HRP_M[FW_A-policy-security-rule-ha] source-zone trust
HRP_M[FW_A-policy-security-rule-ha] destination-zone untrust
HRP_M[FW_A-policy-security-rule-ha] source-address 192.168.1.0 24
HRP_M[FW_A-policy-security-rule-ha] action permit
# 配置安全策略,允许 FW 发送 IP-Link 探测报文。
```

对于 V500R003C00 之前的版本,IP-Link 探测报文受安全策略控制,需要在 Local 区域与报文出接口所在安全区域之间配置安全策略,允许 FW 发送 IP-Link 探测报文。对于 V500R003C00 及之后的版本,IP-Link 探测报文不受安全策略控制,默认被放行,无须配置安全策略。

```
HRP_M[FW_A-policy-security] rule name ip_link
HRP_M[FW_A-policy-security-rule-ip_link] source-zone local
HRP_M[FW_A-policy-security-rule-ip_link] destination-zone untrust
HRP_M[FW_A-policy-security-rule-ip_link] action permit
```

(5) 配置路由器。(基础 IP 配置(略))

在路由器上配置 OSPF,见表 4-17。具体配置命令请参考路由器的相关文档。

表 4-17 在路由器上配置 OSPF

R1	[R1] ospf 101 [R1-ospf-101] area 0 [R1-ospf-101-area-0.0.0.0] network 10.100.10.0 0.0.0.255 [R1-ospf-101-area-0.0.0.0] network 10.100.60.0 0.0.0.255 [R1-ospf-101-area-0.0.0.0] network 192.168.2.0 0.0.0.255
R2	[R2] ospf 101 [R2-ospf-101] area 0 [R2-ospf-101-area-0.0.0.0] network 10.100.20.0 0.0.0.255 [R2-ospf-101-area-0.0.0.0] network 10.100.60.0 0.0.0.255 [R2-ospf-101-area-0.0.0.0] network 192.168.3.0 0.0.0.255
R3	[R3] ospf 101 [R3-ospf-101] area 0 [R3-ospf-101-area-0.0.0.0] network 1.1.1.0 0.0.0.255 [R3-ospf-101-area-0.0.0.0] network 10.100.30.0 0.0.0.255 [R3-ospf-101-area-0.0.0.0] network 10.100.70.0 0.0.0.255

R4	[R4] ospf 101 [R4 - ospf - 101] area 0 [R4 - ospf - 101 - area - 0.0.0.0] network 2.2.2.0 0.0.0.255 [R4 - ospf - 101 - area - 0.0.0.0] network 10.100.40.0 0.0.0.255 [R4 - ospf - 101 - area - 0.0.0.0] network 10.100.70.0 0.0.0.255
R5	[R5] ospf 101 [R5 - ospf - 101] area 0 [R5 - ospf - 101 - area - 0.0.0.0] network 1.1.1.0 0.0.0.255 [R5 - ospf - 101 - area - 0.0.0.0] network 2.2.2.0 0.0.0.255 [R5 - ospf - 101 - area - 0.0.0.0] network 3.3.3.0 0.0.0.255
R6	[R6] ospf 101 [R6 - ospf - 101] area 0 [R6 - ospf - 101 - area - 0.0.0.0] network 192.168.1.0 0.0.0.255 [R6 - ospf - 101 - area - 0.0.0.0] network 192.168.2.0 0.0.0.255 [R6 - ospf - 101 - area - 0.0.0.0] network 192.168.3.0 0.0.0.255

五、结果验证（表4-18）

表4-18 结果验证

PC1	ping 3.3.3.3 - t
	PC>ping 3.3.3.3 -t Ping 3.3.3.3: 32 data bytes, Press Ctrl_C to break From 3.3.3.3: bytes=32 seq=1 ttl=123 time=16 ms From 3.3.3.3: bytes=32 seq=2 ttl=123 time=15 ms From 3.3.3.3: bytes=32 seq=3 ttl=123 time=31 ms From 3.3.3.3: bytes=32 seq=4 ttl=123 time=32 ms From 3.3.3.3: bytes=32 seq=5 ttl=123 time=16 ms From 3.3.3.3: bytes=32 seq=6 ttl=123 time=31 ms From 3.3.3.3: bytes=32 seq=7 ttl=123 time=31 ms From 3.3.3.3: bytes=32 seq=8 ttl=123 time=16 ms
测试	断开R3上G0/0/2接口的线，检查有数据包丢失，但很快恢复流量
	From 3.3.3.3: bytes=32 seq=7 ttl=123 time=31 ms From 3.3.3.3: bytes=32 seq=8 ttl=123 time=16 ms From 3.3.3.3: bytes=32 seq=9 ttl=123 time=15 ms Request timeout! Request timeout! Request timeout! From 3.3.3.3: bytes=32 seq=13 ttl=123 time=31 ms From 3.3.3.3: bytes=32 seq=14 ttl=123 time=31 ms From 3.3.3.3: bytes=32 seq=15 ttl=123 time=16 ms From 3.3.3.3: bytes=32 seq=16 ttl=123 time=15 ms

六、配置脚本
FW_A 配置脚本：

```
#
 sysname FW_A
#
 hrp enable
 hrp interface GigabitEthernet 1/0/2 remote 10.100.50.3
 hrp track interface GigabitEthernet 1/0/1
 hrp track interface GigabitEthernet 1/0/3
 hrp track ip-link test
#
ip-link check enable
ip-link name test
 destination 1.1.1.1 interface GigabitEthernet1/0/3
#
interface GigabitEthernet 1/0/1
 ip address 10.100.10.2 255.255.255.0
 link-group 1
#
interface GigabitEthernet 1/0/2
 ip address 10.100.50.2 255.255.255.0
#
interface GigabitEthernet 1/0/3
 ip address 10.100.30.2 255.255.255.0
 link-group 1
#
firewall zone trust
 add interface GigabitEthernet 1/0/1
#
firewall zone dmz
 add interface GigabitEthernet 1/0/2
#
firewall zone untrust
 add interface GigabitEthernet 1/0/3
#
ospf 101
 area 0.0.0.0
  network 10.100.10.0 0.0.0.255
```

```
    network 10.100.30.0 0.0.0.255
#
security-policy
  rule name ha
    source-zone trust
    destination-zone untrust
    source-address 192.168.1.0 24
    action permit
  rule name ip_link
    source-zone local
    destination-zone untrust
    action permit
#
return
```

FW_B 配置脚本：

```
#
 sysname FW_B
#
 hrp enable
 hrp standby-device
 hrp interface GigabitEthernet 1/0/2 remote 10.100.50.2
 hrp track interface GigabitEthernet 1/0/1
 hrp track interface GigabitEthernet 1/0/2
 hrp track ip-link test
#
ip-link check enable
ip-link name test
  destination 2.2.2.2 interface GigabitEthernet1/0/3
#
interface GigabitEthernet 1/0/1
  ip address 10.100.20.2 255.255.255.0
  link-group 1
#
interface GigabitEthernet 1/0/2
  ip address 10.100.50.3 255.255.255.0
#
interface GigabitEthernet 1/0/3
  ip address 10.100.40.2 255.255.255.0
  link-group 1
```

```
#
firewall zone trust
   add interface GigabitEthernet 1/0/1
#
firewall zone dmz
   add interface GigabitEthernet 1/0/2
#
firewall zone untrust
   add interface GigabitEthernet 1/0/3
#
ospf 101
 area 0.0.0.0
   network 10.100.20.0 0.0.0.255
   network 10.100.40.0 0.0.0.255
#
security-policy
 rule name ha
     source-zone trust
     destination-zone untrust
     source-address 192.168.1.0 24
     action permit
 rule name ip_link
     source-zone local
     destination-zone untrust
     action permit
#
return
```

4.3 BFD 技术

4.3.1 BFD 技术基本原理

4.3.1.1 BFD 简介

介绍 BFD 的定义和目的。

一、定义

双向转发检测（Bidirectional Forwarding Detection，BFD）用于快速检测系统之间的通信故障，并在出现故障时通知上层协议。

二、目的

为了降低设备故障对业务的影响，提高网络的可用性，网络设备需要能够尽快检测到与相邻设备间的通信故障，以便及时采取措施，保证业务继续进行。

现有的故障检测方法主要包括：

- 硬件检测：例如通过 SDH（Synchronous Digital Hierarchy，同步数字体系）告警检测链路故障。硬件检测的优点是可以很快发现故障，但并不是所有介质都能提供硬件检测。
- 慢 Hello 机制：通常是指路由协议的 Hello 机制。这种机制检测到故障所需时间为秒级。对于高速数据传输，例如吉比特速率级，超过 1 s 的检测时间将导致大量数据丢失；对于时延敏感的业务，例如语音业务，超过 1 s 的延迟也是不能接受的。
- 其他检测机制：不同的协议或设备制造商有时会提供专用的检测机制，但在系统间互联互通时，这样的专用检测机制通常难以部署。

BFD 就是为解决现有检测机制的不足而产生的。

BFD 的目标如下：

- 对相邻转发引擎之间的链路提供轻负荷、快速故障检测。这些故障包括接口、数据链路，甚至有可能是转发引擎本身。
- 提供一个单一的机制，能够用来对任何媒介、任何协议层进行实时检测，并且检测的时间与开销范围比较宽。

4.3.1.2 原理简介

一、BFD 报文

介绍 BFD 的报文格式。

BFD 报文有两种类型，分别为 BFD 控制报文和 BFD 回声报文。

1. BFD 控制报文

BFD 控制报文封装在 UDP 报文中传送，其 UDP 目的端口号为 3784。

BFD 控制报文包括一个必选部分和一个可选的验证部分，报文格式如图 4 - 12 所示。

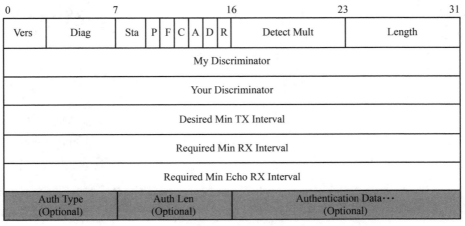

图 4 - 12　BFD 控制报文格式

说明： FW 不支持 BFD 验证功能。

报文中各字段的含义解释见表 4-19。

表 4-19　BFD 控制报文字段含义

字段	长度	含义
Vers（Version）	3 比特	协议的版本号，目前版本号为 1
Diag（Diagnostic）	5 比特	本地系统最后一次从 Up 状态转换到其他状态的原因。不同值表示的原因如下： 0：No Diagnostic（不诊断）。 1：Control Detection Time Expired（控制检测超时）。 2：Echo Function Failed（回声功能失败）。 3：Neighbor Signaled Session Down（邻居通告会话 Down）。 4：Forwarding Plane Reset（转发面复位）。 5：Path Down（通道失效）。 6：Concatenated Path Down（链接通道失效）。 7：Administratively Down（管理 Down）。 8：Reverse Concatenated Path Down（反向链路 Down）。 9~31：Reserved for future use（保留）
Sta（State）	2 比特	当前 BFD 会话的状态。不同值表示的状态如下： 0：AdminDown，会话处于管理性 Down 状态。 1：Down，会话处于 Down 状态或刚刚创建。 2：Init，已经能够与对端系统通信，本端希望使会话进入 Up 状态。 3：Up，会话已经建立成功
P（Poll）	1 比特	连接请求确认位。不同值表示的含义如下： 1：表示发送系统请求进行连接确认，或者发送请求参数改变的确认。 0：表示发送系统不请求确认
F（Final）	1 比特	是否对收到的 P 比特为 1 的 BFD 控制报文进行响应。不同值表示的含义如下： 1：表示发送系统响应一个接收到 P 比特为 1 的 BFD 控制报文。 0：表示发送系统不响应一个 P 比特为 1 的 BFD 控制报文
C（Control Plane Independent）	1 比特	BFD 控制报文是否在控制平面传输。不同值表示的含义如下： 1：表示发送系统的 BFD 实现不依赖于它的控制平面。即，BFD 报文在转发平面传输，即使控制平面失效，BFD 仍然能够起作用。 0：表示 BFD 报文在控制平面传输

续表

字段	长度	含义
A（Authentication Present）	1比特	BFD 控制报文中是否包含验证字段。不同值表示的含义如下： 1：表示包含验证字段，会话需要被验证。 0：表示不包含验证字段，会话不需要验证。 说明：FW 目前不提供 BFD 验证功能，A 比特始终置 0
D（Demand）	1比特	查询模式操作位。不同值表示的含义如下： 1：表示发送系统希望工作在查询模式。 0：表示发送系统不希望或不能工作在查询模式
R（Reserved）	1比特	该字段在发送时设置为 0，在接收时忽略
Detect Mult（Detect time multiplier）	1字节	检测时间倍数，即接收方允许发送方发送报文的最大连续丢包数，用来检测链路是否正常
Length	1字节	BFD 控制报文的长度，单位为字节
My Discriminator	4字节	发送系统产生的唯一的、非 0 鉴别值，用来区分一个系统的多个 BFD 会话
Your Discriminator	4字节	接收到的远端系统的"My Discriminator"，如果没有收到远端的"My Discriminator"，该字段填 0
Desired Min Tx Interval	4字节	本地系统发送 BFD 控制报文时想要采用的最小时间间隔，单位为 μs
Required Min Rx Interval	4字节	本地系统能够支持的接收两个 BFD 控制报文之间的间隔，单位为 μs
Required Min Echo Rx Interval	4字节	本地系统能够支持的接收两个 BFD 回声报文之间的间隔，单位为 μs。如果这个值设置为 0，则发送系统不支持接收 BFD 回声报文
Auth Type	1字节	BFD 控制报文使用的认证类型。不同值表示的认证类型如下： 0：Reserved。 1：Simple Password。 2：Keyed MD5。 3：Meticulous Keyed MD5。 4：Keyed SHA1。 5：Meticulous Keyed SHA1。 6~255：Reserved for future use
Auth Len	1字节	认证字段的长度，包括认证类型与认证长度字段，单位为字节
Authentication Data	2字节	认证数据区
Authentication Data	2字节	认证数据区

2. BFD 回声报文

BFD 回声报文（Echo）提供了一种不依赖于 BFD 控制报文的故障检测方法。本端发送本端接收，远端不对报文进行处理，而只是将此报文在反向通道上返回。因此，BFD 协议并没有对 BFD 回声报文的格式进行定义，唯一的要求是发送方能够通过报文内容区分会话。

BFD 回声报文采用 UDP 封装，目的端口号为 3784，目的 IP 地址为发送接口的地址，源 IP 地址由配置产生。

二、会话建立方式

BFD 通过控制报文中的 My Discriminator（本地标识符）和 Your Discriminator（远端标识符）区分不同的会话。按照本地标识符和远端标识符创建方式的差异进行区分，FW 支持以下 BFD 会话类型：

- 手工指定标识符的静态 BFD 会话

手工指定标识符的静态 BFD 会话是指手工配置 BFD 会话参数，包括配置本地标识符和远端标识符，然后手工下发 BFD 会话建立请求。

这种方式的缺点是会带来人为的配置错误，比如，配置了错误的本地标识符或者远端标识符时，BFD 会话将不能正常工作。并且 BFD 会话的建立和删除需要手工触发，缺乏灵活性。

在策略路由、DHCP 与 BFD 联动应用中，必须使用手工指定标识符的静态 BFD 会话。而针对静态路由与 BFD 联动的应用，可以根据网络情况选择使用手工指定标识符的静态 BFD 会话或者标识符自协商的静态 BFD 会话。

- 标识符自协商的静态 BFD 会话

标识符自协商的静态 BFD 会话是指手工创建 BFD 会话，但不需要配置本地标识符和远端标识符，本地标识符和远端标识符通过会话协商获得。

在静态路由与 BFD 联动应用中，如果对端设备不支持静态 BFD 会话，而采用动态 BFD 会话，此时本端设备既要与之互通，又要能够实现静态路由与 BFD 联动时，必须使用静态标识符自协商 BFD 会话。

- 协议触发的动态 BFD 会话

协议触发的动态 BFD 会话是指由路由协议动态触发而建立 BFD 会话。

动态建立 BFD 会话时，系统对本地标识符和远端标识符的处理方式如下：

☐ 动态分配本地标识符

当应用程序触发动态创建 BFD 会话时，系统分配属于动态会话标识符区域的值作为 BFD 会话的本地标识符。然后向对端发送 Your Discriminator 的值为 0（My Discriminator 的值为分配到的本地标识符，State 的值为 Down）的 BFD 控制报文，进行会话协商。

说明：系统通过划分标识符区域的方式来区分静态 BFD 会话和动态 BFD 会话，静态配置 BFD 会话的本地标识符取值范围是 1～8 191，动态创建 BFD 会话的本地标识符取值范围是 8 192～16 383。

□ 自学习远端标识符

当 BFD 会话的一端收到 Your Discriminator 的值为 0 的 BFD 控制报文时，根据四元组（源地址、目的地址、出接口、VPN 索引）判断该报文是否与本地 BFD 会话匹配，如果匹配，则学习接收到的 BFD 控制报文中 My Discriminator 的值，获取远端标识符。

三、会话建立过程

BFD 使用三路握手的机制来建立会话，发送方在发送 BFD 控制报文时，会在 Sta 字段填入本地当前的会话状态，接收方根据收到的 BFD 控制报文的 Sta 字段以及本端当前会话状态来进行状态机的迁移，建立会话。以 BFD 会话建立为例，简单介绍状态机的迁移过程，如图 4-13 所示。

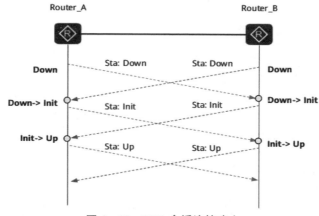

图 4-13 BFD 会话连接建立

（1）Router_A 和 Router_B 的 BFD 收到上层应用的通知后，发送状态为 Down 的 BFD 控制报文。对于手工指定标识符的静态 BFD 会话，报文中的 Your Discriminator 的值是用户指定的；对于标识符自协商的静态 BFD 会话，报文中的 Your Discriminator 的值由双方协商而定；对于动态创建 BFD 会话，Your Discriminator 的值是 0。

（2）Router_B 收到状态为 Down 的 BFD 控制报文后，本地状态切换至 Init，并发送状态为 Init 的 BFD 控制报文。Router_A 的 BFD 状态变化同 Router_B。

（3）Router_B 收到状态为 Init 的 BFD 控制报文后，本地状态切换至 Up，并发送状态为 Up 的 BFD 控制报文。Router_A 的 BFD 状态变化同 Router_B。

（4）Router_A 和 Router_B 双方状态都为 Up，会话成功建立并开始检测链路状态。

Router_A 和 Router_B 发生"DOWN => INIT"的状态迁移后，会启动一个超时定时器。如果定时器超时仍未收到状态为 Init 或 Up 的 BFD 控制报文，则本地状态自动切换回 Down。

4.3.2 BFD 与双机热备联动实验

一、实验目的

以主备备份方式的双机热备为例，介绍 BFD 与双机热备联动。

二、组网需求

FW 作为安全设备被部署在业务节点上。其中，上、下行设备均是路由器，FW_A、

FW_B 以主备备份方式工作。

组网图如图 4-14 所示，具体描述如下：

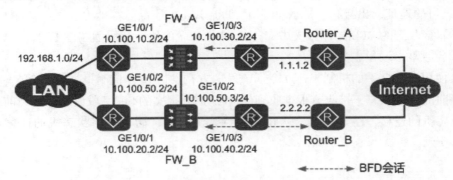

图 4-14　BFD 与双机热备联动举例组网图

- 两台 FW 和路由器之间运行动态路由 OSPF 协议，由路由器根据路由计算结果，将业务流量发送到主用 FW 上。
- FW 通过 BFD 与双机热备联动功能监控网络的出接口。当 FW_A 所在链路的网络出接口故障时，FW_B 切换成主用设备，业务流量通过 FW_B 转发。

三、实际拓扑（图 4-15）

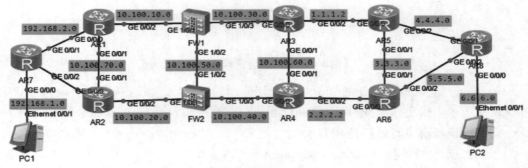

图 4-15　实际拓扑

四、IP 地址规划（表 4-20）

表 4-20　IP 地址规划

设备	接口	IP 地址	网关
FW_A	G1/0/1	10.100.10.2/24	
	G1/0/2	10.100.50.2/24	
	G1/0/3	10.100.30.2/24	
FW_B	G1/0/1	10.100.20.2/24	
	G1/0/2	10.100.50.3/24	
	G1/0/3	10.100.40.2/24	

续表

设备	接口	IP 地址	网关
R1	G0/0/0	192.168.2.2/24	
R1	G0/0/1	10.100.70.1/24	
R1	G0/0/2	10.100.10.1/24	
R2	G0/0/0	192.168.3.2/24	
R2	G0/0/1	10.100.70.2/24	
R2	G0/0/2	10.100.20.1/24	
R3	G0/0/0	10.100.30.1/24	
R3	G0/0/1	10.100.60.1/24	
R3	G0/0/2	1.1.1.1/24	
R4	G0/0/0	10.100.40.1/24	
R4	G0/0/1	10.100.60.2/24	
R4	G0/0/2	2.2.2.1/24	
R5	G0/0/0	1.1.1.2/24	
R5	G0/0/1	3.3.3.1/24	
R5	G0/0/2	4.4.4.1/24	
R6	G0/0/0	2.2.2.2/24	
R6	G0/0/1	3.3.3.2/24	
R6	G0/0/2	5.5.5.1/24	
R7	G0/0/0	192.168.1.1/24	
R7	G0/0/1	192.168.2.1/24	
R7	G0/0/2	192.168.3.1/24	
R8	G0/0/0	6.6.6.1/24	
R8	G0/0/1	4.4.4.2/24	
R8	G0/0/2	5.5.5.2/24	
PC1	E0/0/0	192.168.1.100/24	192.168.1.1（网关）
PC2	E0/0/0	6.6.6.100/24	6.6.6.1（网关）

五、操作步骤

（1）在 FW_A 上完成双机热备配置。

配置GigabitEthernet 1/0/1 的IP地址。
<FW_A> system-view
[FW_A] interface GigabitEthernet 1/0/1
[FW_A-GigabitEthernet1/0/1] ip address 10.100.10.2 24
[FW_A-GigabitEthernet1/0/1] quit
配置GigabitEthernet 1/0/1 加入Trust区域。
[FW_A] firewall zone trust
[FW_A-zone-trust] add interface GigabitEthernet 1/0/1
[FW_A-zone-trust] quit
配置GigabitEthernet 1/0/3 的IP地址。
[FW_A] interface GigabitEthernet 1/0/3
[FW_A-GigabitEthernet1/0/3] ip address 10.100.30.2 24
[FW_A-GigabitEthernet1/0/3] quit
配置GigabitEthernet 1/0/3 加入Untrust区域。
[FW_A] firewall zone untrust
[FW_A-zone-untrust] add interface GigabitEthernet 1/0/3
[FW_A-zone-untrust] quit
配置GigabitEthernet 1/0/2 的IP地址。
[FW_A] interface GigabitEthernet 1/0/2
[FW_A-GigabitEthernet1/0/2] ip address 10.100.50.2 24
[FW_A-GigabitEthernet1/0/2] quit
配置GigabitEthernet 1/0/2 加入DMZ区域。
[FW_A] firewall zone dmz
[FW_A-zone-dmz] add interface GigabitEthernet 1/0/2
[FW_A-zone-dmz] quit
在FW_A上配置运行OSPF动态路由协议。
[FW_A] ospf 101
[FW_A-ospf-101] area 0
[FW_A-ospf-101-area-0.0.0.0] network 10.100.10.0 0.0.0.255
[FW_A-ospf-101-area-0.0.0.0] network 10.100.30.0 0.0.0.255
[FW_A-ospf-101-area-0.0.0.0] quit
[FW_A-ospf-101] quit
配置根据HRP状态调整OSPF的相关COST值的功能。
[FW] hrp adjust ospf-cost enable
配置VGMP组监控业务接口状态。
[FW_A] hrp track interface GigabitEthernet 1/0/1
[FW_A] hrp track interface GigabitEthernet 1/0/3
配置HRP备份通道。
[FW_A] hrp interface GigabitEthernet 1/0/2 remote 10.100.50.3
启动HRP。
[FW_A] hrp enable

（2）在 FW_B 上完成双机热备配置。

FW_B 和 FW_A 的配置基本相同，不同之处在于：

FW_B 各接口的 IP 地址与 FW_A 各接口的 IP 地址不相同，且 FW_B 和 FW_A 对应的业务接口的 IP 地址不能在同一网段。

在 FW_B 上配置运行 OSPF 动态路由协议时，应该发布与 FW_B 的业务接口直接相连的网段的路由。

在 FW_B 上执行命令 hrp standby-device，指定 FW_B 为备用设备。

（3）在路由器上配置 IP 地址和 OSPF 功能，保证路由可达。具体配置命令请参考路由器的相关文档。

（4）配置安全策略。

在 FW_A 上配置的安全策略会自动备份到 FW_B 上。

```
# 在 FW_A 上配置安全策略,使192.168.1.0/24 网段用户可以访问 Untrust 区域。
HRP_M[FW_A] security-policy
HRP_M[FW_A-policy-security] rule name policy1
HRP_M[FW_A-policy-security-rule-policy1] source-zone trust
HRP_M[FW_A-policy-security-rule-policy1] destination-zone untrust
HRP_M[FW_A-policy-security-rule-policy1] source-address 192.168.1.0 24
HRP_M[FW_A-policy-security-rule-policy1] action permit
HRP_M[FW_A-policy-security-rule-policy1] quit
# 在 FW_A 上配置 local 和 GE1/0/3 接口所在安全区域的安全策略,允许 BFD 报文通过。
HRP_M[FW_A-policy-security] rule name bfd1
HRP_M[FW_A-policy-security-rule-bfd1] source-zone local
HRP_M[FW_A-policy-security-rule-bfd1] destination-zone untrust
HRP_M[FW_A-policy-security-rule-bfd1] source-address 10.100.30.2 32
HRP_M[FW_A-policy-security-rule-bfd1] source-address 10.100.40.2 32
HRP_M[FW_A-policy-security-rule-bfd1] destination-address 1.1.1.2 32
HRP_M[FW_A-policy-security-rule-bfd1] destination-address 2.2.2.2 32
HRP_M[FW_A-policy-security-rule-bfd1] action permit
HRP_M[FW_A-policy-security-rule-bfd1] quit
HRP_M[FW_A-policy-security] rule name bfd2
HRP_M[FW_A-policy-security-rule-bfd2] source-zone untrust
HRP_M[FW_A-policy-security-rule-bfd2] destination-zone local
HRP_M[FW_A-policy-security-rule-bfd2] source-address 1.1.1.2 32
HRP_M[FW_A-policy-security-rule-bfd2] source-address 2.2.2.2 32
HRP_M[FW_A-policy-security-rule-bfd2] destination-address 10.100.30.2 32
HRP_M[FW_A-policy-security-rule-bfd2] destination-address 10.100.40.2 32
HRP_M[FW_A-policy-security-rule-bfd2] action permit
HRP_M[FW_A-policy-security-rule-bfd2] quit
```

（5）在 FW_A 与 R5 上创建 BFD 会话。

在 FW_A 上配置 BFD 会话 1,对端 IP 地址为 1.1.1.2,本地标识符为 10,远端标识符为 20。
HRP_M[FW_A] bfd
HRP_M[FW_A-bfd] quit
HRP_M[FW_A] bfd 1 bind peer-ip 1.1.1.2
HRP_M[FW_A-bfd-session-1] discriminator local 10
HRP_M[FW_A-bfd-session-1] discriminator remote 20
HRP_M[FW_A-bfd-session-1] commit
HRP_M[FW_A-bfd-session-1] quit
在 R5 上配置 BFD 会话 1,对端 IP 地址为 10.100.30.2,本地标识符为 20,远端标识符为 10。
<R5> system-view
[R5] bfd
[R5-bfd] quit
[R5] bfd 1 bind peer-ip 10.100.30.2
[R5-bfd-session-1] discriminator local 20
[R5-bfd-session-1] discriminator remote 10
[R5-bfd-session-1] commit
[R5-bfd-session-1] quit

（6）在 FW_A 上配置 BFD 与双机热备联动。

HRP_M[FW_A] hrp track bfd-session 10

（7）在 FW_B 与 R6 上创建 BFD 会话。

在 FW_B 上配置 BFD 会话 1,对端 IP 地址为 2.2.2.2,本地标识符为 10,远端标识符为 20。
HRP_S[FW_B] bfd
HRP_S[FW_B-bfd] quit
HRP_S[FW_B] bfd 1 bind peer-ip 2.2.2.2
HRP_S[FW_B-bfd-session-1] discriminator local 10
HRP_S[FW_B-bfd-session-1] discriminator remote 20
HRP_S[FW_B-bfd-session-1] commit
HRP_S[FW_B-bfd-session-1] quit
在 R6 上配置 BFD 会话 1,对端 IP 地址为 10.100.40.2,本地标识符为 20,远端标识符为 10。
<R6> system-view
[R6] bfd
[R6-bfd] quit
[R6] bfd 1 bind peer-ip 10.100.40.2
[R6-bfd-session-1] discriminator local 20
[R6-bfd-session-1] discriminator remote 10
[R6-bfd-session-1] commit
[R6-bfd-session-1] quit

(8) 在 FW_B 上配置 BFD 与双机热备联动。

HRP_S[FW_B] hrp track bfd-session 10

R1~R8 的 OSPF 配置见表 4-21。

表 4-21 R1~R8 的 OSPF 配置

R1	[R1] ospf 101 [R1-ospf-101] area 0 [R1-ospf-101-area-0.0.0.0] network 192.168.2.0 0.0.0.255 [R1-ospf-101-area-0.0.0.0] network 10.100.70.0 0.0.0.255 [R1-ospf-101-area-0.0.0.0] network 10.100.10.0 0.0.0.255
R2	[R2] ospf 101 [R2-ospf-101] area 0 [R2-ospf-101-area-0.0.0.0] network 192.168.3.0 0.0.0.255 [R2-ospf-101-area-0.0.0.0] network 10.100.70.0 0.0.0.255 [R2-ospf-101-area-0.0.0.0] network 10.100.20.0 0.0.0.255
R3	[R3] ospf 101 [R3-ospf-101] area 0 [R3-ospf-101-area-0.0.0.0] network 10.100.30.0 0.0.0.255 [R3-ospf-101-area-0.0.0.0] network 10.100.60.0 0.0.0.255 [R3-ospf-101-area-0.0.0.0] network 1.1.1.0 0.0.0.255
R4	[R4] ospf 101 [R4-ospf-101] area 0 [R4-ospf-101-area-0.0.0.0] network 2.2.2.0 0.0.0.255 [R4-ospf-101-area-0.0.0.0] network 10.100.40.0 0.0.0.255 [R4-ospf-101-area-0.0.0.0] network 10.100.60.0 0.0.0.255
R5	[R5] ospf 101 [R5-ospf-101] area 0 [R5-ospf-101-area-0.0.0.0] network 1.1.1.0 0.0.0.255 [R5-ospf-101-area-0.0.0.0] network 3.3.3.0 0.0.0.255 [R5-ospf-101-area-0.0.0.0] network 4.4.4.0 0.0.0.255
R6	[R6] ospf 101 [R6-ospf-101] area 0 [R6-ospf-101-area-0.0.0.0] network 2.2.2.0 0.0.0.255 [R6-ospf-101-area-0.0.0.0] network 3.3.3.0 0.0.0.255 [R6-ospf-101-area-0.0.0.0] network 5.5.5.0 0.0.0.255

续表

R7	[R7] ospf 101 [R7 – ospf – 101] area 0 [R7 – ospf – 101 – area – 0.0.0.0] network 192.168.1.0 0.0.0.255 [R7 – ospf – 101 – area – 0.0.0.0] network 192.168.2.0 0.0.0.255 [R7 – ospf – 101 – area – 0.0.0.0] network 192.168.3.0 0.0.0.255
R8	[R8] ospf 101 [R8 – ospf – 101] area 0 [R8 – ospf – 101 – area – 0.0.0.0] network 6.6.6.0 0.0.0.255 [R8 – ospf – 101 – area – 0.0.0.0] network 4.4.4.0 0.0.0.255 [R6 – ospf – 101 – area – 0.0.0.0] network 5.5.5.0 0.0.0.255

六、结果验证（表 4 – 22）

表 4 – 22　结果验证

PC1 ping PC2	Ping 6.6.6.100 – t

查看 FW	查看 FW 状态
双机热备测试	断开 R5 的 G0/0/0 上的线，观察流量，快速反应，丢失很少量数据包，流量迅速恢复

续表

查看FW	查看FW状态	
	FW – A hrp 状态	
	HRP_S < FW – A > dis hrp state 2020 – 11 – 11 13:07:57.220 Role：standby，peer：active (should be "active – standby") Running priority：44998，peer：45000 Backup channel usage：0.00% Stable time：0 days, 0 hours, 14 minutes Last state change information：2020 – 11 – 11 12:50:46 HRP core state changed, old_state = normal, new_state = abnormal(standby), local_priority = 44998, peer_priority = 45000.	
	FW – B hrp 状态	
	HRP_M < FW – B > dis hrp state 2020 – 11 – 11 13:04:07.490 Role：active，peer：standby (should be "standby – active") Running priority：45000，peer：44998 Backup channel usage：0.00% Stable time：0 days, 0 hours, 14 minutes Last state change information：2020 – 11 – 11 12:51:26 HRP core state changed, old_state = normal, new_state = abnormal(active), local_priority = 45000, peer_priority = 44998.	

七、配置脚本（表4-23）

表4-23 配置脚本

FW_A	FW_B
# sysname FW_A # bfd # hrp enable hrp interface GigabitEthernet 1/0/2 remote 10.100.50.3 hrp track interface GigabitEthernet 1/0/1 hrp track interface GigabitEthernet 1/0/3 hrp track bfd-session 10 # interface GigabitEthernet 1/0/1 ip address 10.100.10.2 255.255.255.0 # interface GigabitEthernet 1/0/2 ip address 10.100.50.2 255.255.255.0 # interface GigabitEthernet 1/0/3 ip address 10.100.30.2 255.255.255.0 # firewall zone trust 　add interface GigabitEthernet 1/0/1 # firewall zone dmz 　add interface GigabitEthernet 1/0/2 # firewall zone untrust 　add interface GigabitEthernet 1/0/3 # bfd 1 bind peer-ip 1.1.1.2 　discriminator local 10 　discriminator remote 20 commit	# sysname FW_B # bfd # hrp enable hrp standby-device hrp interface GigabitEthernet 1/0/2 remote 10.100.50.2 hrp track interface GigabitEthernet 1/0/1 hrp track interface GigabitEthernet 1/0/3 hrp track bfd-session 10 # interface GigabitEthernet 1/0/1 ip address 10.100.20.2 255.255.255.0 # interface GigabitEthernet 1/0/2 ip address 10.100.50.3 255.255.255.0 # interface GigabitEthernet 1/0/3 ip address 10.100.40.2 255.255.255.0 # firewall zone trust 　add interface GigabitEthernet 1/0/1 # firewall zone dmz 　add interface GigabitEthernet 1/0/2 # firewall zone untrust 　add interface GigabitEthernet 1/0/3 # bfd 1 bind peer-ip 2.2.2.2 　discriminator local 10 　discriminator remote 20

续表

FW_A	FW_B

`#`
`ospf 101`
` area 0.0.0.0`
`  network 10.100.10.0 0.0.0.255`
`  network 10.100.30.0 0.0.0.255`
`#`
`security-policy`
` rule name policy1`
`   source-zone trust`
`   destination-zone untrust`
`   source-address 192.168.1.0 24`
`   action permit`
` rule name bfd1`
`   source-zone local`
`   destination-zone untrust`
`   source-address 10.100.30.2 32`
`   source-address 10.100.40.2 32`
`   destination-address 1.1.1.2 32`
`   destination-address 2.2.2.2 32`
`   action permit rule name bfd2`
`   source-zone untrust`
`   destination-zone local`
`   source-address 1.1.1.2 32`
`   source-address 2.2.2.2 32`
`   destination-address 10.100.30.2 32`
`   destination-address 10.100.40.2 32`
`   action permit`
`#`
`return`
	` commit`
	`#`
	`ospf 101`
	` area 0.0.0.0`
	`  network 10.100.20.0 0.0.0.255`
	`  network 10.100.40.0 0.0.0.255`
	`#`
	`security-policy`
	` rule name ha`
	`   source-zone trust`
	`   destination-zone untrust`
	`   source-address 192.168.1.0 24`
	`   action permit`
	` rule name bfd1`
	`   source-zone local`
	`   destination-zone untrust`
	`   source-address 10.100.30.2 32`
	`   source-address 10.100.40.2 32`
	`   destination-address 1.1.1.2 32`
	`   destination-address 2.2.2.2 32`
	`   action permit`
	` rule name bfd2`
	`   source-zone untrust`
	`   destination-zone local`
	`   source-address 1.1.1.2 32`
	`   source-address 2.2.2.2 32`
	`   destination-address 10.100.30.2 32`
	`   destination-address 10.100.40.2 32`
	`   action permit`
	`#`
	`return`

第 5 章 防火墙入侵防御

5.1 入侵防御概述

5.1.1 定义

入侵防御是一种安全机制，通过分析网络流量，检测入侵（包括缓冲区溢出攻击、木马、蠕虫等），并通过一定的响应方式，实时地中止入侵行为，保护企业信息系统和网络架构免受侵害。

5.1.2 优势

入侵防御是一种既能发现又能阻止入侵行为的新安全防御技术。通过检测发现网络入侵后，能自动丢弃入侵报文或者阻断攻击源，从根本上避免攻击行为。入侵防御的主要优势有如下几点。

实时阻断攻击：设备采用直路方式部署在网络中，能够在检测到入侵时，实时对入侵活动和攻击性网络流量进行拦截，将对网络的入侵降到最低。

深层防护：新型的攻击都隐藏在 TCP/IP 协议的应用层里，入侵防御能检测报文应用层的内容，还可以对网络数据流重组进行协议分析和检测，并根据攻击类型、策略等确定应该被拦截的流量。

全方位防护：入侵防御可以提供针对蠕虫、病毒、木马、僵尸网络、间谍软件、广告软件、CGI（Common Gateway Interface）攻击、跨站脚本攻击、注入攻击、目录遍历、信息泄露、远程文件包含攻击、溢出攻击、代码执行、拒绝服务、扫描工具等攻击的防护措施，全方位防御各种攻击，保护网络安全。

内外兼防：入侵防御不但可以防止来自企业外部的攻击，还可以防止来自企业内部的攻击。系统对经过的流量都可以进行检测，既可以对服务器进行防护，也可以对客户端进行防护。

不断升级，精准防护：入侵防御特征库会持续更新，以保持最高水平的安全性。可以从升级中心定期升级设备的特征库，以保持入侵防御的持续有效性。

5.1.3 与传统 IDS 的不同

总体来说，IDS（Intrusion Detection System）对那些异常的、可能是入侵行为的数据进行检测和报警，告知使用者网络中的实时状况，并提供相应的解决、处理方法，是一种侧重于风险管理的安全功能。而入侵防御对那些被明确判断为攻击行为，会对网络、数据造成危害的恶意行为进行检测，并实时终止，降低或是减免使用者对异常状况的处理资源开销，是一种侧重于风险控制的安全功能。

入侵防御技术在传统 IDS 的基础上增加了强大的防御功能：

- 传统 IDS 很难对基于应用层的攻击进行预防和阻止。入侵防御设备能够有效防御应用层攻击。由于重要数据夹杂在过多的一般性数据中，IDS 很容易忽视真正的攻击，误报和漏报率居高不下，日志和告警过多。入侵防御功能可以对报文层层剥离，进行协议识别和报文解析，对解析后的报文分类并进行特征匹配，保证了检测的精确性。
- IDS 设备只能被动检测保护目标遭到的攻击。为阻止进一步攻击行为，它只能通过响应机制报告给 FW，由 FW 来阻断攻击。

入侵防御是一种主动积极的入侵防范阻止系统。检测到攻击企图时，会自动将攻击包丢掉或将攻击源阻断，有效地实现了主动防御功能。

5.2 入侵防御原理

入侵防御通过完善的检测机制对所有通过的报文进行检测分析，并实时决定允许通过或阻断。

5.2.1 入侵防御实现机制

入侵防御的基本实现机制如下：

1. 重组应用数据

FW 首先进行 IP 分片报文重组以及 TCP 流重组，确保了应用层数据的连续性，有效检测出逃避入侵防御检测的攻击行为。

2. 协议识别和协议解析

FW 根据报文内容识别多种常见应用层协议。

识别出报文的协议后，FW 根据具体协议分析方案进行更精细的分析，并深入提取报文特征。

与传统 FW 只能根据 IP 地址和端口识别协议相比，大大提高了对应用层攻击行为的检测率。

3. 特征匹配

FW 将解析后的报文特征与签名进行匹配，如果命中了签名，则进行响应处理。

签名的匹配顺序可参考入侵防御对数据流的处理。

4. 响应处理

完成检测后，FW 根据管理员配置的动作对匹配到签名的报文进行处理。

5.2.2 签名

入侵防御签名用来描述网络中攻击行为的特征，FW 通过将数据流和入侵防御签名进行比较来检测和防范攻击。

FW 的入侵防御签名分为两类：

- 预定义签名

预定义签名是入侵防御特征库中包含的签名。用户需要购买 License 才能获得入侵防御特征库，在 License 生效期间，用户可以从华为安全能力中心平台获取最新的特征库，然后对本地的特征库进行升级。预定义签名的内容是固定的，不能创建、修改或删除。

每个预定义签名都有默认的动作，分为：

□ 放行：指对命中签名的报文放行，不记录日志。
□ 告警：指对命中签名的报文放行，但记录日志。
□ 阻断：指丢弃命中签名的报文，阻断该报文所在的数据流，并记录日志。

- 自定义签名

须知：建议只在非常了解攻击特征的情况下才配置自定义签名。因为自定义签名设置错误可能会导致配置无效，甚至导致报文误丢弃或业务中断等问题。

自定义签名是指管理员通过自定义规则创建的签名。新的攻击出现后，其对应的攻击签名通常都会晚一点才会出现。当用户自身对这些新的攻击比较了解时，可以自行创建自定义签名，以便实时地防御这些攻击。另外，当用户出于特殊的目的时，也可以创建一些对应的自定义签名。自定义签名创建后，系统会自动对自定义规则的合法性和正则表达式进行检查，避免低效签名浪费系统资源。

自定义签名的动作分为阻断和告警，可以在创建自定义签名时配置签名的响应动作。

5.2.3 签名过滤器

由于设备升级特征库后会存在大量签名，而这些签名是没有进行分类的，且有些签名所包含的特征本网络中不存在，需过滤出去，故设置了签名过滤器进行管理。管理员分析本网络中常出现的威胁的特征，并将含有这些特征的签名通过签名过滤器提取出来，防御本网络中可能存在的威胁。

签名过滤器是满足指定过滤条件的集合。签名过滤器的过滤条件包括：签名的类别、对象、协议、严重性、操作系统等。只有同时满足所有过滤条件的签名才能加入签名过滤器中。一个过滤条件中如果配置多个值，多个值之间是"或"的关系，只要匹配任意一个值，就认为匹配了这个条件。

签名过滤器的动作分为阻断、告警和采用签名的默认动作。签名过滤器的动作优先级高于签名默认动作，当签名过滤器的动作不采用签名默认动作时，以签名过滤器设置的动作为准。

各签名过滤器之间存在优先关系（按照配置顺序，先配置的优先）。如果一个安全配置文件中的两个签名过滤器包含同一个签名，当报文命中此签名后，设备将根据优先级高的签名过滤器的动作对报文进行处理。

5.2.4 例外签名

由于签名过滤器会批量过滤出签名，且通常为了方便管理而设置为统一的动作。如果管理员需要将某些签名设置为与签名过滤器不同的动作，可将这些签名引入例外签名中，并单独配置动作。

例外签名的动作分为阻断、告警、放行和添加黑名单。其中，添加黑名单是指丢弃命中签名的报文，阻断报文所在的数据流，记录日志，并将报文的源地址或目的地址添加至黑名单。

例外签名的动作优先级高于签名过滤器。如果一个签名同时命中例外签名和签名过滤器，则以例外签名的动作为准。

例如，签名过滤器中过滤出一批符合条件的签名，且动作统一设置为阻断。但是员工经常使用的某款自研软件却被拦截了。观察日志发现，用户经常使用的该款自研软件命中了签名过滤器中某个签名，被误阻断了。此时管理员可将此签名引入例外签名中，并修改动作为放行。

5.2.5 入侵防御对数据流的处理

入侵防御配置文件包含多个签名过滤器和多个例外签名。

签名、签名过滤器、例外签名的关系如图 5-1 所示。假设设备中配置了 3 个预定义签名，分别为 a01、a02、a03，且存在 1 个自定义签名 a04。配置文件中创建了 2 个签名过滤器，签名过滤器 1 可以过滤出协议为 HTTP、其他项为条件 A 的签名 a01 和 a02，动作为使用签名默认动作。签名过滤器 2 可以过滤出协议为 HTTP 和 UDP、其他项为条件 B 的签名 a03 和 a04，动作为阻断。另外，2 个配置文件中分别引入 1 个例外签名。例如签名 1 中，将签名 a02 的动作设置为告警；签名 2 中，将签名 a04 的动作设置为告警。

签名的实际动作由签名默认动作、签名过滤器和例外签名的动作共同决定的，如图 5-1 中的"签名实际动作"所示。

当数据流命中的安全策略中包含入侵防御配置文件时，设备将数据流送到入侵防御模块，并依次匹配入侵防御配置文件引用的签名。入侵防御对数据流的通用处理流程如图 5-2 所示。

说明：当数据流命中多个签名时，对该数据流的处理方式如下。

如果这些签名的实际动作都为告警，最终动作为告警。

如果这些签名中至少有一个签名的实际动作为阻断，最终动作为阻断。

当数据流命中了多个签名过滤器时，设备会按照优先级最高的签名过滤器的动作来处理。

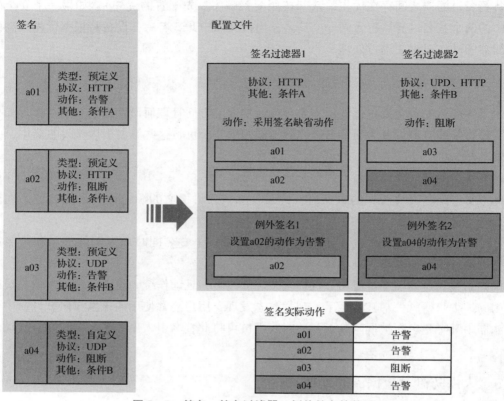

图 5-1 签名、签名过滤器、例外签名的关系

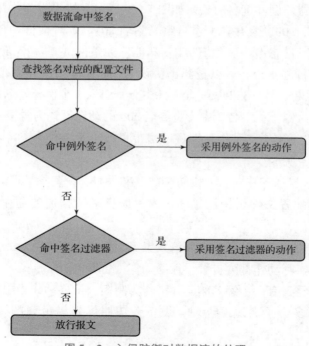

图 5-2 入侵防御对数据流的处理

5.2.6 检测方向

当配置引用了入侵防御配置文件的安全策略时,安全策略的方向是会话发起的方向,而非攻击流量的方向。

如图 5-3 所示,Internet 用户访问企业内网时,内网 PC 或服务器受到了来自网络的威胁。Internet 用户访问企业内网的流量方向为 Untrust -> Trust。应用策略的方向是从 Internet 用户到企业内网的方向(即源为 Untrust,目的为 Trust)。在该场景中,会话发起的方向与攻击流量的方向是同一个方向。

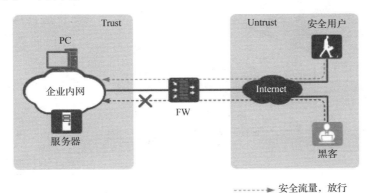

图 5-3 保护内网服务端流量

如图 5-4 所示,PC 访问 Internet 的服务器时,PC 受到了来自网络的威胁。从 PC 访问服务器的正常流量,方向定义为 Trust -> Untrust。而攻击流量来源于 Internet,方向定义为 Untrust -> Trust。应用策略的方向是 PC 访问 Internet 的方向(即源为 Trust,目的为 Untrust),而不是攻击流量的方向。在该场景中,会话发起的方向与攻击流量的方向不是同一个方向。

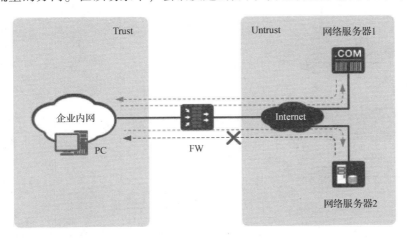

图 5-4 保护内网客户端流量

5.2.7 威胁情报联动

设备支持威胁情报联动功能，可以利用从云端获取到的威胁情报信息对处理动作为告警的威胁事件的风险性进行二次判定，并将判定为高风险（风险度超过阈值）的威胁事件的处理动作修改为阻断。IPS 威胁情报联动的详细处理流程如图 5-5 所示。

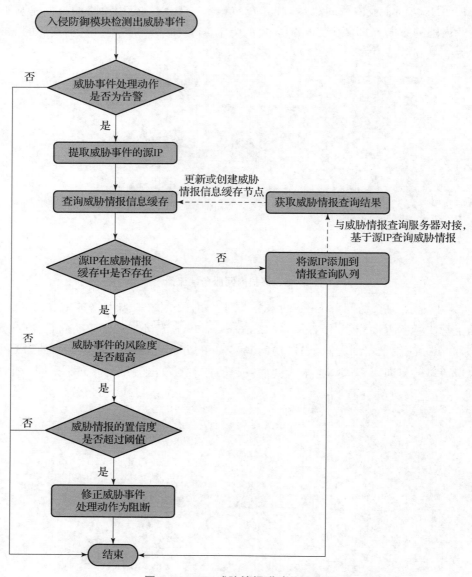

图 5-5 IPS 威胁情报联动处理流程

开启 IPS 威胁情报联动开关后，如果入侵防御模块检测到威胁事件并判定最终处理动作为告警，则威胁情报查询模块会提取威胁事件的源 IP，并将源 IP 发送到威胁情报查询服务器，查询威胁事件的情报信息。默认情况下，威胁情报查询模块使用 TLS 协议与华为安全中心（sec.huawei.com）对接，通过华为安全中心调度获取威胁情报查询服务器 IP 地址。

设备查询到威胁事件的情报信息后，会判断威胁情报中提供的威胁事件风险度和情报信息的置信度是否达到预先设置的联动触发阈值，如果两项指标均达到阈值，则会将威胁事件的处理动作由告警修改为阻断，提升入侵防御业务对高风险威胁的阻断率。

5.3 配置入侵防御实验

配置入侵防御功能，保护企业内部用户和 Web 服务器避免受到来自 Internet 的攻击。

一、组网需求

如图 5-6 所示，某企业在网络边界处部署了 FW 作为安全网关。在该组网中：

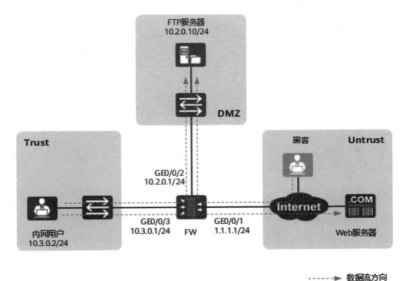

图 5-6 入侵防御组网图

内网用户可以访问内网 FTP 服务器和 Internet 的 Web 服务器。

内网的 FTP 服务器向内网用户和 Internet 用户提供服务。

该企业需要在 FW 上配置入侵防御功能，具体要求如下：

企业经常受到蠕虫、木马和僵尸网络的攻击，必须对这些攻击进行防范。

保护内网用户：避免内网用户访问 Internet 的 Web 服务器时受到攻击。例如，含有恶意代码的网站对内网用户发起攻击。

保护内部网络的 FTP 服务器：防范 Internet 用户和内网用户对内部网络的 FTP 服务器发起攻击。

另外，通过长期的日志观察和调研发现，有一种攻击出现次数较多，其匹配的签名 ID 为 74320，需将这种攻击全部阻断。

二、数据规划

针对企业的具体要求分析入侵防御功能的配置信息如下：

该企业主要防范对象为网络常见的蠕虫、木马和僵尸网络的攻击，而这些攻击在签名中定义的严重级别均为"高"。

1. 保护内网用户

在 Trust 到 Untrust 域间创建安全策略。

攻击行为是由于内网用户访问 Internet 的 Web 服务器引起的，且攻击对象是作为客户端的内网用户，可配置签名过滤器的协议为"HTTP"，对象为"客户端"，严重性为"高"。

保护内网用户的数据规划如图 5-7 所示。

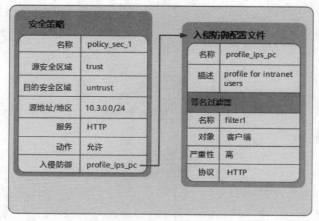

图 5-7　保护内网用户的数据规划

2. 保护内部网络的 FTP 服务器

在 Untrust 到 DMZ 域间以及 Trust 到 DMZ 域间分别创建安全策略。

由于这些攻击行为的攻击对象都是 FTP 服务器，可配置签名过滤器的协议为"FTP"，对象为"服务端"，严重性为"高"。

将 ID 为 74320 的签名引入例外签名中，并设置动作为"阻断"。

保护内网 FTP 服务器的数据规划如图 5-8 所示。

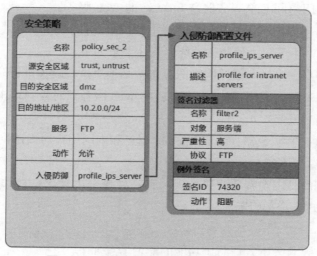

图 5-8　保护内网 FTP 服务器的数据规划

三、配置思路

配置接口 IP 地址和安全区域,完成网络基本参数配置。

配置入侵防御配置文件 profile_ips_pc,保护内网用户。通过配置签名过滤器来满足安全需要。

配置入侵防御配置文件 profile_ips_server,保护内网服务器。配置签名过滤器以及例外签名来满足安全需要。

创建安全策略 policy_sec_1,并引用安全配置文件 profile_ips_pc,保护内网用户免受来自 Internet 的攻击。

创建安全策略 policy_sec_2,并引用安全配置文件 profile_ips_server,保护内网服务器免受来自内网用户和 Internet 的攻击。

四、操作步骤

(1) 配置接口 IP 地址和安全区域,完成网络基本参数配置。

```
[FW] interface GigabitEthernet 0/0/1
[FW-GigabitEthernet0/0/1] ip address 1.1.1.1 255.255.255.0
[FW-GigabitEthernet0/0/1] quit
[FW] interface GigabitEthernet 0/0/2
[FW-GigabitEthernet0/0/2] ip address 10.2.0.1 255.255.255.0
[FW-GigabitEthernet0/0/2] quit
[FW] interface GigabitEthernet 0/0/3
[FW-GigabitEthernet0/0/3] ip address 10.3.0.1 255.255.255.0
[FW-GigabitEthernet0/0/3] quit
[FW] firewall zone trust
[FW-zone-trust] add interface GigabitEthernet 0/0/3
[FW-zone-trust] quit
[FW] firewall zone dmz
[FW-zone-dmz] add interface GigabitEthernet 0/0/2
[FW-zone-dmz] quit
[FW] firewall zone untrust
[FW-zone-untrust] add interface GigabitEthernet 0/0/1
[FW-zone-untrust] quit
```

(2) 创建入侵防御配置文件 profile_ips_pc,保护内网用户。

```
[FW] profile type ips name profile_ips_pc
[FW-profile-ips-profile_ips_pc] description profile for intranet users
[FW-profile-ips-profile_ips_pc] collect-attack-evidence enable
[FW-profile-ips-profile_ips_pc] signature-set name filter1
[FW-profile-ips-profile_ips_pc-sigset-filter1] target client
[FW-profile-ips-profile_ips_pc-sigset-filter1] severity high
```

```
[FW-profile-ips-profile_ips_pc-sigset-filter1] protocol HTTP
[FW-profile-ips-profile_ips_pc-sigset-filter1] quit
[FW-profile-ips-profile_ips_pc] quit
```

(3) 创建入侵防御配置文件 profile_ips_server，保护内网 FTP 服务器。配置 ID 为 74320 的签名为例外签名，设置动作为阻断。

```
[FW] profile type ips name profile_ips_server
[FW-profile-ips-profile_ips_server] description profile for intranet servers
[FW-profile-ips-profile_ips_server] collect-attack-evidence enable
[FW-profile-ips-profile_ips_server] signature-set name filter2
[FW-profile-ips-profile_ips_server-sigset-filter2] target server
[FW-profile-ips-profile_ips_server-sigset-filter2] severity high
[FW-profile-ips-profile_ips_server-sigset-filter2] protocol FTP
[FW-profile-ips-profile_ips_server-sigset-filter2] quit
[FW-profile-ips-profile_ips_server] exception ips-signature-id 74320 action block
[FW-profile-ips-profile_ips_server] quit
```

(4) 提交配置。

```
[FW] engine configuration commit
```

(5) 配置 Trust 区域和 Untrust 区域之间的安全策略，引用入侵防御配置文件 profile_ips_pc。

```
[FW] security-policy
[FW-policy-security] rule name policy_sec_1
[FW-policy-security-rule-policy_sec_1] source-zone trust
[FW-policy-security-rule-policy_sec_1] destination-zone untrust
[FW-policy-security-rule-policy_sec_1] source-address 10.3.0.0 24
[FW-policy-security-rule-policy_sec_1] profile ips profile_ips_pc
[FW-policy-security-rule-policy_sec_1] action permit
[FW-policy-security-rule-policy_sec_1] quit
```

(6) 配置从 Trust 区域到 DMZ 区域、从 Untrust 区域到 DMZ 区域的安全策略，引用入侵防御配置文件 profile_ips_server。

```
[FW-policy-security] rule name policy_sec_2
[FW-policy-security-rule-policy_sec_2] source-zone trust untrust
[FW-policy-security-rule-policy_sec_2] destination-zone dmz
[FW-policy-security-rule-policy_sec_2] destination-address 10.2.0.0 24
[FW-policy-security-rule-policy_sec_2] profile ips profile_ips_server
[FW-policy-security-rule-policy_sec_2] action permit
```

```
[FW-policy-security-rule-policy_sec_2] quit
[FW-policy-security] quit
```

(7) 保存配置信息，以便设备下次启动时自动加载上述配置信息。

```
[FW] quit
<FW> save
```

五、配置脚本

```
#
interface GigabitEthernet 0/0/1
  ip address 1.1.1.1 255.255.255.0
#
interface GigabitEthernet 0/0/2
  ip address 10.2.0.1 255.255.255.0
#
interface GigabitEthernet 0/0/3
  ip address 10.3.0.1 255.255.255.0
#
firewall zone trust
   add interface GigabitEthernet 0/0/3
#
firewall zone untrust
   add interface GigabitEthernet 0/0/1
#
firewall zone dmz
   add interface GigabitEthernet 0/0/2
#
profile type ips name profile_ips_pc
  description profile for intranet users
  collect-attack-evidence enable
  signature-set name filter1
    target client
    severity high
    protocol HTTP
#
profile type ips name profile_ips_server
  description profile for intranet servers
  collect-attack-evidence enable
  signature-set name filter2
    target server
```

```
      severity high
      protocol FTP exception ips-signature-id 74320 action block
 #
 security-policy
  rule name policy_sec_1
    source-zone trust
    destination-zone untrust
    source-address 10.3.0.0 24
    profile ips profile_ips_pc
    action permit
  rule name policy_sec_2
    source-zone trust
    source-zone untrust
    destination-zone dmz
    destination-address 10.2.0.0 24
    profile ips profile_ips_server
    action permit

 # 以下配置为一次性操作，不保存在配置文件中
  engine configuration commit
```

第 6 章 防火墙用户管理技术

6.1 防火墙用户认证概述

6.1.1 用户

用户指的是访问网络资源的主体，表示"谁"在进行访问，是网络访问行为的重要标识。FW 上的用户包括上网用户和接入用户两种形式。

- 上网用户

内部网络中访问网络资源的主体，如企业总部的内部员工。上网用户可以直接通过 FW 访问网络资源。

- 接入用户

外部网络中访问网络资源的主体，如企业的分支机构员工和出差员工。接入用户需要先通过 SSL VPN、L2TP VPN、IPSec VPN 或 PPPoE 方式接入 FW，然后才能访问企业总部的网络资源。

6.1.2 认证

FW 通过认证来验证访问者的身份，FW 对访问者进行认证的方式包括：

- 本地认证

访问者通过 Portal 认证页面将标识其身份的用户名和密码发送给 FW，FW 上存储了密码，验证过程在 FW 上进行，该方式称为本地认证。

- 服务器认证

访问者通过 Portal 认证页面将标识其身份的用户名和密码发送给 FW，FW 上没有存储密码，FW 将用户名和密码发送至第三方认证服务器，验证过程在认证服务器上进行，该方式称为服务器认证。

- 单点登录

访问者将标识其身份的用户名和密码发送给第三方认证服务器，认证通过后，第三方认证服务器将访问者的身份信息发送给 FW。FW 只记录访问者的身份信息，不参与认证过程，该方式称为单点登录（Single Sign-On）。

对于上网用户，访问网络资源时，FW 会对其进行认证。对于接入用户，接入 FW 时，FW 会对其进行认证；访问网络资源时，FW 还可以根据需要来对其进行二次认证。

6.1.3 目的

如图 6-1 所示，在 FW 上部署用户管理与认证，将网络流量的 IP 地址识别为用户，为网络行为控制和网络权限分配提供了基于用户的管理维度，实现精细化的管理。

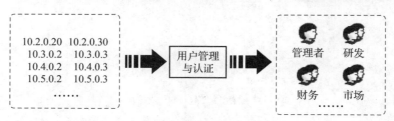

图 6-1 将 IP 地址识别为用户

- 基于用户进行策略的可视化制定，提高策略的易用性。
- 基于用户进行威胁、流量的报表查看和统计分析，实现对用户网络访问行为的审计。
- 解决了 IP 地址动态变化带来的策略控制问题，即以不变的用户应对变化的 IP 地址。

6.2 用户组织结构

用户是网络访问的主体，是 FW 进行网络行为控制和网络权限分配的基本单元。

FW 中的用户组织结构是实际企业中组织结构的映射，是基于用户进行权限管控的基础。如图 6-2 所示，用户组织结构分为按部门进行组织的树形维度、按跨部门群组进行组织的横向维度。

用户组织结构中涉及如下概念：

- 认证域：用户组织结构的容器，类似 Microsoft Active Directory（AD）服务器中的域。FW 默认存在 default 认证域，用户可以根据需求新建认证域。
- 用户组/用户：用户按树形结构组织，用户隶属于组（部门）。管理员可以根据企业的组织结构来创建部门和用户。这种方式易于管理员查询、定位，是常用的用户组织方式。
- 安全组：横向组织结构的跨部门群组。当需要基于部门以外的维度对用户进行管理时，可以创建跨部门的安全组，例如企业中跨部门成立的群组。另外，当企业通过第三方认证服务器存储组织结构时，服务器上也存在类似的横向群组。为了基于这些群组配置策略，FW 上需要创建安全组来与服务器上的组织结构保持一致。

下面分别具体介绍两种组织结构的规则。

6.2.1 树形组织结构

树形组织结构的顶级节点是"认证域"，也可以看作根组，认证域下级可以是用户组、用户。default 认证域是设备默认存在的认证域，相当于 default 根组。

第6章 防火墙用户管理技术

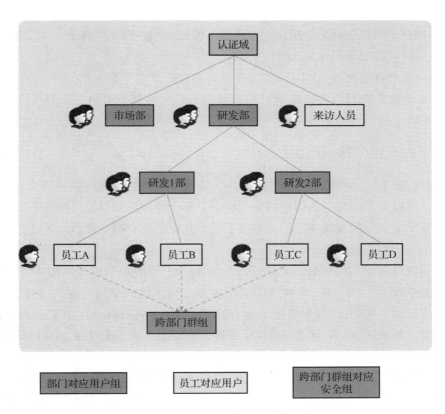

图 6-2　FW 中的用户组织结构示意图

通常情况下，在默认的 default 认证域下规划组织结构即可，只有不同用户使用不同认证方式、与服务器上域名对应等需求时，才需要规划新的认证域。

如果有规划新的认证域需求，FW 提供如下两种方式来规划用户组织结构：

- 每个认证域拥有独立的用户账号

每个认证域是一个独立的树形组织结构，类似于 AD/LDAP 等认证服务器上的域结构。各认证域的用户账号独立，不同认证域的账号允许重名。

- 所有认证域共享 default 认证域的用户账号

只有 default 认证域一个树形组织结构，其他认证域与 default 认证域共享账号。此时新建认证域的作用在于决定哪些用户使用哪种认证方式，不作为用户组织结构的顶级节点。

建议按第一种方式规划用户组织结构，与服务器组织结构对应。第二种方式主要用于同一个用户账号使用不同认证方式或版本升级兼容的特殊情况。选择哪种部署方式由认证域下的配置决定。

- 规划树形组织结构时，必须遵循如下规定：
- default 认证域是设备默认自带的认证域，不能被删除，且名称不能被修改。
- 设备最多支持 20 层用户结构，包括认证域和用户，即认证域和用户之间最多允许存在18层用户组。
- 每个用户组可以包括多个用户和用户组，但每个用户组只能属于一个父用户组。
- 一个用户只能属于一个父用户组。
- 用户组名允许重名，但所在组织结构的全路径必须确保唯一性。
- 用户和用户组都可以被策略所引用，如果用户组被策略引用，则用户组下的用户继承其父组和所有上级节点的策略。

6.2.2 基于安全组的横向组织结构

用户/组（部门）是"纵向"的组织结构，体现了用户的所属关系；安全组是"横向"的组织结构，可以把不同部门的用户划分到同一个安全组，从新的管理维度来对用户进行管理。管理员基于安全组配置策略后，安全组中的所有成员用户都会继承该策略，这就使对用户的管理更加灵活和便捷。

安全组还可以用于FW与第三方认证服务器配合工作的场景。当网络中存在AD、Sun ONE LDAP服务器时，AD、Sun ONE LDAP服务器上除了组织单元（OU）之外，还存在其他类型的组织结构。例如，AD服务器上还存在安全组，Sun ONE LDAP服务器上还存在静态组和动态组。如果期望FW能基于AD服务器上的安全组或Sun ONE LDAP服务器上静态组/动态组来对用户进行管理，可以通过FW上的安全组来实现。

说明：AD服务器上的安全组以及Sun ONE LDAP服务器上静态组/动态组通常用于控制和管理组下用户对网络共享位置、文件、目录、打印机等资源和对象的访问。FW上的用户组对应的是AD、Sun ONE LDAP服务器上的组织单元，而FW上的安全组则对应的是AD服务器上的安全组以及Sun ONE LDAP服务器上的静态组和动态组。关于安全组或静态组/动态组的详细介绍，请参见AD服务器或Sun ONE LDAP服务器自带的文档。

FW上的安全组分为以下两种类型：
- 静态安全组

静态安全组是指其成员用户（组）是固定不变的。静态安全组的来源包括：由管理员手动创建的静态安全组、从AD服务器上导入的安全组，以及从Sun ONE LDAP服务器上导入的静态组。

- 动态安全组

动态安全组是指其成员用户不固定，而是将服务器上满足一定过滤条件的用户作为动态安全组的成员。动态安全组的来源包括：由管理员手动创建的AD类型的动态组、由管理员手动创建的Sun ONE LDAP类型的动态组，以及从Sun ONE LDAP服务器上导入的动态组。

在Portal认证场景中，用户认证时，FW根据本地的动态安全组过滤条件到认证服务器查找，如果服务器上有符合条件的用户，则用户作为临时用户在此动态安全组上线。

规划安全组时，必须遵循如下规定：
- 一个用户可以不属于任何父安全组，也可以最多属于40个父安全组。
- 一个安全组可以不属于任何父安全组，也可以最多属于40个父安全组。

- 用户的父安全组可以是任意认证域的安全组，但是安全组和其父安全组只能属于同一个认证域。
- 安全组最多支持三层嵌套，即父安全组、安全组、子安全组。
- 安全组支持环形嵌套，即安全组 A 属于安全组 B、安全组 B 属于安全组 C、安全组 C 属于安全组 A 的情况，安全组的组织结构为网状结构。
- 动态安全组不能作为任何安全组的父组，但可以作为静态安全组的成员。
- 安全组可以被策略所引用，如果安全组被策略引用，则安全组下的直属用户继承其父安全组的策略，安全组下的子安全组用户不继承上级安全组的策略。

6.2.3 用户/用户组/安全组的来源

在 FW 上创建用户、用户组和安全组时，可以使用以下方式：

说明：对用户进行权限控制时，需要在策略中引用用户、用户组或安全组，因此，即使是采用服务器认证方式的用户，也需要在 FW 存在对应的用户组、安全组或用户，至少要存在用户组或安全组。

- 手动创建

管理员手动创建用户、用户组、安全组，并配置用户属性。例如，管理员可根据企业的纵向组织架构创建用户组，根据企业的横向组织架构创建安全组，然后在各组下创建用户信息。

如果没有部署第三方认证服务器或者部署的第三方认证服务器不支持向 FW 导入用户信息的功能，请使用该方式来创建用户。

- 从 CSV 文件导入

将用户信息、安全组信息按照指定格式写入不同的 CSV 文件中，再将 CSV 文件导入 FW 中，或者将之前从 FW 上导出的 CSV 文件再次导入，批量创建用户、用户组和安全组。

如果没有部署第三方认证服务器或者部署的第三方认证服务器不支持向 FW 导入用户信息的功能，请使用该方式来创建用户。与手动创建方式相比，此方式可以简化配置。

- 从服务器导入

如果实际环境中已经部署了身份验证机制，并且用户信息都存放在第三方认证服务器上，则可以通过执行服务器导入策略，将第三方认证服务器上用户/用户组/安全组的信息导入 FW。

目前 FW 只支持从 AD、LDAP 和 Agile Controller 服务器导入用户和组，支持从 AD、Sun One LDAP 服务器导入安全组。对于其他服务器，请使用手动创建、CSV 文件导入或设备自动发现并创建的方式。

6.2.4 用户属性

用户的主要属性及其说明见表 6-1。

表 6-1 用户属性

属性	说明
登录名	用户的账号，即用户进行认证时使用的名称
显示名	用户在 FW 上显示的名称，仅作为区分用户的标识。 通常情况下，在日志、报表的用户字段中，用户会以"登录名（显示名）"的格式出现
描述	用户的描述信息，便于管理员对该用户进行识别和维护
所属用户组	用户所在的父用户组，一个用户只能属于一个父用户组
所属安全组	用户所在的父安全组，一个用户可以不属于任何父安全组，也可以最多属于 40 个父安全组
密码	用户的密码。 使用本地认证时，必须在 FW 上配置用户的密码；使用服务器认证时，用户的密码在第三方认证服务器上配置，无须在 FW 上配置
账号过期时间	账号的有效期，过期之后，该账号无法使用
允许多人同时使用该账号登录	是否允许多人同时使用该用户的登录名登录，即允许该登录名同时在多台计算机上登录
IP/MAC 绑定	将用户与 IP/MAC 绑定，限制该用户只能在特定的 IP/MAC 地址上登录

6.2.5 在线用户

用户访问网络资源前，首先需要经过 FW 的认证，目的是识别这个用户当前在使用哪个 IP 地址。对于通过认证的用户，FW 还会检查用户的属性（用户状态、账号过期时间、IP/MAC 地址绑定、是否允许多人同时使用该账号登录），只有认证和用户属性检查都通过的用户才能上线，该用户称为在线用户。

FW 上的在线用户表记录了用户和其当前所使用的地址的对应关系，对用户实施策略，也就是对该用户对应的 IP 地址实施策略。

用户上线后，如果在线用户表项超时时间内（默认 30 分钟）没有发起业务流量，则该用户对应的在线用户监控表项将被删除。当该用户下次再发起业务访问时，需要重新进行认证。

6.2.6 在线用户信息同步

当在不同的网络位置部署了多台 FW 时，希望用户在一台 FW 的上线信息能同步到其他

FW，从而实现对用户权限的全方位管控。此时可以通过在线用户信息同步功能，使用户在多台 FW 同时上线。

在此种部署方式下，工作过程分为同步操作和查询操作两种，如图 6-3 所示（以 FW_B 为例讲解）。

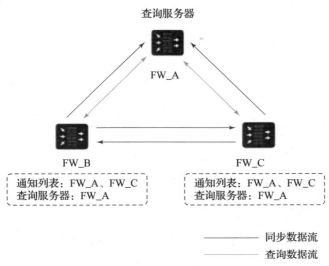

图 6-3 在线用户信息同步示意图

- 同步操作

当内置 Portal 认证、AD/Agile Controller/RADIUS 单点登录的用户在 FW_B 上线或下线时，FW_B 将此信息发送给通知列表中的设备，使用户同时在 FW_A 和 FW_C 上线、下线。

另外，当用户发起流量刷新在线用户的剩余时间时，FW_B 也会每隔 5 min 同步刷新到其他设备，防止其他设备表项超时。

- 查询操作

当经过 FW_B 的流量没有对应的在线用户表项时，FW_B 可以向查询服务器 FW_A 发起一次查询，如果 FW_A 存在对应的表项，将下发给 FW_B。

一般选择用户流量频繁的设备，例如出口防火墙作为查询服务器，因为这类设备表项不容易超时。

6.3 用户认证总体流程

了解整体的认证流程，有助于后续配置。

FW 上的认证过程由多个环节组成，各个环节的处理存在先后顺序。根据不同的部署方式和网络环境，FW 提供了多种用户认证方案供管理员选择，如图 6-4 和表 6-2 所示。

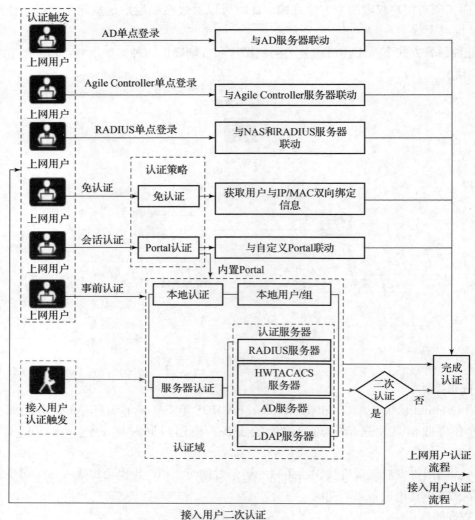

图 6-4 认证流程示意图

表 6-2 认证分类

分类	说明	认证方式
上网用户单点登录	用户只要通过了其他认证系统的认证，就相当于通过了 FW 的认证。用户认证通过后，FW 可以获知用户和 IP 的对应关系，从而基于用户进行策略管理。 此种方式适用于部署防火墙用户认证功能之前已经部署认证系统的场景	• AD 单点登录：用户登录 AD 域，由 AD 服务器进行认证。 • Agile Controller 单点登录：用户由华为公司的 Agile Controller 系统（Policy Center 或 Agile Controller）进行认证。 • RADIUS 单点登录：用户接入 NAS 设备，NAS 设备转发认证请求到 RADIUS 服务器进行认证

续表

分类	说明	认证方式
上网用户内置 Portal 认证	FW 提供内置 Portal 认证页面（默认为 https://接口 IP 地址:8887）对用户进行认证。FW 可转发认证请求至本地用户数据库、认证服务器。 此种方式适用于通过 FW 对用户进行认证的场景	• 会话认证：当用户访问 HTTP 业务时，FW 向用户推送认证页面，触发身份认证。 • 事前认证：当用户访问非 HTTP 业务时，只能主动访问认证页面进行身份认证
上网用户自定义 Portal 认证	FW 与自定义 Portal 联动对用户进行认证。例如：Agile Controller 可以作为外部 Portal 服务器对用户进行认证。 目前存在两种类型的自定义 Portal 认证	用户访问 HTTP 业务时，FW 向用户推送自定义 Portal 认证页面，触发身份认证
上网用户免认证	用户不输入用户名和密码就可以完成认证并访问网络资源。免认证与不需要认证有差别，免认证是指用户无须输入用户名、密码，但是 FW 可以获取用户和 IP 对应关系，从而基于用户进行策略管理	将用户名与 IP 或 MAC 地址双向绑定，FW 通过识别 IP/MAC 地址与用户的绑定关系，使用户自动通过认证。此种方式一般适用于高级管理者
接入用户认证	VPN 接入用户过程中，FW 对用户进行认证。如果期望接入认证成功后、访问资源前再次进行认证，可以配置二次认证	本地认证、服务器认证

6.4 实验 上网用户+本地认证（Portal 认证）

一、实验目的

介绍 FW 作为企业的出口网关时，在 FW 本地存储用户信息，对上网用户进行本地认证和管理的举例。

二、组网需求

如图 6-5 所示，某企业在网络边界处部署了 FW 作为出口网关，连接内部网络与 Internet。

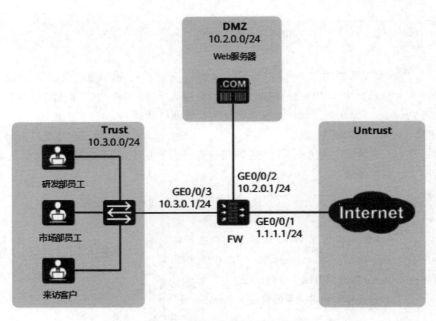

图6-5 上网用户+本地认证组网图

企业内部网络中的访问者角色包括研发部员工、市场部员工和来访客户,这些人员均动态获取 IP 地址。

企业的网络管理员希望利用 FW 提供的用户管理与认证机制,将内部网络中的 IP 地址识别为用户,为实现基于用户的网络行为控制和网络权限分配提供基础。具体需求如下:

- 在 FW 上存储用户和部门的信息,体现公司的组织结构,供策略引用。
- 研发部员工和市场部员工访问网络资源之前必须通过 FW 的认证。
- 对于来访客户,访问网络资源之前必须通过 FW 的认证,并且只能使用特定的用户 Guest 来进行认证。
- 访问者使用会话认证的方式来触发认证过程,即访问者使用 IE 浏览器访问某个 Web 页面,FW 会将 IE 浏览器重定向到认证页面。认证通过后,IE 浏览器的界面会自动跳转到先前访问的 Web 页面。

三、配置思路

说明:本例只介绍配置用户与认证相关的内容。

(1)创建用户组和用户,同时设置用户的密码。
(2)创建认证策略,配置匹配条件和认证动作。
(3)配置 default 认证域,将接入控制设置为"上网行为管理"。
(4)配置安全策略,允许访问者访问认证页面。

四、数据规划（表6-3）

表6-3 数据规划

项目	数据	说明
研发部员工	**组** 组名：research 所属组：/default **用户** 登录名：user_0001 显示名：Tom 所属组：/default/research 密码/确认密码：Admin@123 不允许多人同时使用该账号登录	将研发部员工规划到"research"组中。 此处只给出了一个用户的创建过程作为示例，请根据实际情况创建多个用户
市场部员工	**组** 组名：marketing 所属组：/default 用户登录名：user_0002 显示名：Jack 所属组：/default/marketing 密码/确认密码：Admin@123 不允许多人同时使用该账号登录	将市场部员工规划到"marketing"组中。 此处只给出了一个用户的创建过程作为示例，请根据实际情况创建多个用户
来访客户	**组** 组名：/default 用户登录名：guest 所属组：/default 密码/确认密码：Admin@123 允许多人同时使用该账号登录	所有来访客户都使用"guest"用户来进行认证，该用户允许多人同时登录
认证策略	名称：policy_auth_01 源安全区域：Trust 源地址/地区：10.3.0.0/24 目的安全区域：any 目的地址/地区：any 认证动作：Portal认证	对匹配条件的研发部员工、市场部员工和来访客户进行认证。 研发部员工、市场部员工和来访客户必须通过FW的认证后才能访问网络资源
认证域	名称：default 接入控制：上网行为管理	使用默认的default认证域来进行认证，研发部员工、市场部员工和来访客户在认证时输入的用户名无须携带认证域，便于记忆

五、操作步骤

（1）配置接口 IP 地址，并将接口加入安全区域。以下以接口 GigabitEthernet 0/0/3 为例进行介绍，其他接口请根据组网图数据配置。

```
<FW> system-view
[FW] interface GigabitEthernet 0/0/3
[FW-GigabitEthernet0/0/3] ip address 10.3.0.1 24
[FW-GigabitEthernet0/0/3] quit
[FW] firewall zone trust
[FW-zone-trust] add interface GigabitEthernet 0/0/3
[FW-zone-trust] quit
```

（2）创建研发部员工对应的组和用户。

```
[FW] user-manage group /default/research
[FW-usergroup-/default/research] quit
[FW] user-manage user user_0001
[FW-localuser-user_0001] alias Tom
[FW-localuser-user_0001] parent-group /default/research
[FW-localuser-user_0001] password Admin@123
[FW-localuser-user_0001] undo multi-ip online enable
[FW-localuser-user_0001] quit
```

（3）创建市场部员工对应的组和用户。

```
[FW] user-manage group /default/marketing
[FW-usergroup-/default/marketing] quit
[FW] user-manage user user_0002
[FW-localuser-user_0002] alias Jack
[FW-localuser-user_0002] parent-group /default/marketing
[FW-localuser-user_0002] password Admin@123
[FW-localuser-user_0002] undo multi-ip online enable
[FW-localuser-user_0002] quit
```

（4）创建来访客户对应的用户。

```
[FW] user-manage user guest
[FW-localuser-user_guest] parent-group /default
[FW-localuser-user_guest] password Admin@123
[FW-localuser-user_guest] quit
```

（5）设置用户认证通过后，自动跳转到先前访问的 Web 页面。

```
[FW] user-manage redirect
```

（6）配置认证策略。

[FW] auth-policy
[FW-policy-auth] rule name policy_auth_01
[FW-policy-auth-rule-policy_auth_01] source-zone trust
[FW-policy-auth-rule-policy_auth_01] source-address 10.3.0.0 24
[FW-policy-auth-rule-policy_auth_01] action auth
[FW-policy-auth-rule-policy_auth_01] quit
[FW-policy-auth] quit

（7）配置认证域。

[FW] aaa
[FW-aaa] domain default
[FW-aaa-domain-default] service-type internetaccess
[FW-aaa-domain-default] quit
[FW-aaa] quit

（8）配置安全策略。
①配置允许用户访问认证页面的安全策略。

[FW] security-policy
[FW-policy-security] rule name policy_sec_01
[FW-policy-security-rule-policy_sec_01] source-zone trust
[FW-policy-security-rule-policy_sec_01] destination-zone local
[FW-policy-security-rule-policy_sec_01] source-address 10.3.0.0 24
[FW-policy-security-rule-policy_sec_01] service protocol tcp destination-port 8887
[FW-policy-security-rule-policy_sec_01] action permit
[FW-policy-security-rule-policy_sec_01] quit

②配置允许用户访问外网的安全策略。

[FW-policy-security] rule name policy_sec_02
[FW-policy-security-rule-policy_sec_02] source-zone trust
[FW-policy-security-rule-policy_sec_02] source-address 10.3.0.0 24
[FW-policy-security-rule-policy_sec_02] destination-zone untrust
[FW-policy-security-rule-policy_sec_02] action permit
[FW-policy-security-rule-policy_sec_02] quit

③配置允许用户访问服务器区的安全策略。

[FW-policy-security] rule name policy_sec_03
[FW-policy-security-rule-policy_sec_03] source-zone trust
[FW-policy-security-rule-policy_sec_03] source-address 10.3.0.0 24

[FW - policy - security - rule - policy_sec_03] destination - zone dmz
[FW - policy - security - rule - policy_sec_03] action permit
[FW - policy - security - rule - policy_sec_03] quit
[FW - policy - security] quit

（9）完成上述配置后，管理员在配置安全策略、策略路由、带宽策略、配额控制策略、代理策略以及审计策略时引用用户/组。

说明：注意开放 Trust 到 Untrust 的 DNS 服务，允许解析 HTTP 业务域名的 DNS 报文通过。

六、结果验证

- 研发部员工 Tom 使用 IE 浏览器访问 www.example.org，将会重定向至认证页面，输入用户名 user_0001 和密码 Admin@123 进行认证。通过认证后，IE 浏览器的界面会自动跳转到 www.example.org 页面。

- 市场部员工 Jack 使用 IE 浏览器访问 www.example.org，将会重定向至认证页面，输入用户名 user_0002 和密码 Admin@123 进行认证。通过认证后，IE 浏览器的界面会自动跳转到 www.example.org 页面。

- 来访客户使用 IE 浏览器访问 www.example.org，将会重定向至认证页面，输入用户名 guest 和密码 Admin@123 进行认证。通过认证后，IE 浏览器的界面会自动跳转到 www.example.org 页面。

- 员工或来访客户访问非 HTTP 类业务，例如，访问 FTP 服务器时，需要首先主动访问认证页面 https://10.3.0.1:8887，通过认证后才能访问。其中，认证页面的 IP 地址必须是 FW 接口 IP 地址，并且用户与该地址之间路由可达。

- 在 FW 上执行命令 display user - manage online - user 可以查看到在线用户信息。

```
<FW> display user - manage online - user verbose
Current Total Number: 3
-----------------------------------------------------------------
IP Address: 10.3.0.2
Login Time: 2015 - 01 - 21 14:58:36 Online Time: 00:00:49
State: Active TTL: 00:30:00 Left Time: 00:29:59
Access Type: local
Authentication Mode: Password (Local)
Access Device Type: unknown
 <-- packets: 0 bytes: 0  --> packets: 0 bytes: 0
Build ID: 0
User Name: user_0001 Parent User Group: /default/research

IP Address: 10.3.0.5
Login Time: 2015 - 01 - 21 14:58:54 Online Time: 00:00:31
```

```
State: Active TTL: 00:30:00 Left Time: 00:30:17
Access Type: local
Authentication Mode: Password (Local)
Access Device Type: unknown
 <--packets: 0 bytes: 0  -->packets: 0 bytes: 0
Build ID: 0
User Name: user_0002 Parent User Group: /default/marketing

IP Address: 10.3.0.10
Login Time: 2015-01-21 14:58:36 Online Time: 00:00:49
State: Active TTL: 00:30:00 Left Time: 00:29:59
Access Type: local
Authentication Mode: Password (Local)
Access Device Type: unknown
 <--packets: 0 bytes: 0  -->packets: 0 bytes: 0
Build ID: 0
User Name: guest Parent User Group: /default
```

七、配置脚本

```
#
 sysname FW
#
 user-manage redirect
#
interface GigabitEthernet0/0/1
 ip address 1.1.1 255.255.255.0
#
interface GigabitEthernet0/0/2
 ip address 10.2.0.1 255.255.255.0
#
interface GigabitEthernet0/0/3
 ip address 10.3.0.1 255.255.255.0
#
firewall zone trust
  add interface GigabitEthernet0/0/3
#
firewall zone untrust
  add interface GigabitEthernet0/0/1
#
firewall zone dmz
```

```
    add interface GigabitEthernet0/0/2
 #
 aaa
  #
  domain default
   service-type internetaccess
  #
 #
 security-policy
  rule name policy_sec_01
   source-zone trust
   source-address 10.3.0.0 24
   destination-zone local
   service protocol tcp destination-port 8887
   action permit
  rule name policy_sec_02
   source-zone trust
   source-address 10.3.0.0 24
   destination-zone untrust
   action permit
  rule name policy_sec_03
   source-zone trust
   source-address 10.3.0.0 24
   destination-zone dmz
   action permit
 #
 auth-policy
  rule name policy_auth_01
   source-zone trust
   source-address 10.3.0.0 24
   action auth
# 以下创建用户/组的配置保存于数据库,不在配置文件中体现
user-manage group /default/research
user-manage group /default/marketing
user-manage user user_0001
 alias Tom
 parent-group /default/research
 password ********
 undo multi-ip online enable
```

```
user - manage user user_0002
 alias Jack
 parent - group /default/marketing
 password *********
 undo multi - ip online enable
user - manage user guest
 parent - group /default
 password *********
```

第 7 章

VPN技术

7.1 VPN 技术概述

7.1.1 什么是 VPN

VPN 可以在不改变现有网络结构的情况下，建立虚拟专用连接。因其具有廉价、专用和虚拟等多种优势，在现网中应用非常广泛。

7.1.1.1 产生背景

在 VPN（Virtual Private Network）出现之前，跨越 Internet 的数据传输只能依靠现有物理网络，具有很大的不安全性。

如图 7-1 所示，某企业的总部和分支机构位于不同区域（比如位于不同的国家或城市），当分支机构员工需访问总部服务器的时候，数据传输要经过 Internet。由于 Internet 中

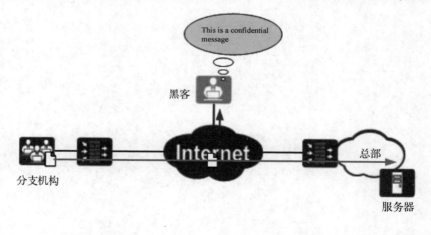

图 7-1 VPN 出现前的报文传输

存在多种不安全因素,则当分支机构的员工向总部服务器发送访问请求时,报文容易被网络中的黑客窃取或篡改,最终造成数据泄密、重要数据被破坏等后果。

为了防止信息泄露,可以在总部和分支机构之间搭建一条物理专网连接,但其费用非常高昂。

VPN 出现后,通过部署不同类型的 VPN 便可解决上述问题。VPN 对数据进行封装和加密,即使网络黑客窃取到数据,也无法破解,确保了数据的安全性。同时,搭建 VPN 不需改变现有网络拓扑,没有额外费用。

7.1.1.2 定义

VPN 即虚拟专用网,用于在公用网络上构建私人专用虚拟网络,并在此虚拟网络中传输私网流量。VPN 把现有的物理网络分解成逻辑上隔离的网络,在不改变网络现状的情况下实现安全、可靠的连接。

VPN 具有以下两个基本特征:

- 专用(Private):VPN 网络是专门供 VPN 用户使用的网络,对于 VPN 用户,使用 VPN 与使用传统专网没有区别。VPN 能够提供足够的安全保证,确保 VPN 内部信息不受外部侵扰。VPN 与底层承载网络(一般为 IP 网络)之间保持资源独立,即 VPN 资源不被网络中非该 VPN 的用户使用。
- 虚拟(Virtual):VPN 用户内部的通信是通过公共网络进行的,而这个公共网络同时也可以被其他非 VPN 用户使用,VPN 用户获得的只是一个逻辑意义上的专网。这个公共网络称为 VPN 骨干网(VPN Backbone)。

7.1.1.3 封装原理

VPN 的基本原理是利用隧道(Tunnel)技术对传输报文进行封装,利用 VPN 骨干网建立专用数据传输通道,实现报文的安全传输。

隧道技术使用一种协议封装另外一种协议报文(通常是 IP 报文),而封装后的报文也可以再次被其他封装协议所封装。对用户来说,隧道是其所在网络的逻辑延伸,在使用效果上与实际物理链路相同。

在图 7-2 所示的网络中,如果存在 VPN 隧道,则数据传输如图 7-2 所示。当分支机构员工访问总部服务器时,报文封装过程如下:

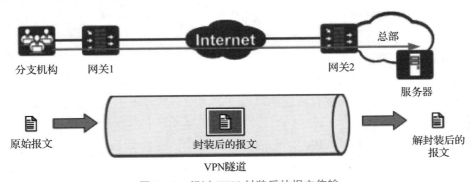

图 7-2 经过 VPN 封装后的报文传输

（1）报文发送到网关1时，网关1识别出该用户为VPN用户后，发起与总部网关即网关2的隧道连接，网关1和网关2之间建立起VPN隧道。

（2）网关1将数据封装在VPN隧道中，发送给网关2。

（3）网关2收到报文后进行解封装，并将原始数据发送给最终接收者，即服务器。

反向的处理也一样。VPN网关在封装时，可以对报文进行加密处理，使Internet上的非法用户无法读取报文内容，因而通信是安全可靠的。

7.1.1.4 优势

VPN和传统的数据专网相比，具有如下优势：

- 安全：在远端用户、驻外机构、合作伙伴、供应商与公司总部之间建立可靠的连接，保证数据传输的安全性。这对于实现电子商务或金融网络与通信网络的融合特别重要。
- 廉价：利用公共网络进行信息通信，企业可以用更低的成本连接远程办事机构、出差人员和业务伙伴。
- 支持移动业务：支持驻外VPN用户在任何时间、任何地点的移动接入，能够满足不断增长的移动业务需求。
- 可扩展性：由于VPN为逻辑上的网络，在物理网络中增加或修改节点，不影响VPN的部署。

VPN在保证网络的安全性、可靠性、可管理性的同时，提供更强的扩展性和灵活性。在全球任何一个角落，只要能够接入Internet，即可使用VPN。

7.1.2 VPN的应用场景及选择

7.1.2.1 site – to – site VPN

site – to – site VPN即两个局域网之间通过VPN隧道建立连接。

如图7 – 3所示，企业的分支和总部分别通过网关1和网关2连接到Internet。出于业务需要，企业分支和总部间经常相互发送内部机密数据。为了保护这些数据在Internet中安全传输，在网关1和网关2之间建立VPN隧道。

图7 – 3　site – to – site VPN

这种场景的特点为：两端网络均通过固定的网关连接到Internet，组网相对固定。同时，访问是双向的，即分支和总部都有可能向对端发起访问。其适用于连锁超市、政府机关、银行等的业务通信。

此场景可以使用以下几种VPN实现：IPSec、L2TP、L2TP over IPSec、GRE over IPSec、IPSec over GRE。

如果您的组网有以下典型特征，可根据以下几项选择相应的VPN。

● 两端相互访问较频繁，传输的数据为机密数据，且任何用户都能访问对端内网，无须认证时，可采用 IPSec 方式。

● 只有一端访问另一端，且访问的用户必须通过用户认证时，则可采用 L2TP 方式。

● 如果只有一端访问另一端，传输数据为机密数据，且访问的用户必须通过用户认证，则可采用 L2TP over IPSec 方式，安全性更高。

● GRE over IPSec 隧道和 IPSec over GRE 隧道都可以用来安全地传输数据，两者的区别在于对数据的封装顺序不同。GRE over IPSec 在报文封装时，是先进行 GRE 封装然后进行 IPSec 封装；IPSec over GRE 在报文封装时，是先进行 IPSec 封装再进行 GRE 封装。由于 IPSec 无法封装组播报文，因此 IPSec over GRE 隧道也无法传输组播数据。如果隧道两端要传输组播数据，就要采用 GRE over IPSec 方式。比如，当网络 1 和网络 2 中采用 RIP 建立路由时，由于 RIP 路由数据为组播数据，需采用 GRE over IPSec 将 RIP 路由发送到对端。

各种 VPN 的深入介绍和配置方法请参见 IPSec、L2TP VPN 和 GRE。不同 VPN 技术的特点见表 7－1。

表 7－1 site－to－site VPN 场景下几种 VPN 对比

对比项	IPSec	L2TP	L2TP over IPSec	GRE over IPSec	IPSec over GRE
数据加密功能	支持，对隧道两端内网需要加密的通信数据进行加密。数据加密功能强大，支持多种对称加密方式及组合	不支持	支持，通过 IPSec 进行加密	支持，通过 IPSec 进行加密	支持，通过 IPSec 进行加密
用户认证功能	支持	支持，用户认证方式包括本地认证、RADIUS 服务器认证等。LAC 和 LNS 对用户进行双重认证，只有认证通过的用户才可访问企业内网服务器	支持，通过 L2TP 进行用户认证	不支持	不支持

续表

对比项	IPSec	L2TP	L2TP over IPSec	GRE over IPSec	IPSec over GRE
对客户端的要求	无要求	有支持 PPP 拨号的软件，如 Windows 系统自带的拨号软件	与 L2TP 的要求相同	无要求	无要求
是否支持隧道中间有 NAT 设备	支持	支持	支持	支持	不支持

7.1.2.2 client–to–site VPN

client–to–site VPN 即客户端与企业内网之间通过 VPN 隧道建立连接。

组网图如图 7–4 所示，在外出差的员工（客户端）跨越 Internet 访问企业总部内网，完成向总部传送数据、访问内部服务器等需求。为确保数据安全传输，可在客户端和企业网关之间建立 VPN 隧道。

图 7–4　client–to–site VPN

这种场景的特点为：客户端的地址不固定，且访问是单向的，即只有客户端向内网服务器发起访问。适用于企业出差员工或临时办事处员工通过手机、电脑等接入总部远程办公。

此场景可以使用以下几种 VPN 实现：SSL、IPSec（IKEv2）、L2TP、L2TP over IPSec。

如果您的组网有以下典型特征，可根据以下几项选择相应的 VPN；如果没有，则根据表 7–2 来选择。

· 如果对客户端没有要求，但是待访问的服务器要针对不同类型用户开放不同的服务、制定不同的策略等，可采取 SSL 方式。

· 出差员工或临时办事处员工，如果需要频繁访问某几个固定的总部服务器，且服务器功能对全部用户都开放，可采取 L2TP over IPSec 方式。

各种 VPN 的深入介绍和配置方法请参见 SSL VPN、IPSec 和 L2TP VPN。

表 7-2　client-to-site VPN 场景下几种 VPN 对比

对比项	SSL	IPSec（IKEv2）	L2TP	L2TP over IPSec
数据加密功能	支持，只对通信双方传输的应用层数据进行加密	支持，对隧道两端的所有通信数据均进行加密。数据加密功能强大，支持多种对称加密方式及组合	不支持	支持，通过 IPSec 进行加密
用户认证功能	支持，用户认证方式包括本地认证、RADIUS 服务器认证、LDAP 服务器认证等	支持 EAP 认证。需要搭建第三方的认证服务器，如 RADIUS 服务器等	支持，用户认证方式包括本地认证、RADIUS 服务器认证等	支持，通过 L2TP 进行用户认证
对客户端的要求	有支持 SSL 协议的浏览器，如 IE 浏览器。客户端不需要进行任何配置，只需要在浏览器中输入虚拟网关 IP 地址或域名即可进入登录界面	有支持 IKEv2 和 EAP 认证的 IPSec 软件，如 Windows 7 自带软件等	有支持 L2TP 拨号的软件，如 VPN Client 软件	有支持 L2TP 拨号和支持 IPSec 的软件，如 VPN Client 软件
是否支持隧道中间有 NAT 设备	支持	支持	支持	支持

7.1.2.3　BGP/MPLS IP VPN

BGP/MPLS IP VPN 主要用于解决跨域企业互连等问题。当前企业越来越区域化和国际化，同一企业的不同区域员工之间需要通过服务提供商网络来进行互访。服务提供商网络往往比较庞大和复杂，为严格控制用户的访问，确保数据安全传输，需在骨干网上配置 BGP/MPLS IP VPN 功能，实现不同区域用户之间的访问需求。

BGP/MPLS IP VPN 为全网状 VPN，即每个 PE 和其他 PE 之间均建立 BGP/MPLS IP VPN 连接。服务提供商骨干网的所有 PE 设备都必须支持 BGP/MPLS IP VPN 功能。

基本组网图如图 7-5 所示。

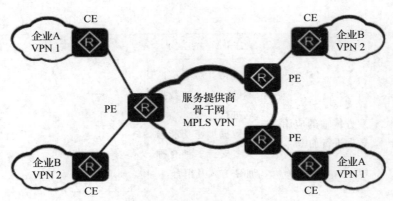

图 7-5 BGP/MPLS IP VPN

7.2 GRE – VPN 技术

7.2.1 GRE – VPN 技术概述

7.2.1.1 简介

介绍 GRE 的基本概念和应用场景。

General Routing Encapsulation，简称 GRE，是一种三层 VPN 封装技术。GRE 可以对某些网络层协议（如 IPX、Apple Talk、IP 等）的报文进行封装，使封装后的报文能够在另一种网络中（如 IPv4）传输，从而解决了跨越异种网络的报文传输问题。异种报文传输的通道称为 Tunnel（隧道）。如图 7-6 所示，通过在 IPv4 网络上建立 GRE 隧道，解决了两个 IPv6 网络的通信问题。

图 7-6 IPv6 网络通过 GRE 隧道跨越 IPv4 网络通信

GRE 除了可以封装网络层协议报文以外，还具备封装组播报文的能力。由于动态路由协议中会使用组播报文，因此，更多时候 GRE 会在需要传递组播路由数据的场景中被用到，这也是 GRE 被称为通用路由封装协议的原因。以下几个场景就是 GRE 在路由封装方面的应用。

一、GRE over IPSec

如图 7-7 所示，IPSec 隧道两端的 IP 网络需要通信，彼此就要获取到对端网络的私网路由信息。假设隧道两端的 IP 网络部署的是动态路由协议，那么 IPSec 隧道中就需要传递路由协议的组播报文。由于 IPSec 本身并不具备封装组播报文的能力，因此该场景下就需要寻求 GRE 的协助。GRE 首先将组播报文封装成单播报文，封装后的单播报文就可以经过 IPSec 隧道发送到对端网络。此时，建立在两个 IP 网络中的隧道被称为 GRE over IPSec 隧道。

图 7-7　GRE over IPSec

二、扩大跳数受限的网络工作范围

如图 7-8 所示，网络中运行 RIP 协议，如果两台电脑之间的跳数超过 15，它们将无法通信。通过在网络中使用 GRE 隧道可以隐藏一部分跳数，从而扩大网络的工作范围。

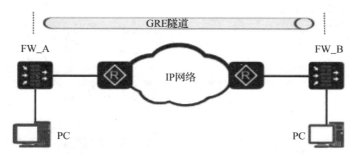

图 7-8　扩大 RIP 网络工作范围

例如，在 FW_A 和 FW_B 之间建立 GRE 隧道后，FW_A 和 FW_B 就相当于相邻的路由器，距离为一跳。这就隐藏了 FW_A 和 FW_B 之间的跳数，使网络得到了扩展。

7.2.1.2　原理描述

介绍 GRE 的封装概念、GRE 报文转发流程、安全策略以及 GRE 安全选项等内容。

一、GRE 封装

无论哪一种 VPN 封装技术，其基本的构成要素都可以分为 3 个部分：乘客协议、封装协议和运输协议，GRE 也不例外。

- 乘客协议

乘客协议是指用户在传输数据时所使用的原始网络协议。

- 封装协议

封装协议的作用就是"包装"乘客协议对应的报文，使原始报文能够在新的网络中传输。

- 运输协议

运输协议是指被封装以后的报文在新网络中传输时所使用的网络协议。

在 FW 中，GRE 使用到的协议如图 7-9 所示。可以看出，GRE 能够承载的乘客协议包括 IPv4、IPv6 和 MPLS 协议，GRE 所使用的运输协议是 IPv4 协议。

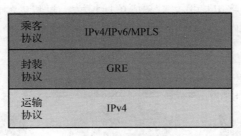

图 7-9 GRE 的协议栈

GRE 是按照协议栈对报文进行逐层封装的,如图 7-10 所示。封装过程可以分成两步:第一步是为原始报文添加 GRE 头;第二步是在 GRE 头前面加上新的 IP 头。加上新的 IP 头以后,就意味着原始报文可以在新网络上传输了。GRE 的封装操作是通过逻辑接口 Tunnel 完成的,Tunnel 接口是一个通用的隧道接口,所以 GRE 协议在使用这个接口的时候,会将接口的封装协议设置为 GRE 协议。

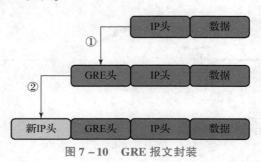

图 7-10 GRE 报文封装

二、GRE 报文转发流程

下面结合 FW 的流量处理过程,介绍 GRE 报文转发流程,如图 7-11 所示。

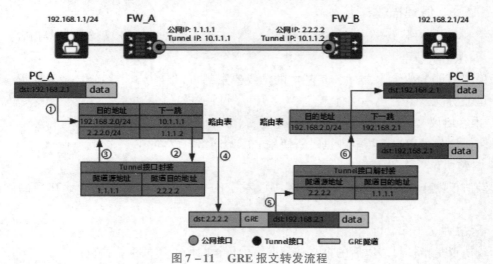

图 7-11 GRE 报文转发流程

PC_A 通过 GRE 隧道访问 PC_B 时,FW_A 和 FW_B 上的报文转发过程如下:

(1) PC_A 访问 PC_B 的原始报文进入 FW_A 后,首先匹配路由表。

(2) 根据路由查找结果，FW_A 将报文送到 Tunnel 接口进行 GRE 封装，增加 GRE 头，外层加新 IP 头。

(3) FW_A 根据 GRE 封装后报文的新 IP 头的目的地址（2.2.2.2）再次查找路由表。

(4) FW_A 根据路由查找结果将报文发送至 FW_B，在图 7-11 中假设 FW_A 查找到的去往 FW_B 的下一跳地址是 1.1.1.2。

(5) FW_B 收到报文后，首先判断这个报文是不是 GRE 报文。

那么如何判断？在图 7-11 中可以看到封装后的 GRE 报文有一个新的 IP 头，这个新的 IP 头中有一个 Protocol 字段，字段中标识了内层协议类型，如果这个 Protocol 字段值是 47，就表示这个报文是 GRE 报文。如果是 GRE 报文，FW_B 则将该报文送到 Tunnel 接口解封装，去掉新的 IP 头、GRE 头，恢复为原始报文；如果不是，则报文按照普通报文进行处理。

(6) FW_B 根据原始报文的目的地址再次查找路由表，然后根据路由匹配结果将报文发送至 PC_B。

三、安全策略

从原始报文进入 GRE 隧道开始，到 GRE 报文被 FW 转出，报文跨越了两个域间关系。由此可以将 GRE 报文所经过的安全域看成两个部分：一个是原始报文进入 GRE 隧道前所经过的安全域，另一个是报文经过 GRE 封装后经过的安全域，如图 7-12 所示。假设 FW_A 和 FW_B 上 GE0/0/1 接口连接私网，属于 Trust 区域；GE0/0/2 接口连接 Internet，属于 Untrust 区域；Tunnel 接口属于 DMZ 区域。

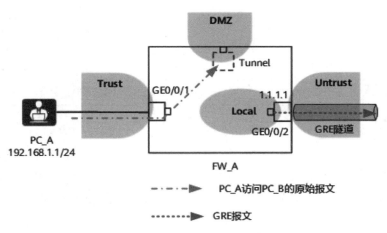

图 7-12 FW_A 上的报文走向

在图 7-12 中，PC_A 发出的原始报文进入 Tunnel 接口这个过程中，报文经过的安全域间是 Trust—>DMZ；原始报文被 GRE 封装后，FW_A 在转发这个报文时，报文经过的安全域间是 Local—>Untrust。

在图 7-13 中，当 FW_A 发出的 GRE 报文到达 FW_B 时，FW_B 会进行解封装。在此过程中，报文经过的安全域间是 Untrust—>Local；GRE 报文被解封装后，FW_B 在转发原始报文时，报文经过的安全域间是 DMZ—>Trust。

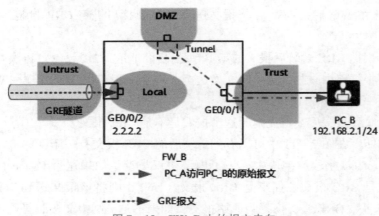

图 7-13　FW_B 上的报文走向

由上可知，在 GRE 中，报文所经过的安全域间与 Tunnel 接口所在的安全域有关联。以图 7-13 为例，PC_A 通过 GRE 隧道访问 PC_B 时，FW_A 和 FW_B 上配置的安全策略见表 7-3。

表 7-3　FW_A 和 FW_B 上配置的安全策略

业务方向	设备	源安全区域	目的安全区域	源地址	目的地址	应用
PC_A 访问 PC_B	FW_A	Trust	DMZ	192.168.1.0/24	192.168.2.0/24	*
		Local	Untrust	1.1.1.1/32	2.2.2.2/32	GRE
	FW_B	Untrust	Local	1.1.1.1/32	2.2.2.2/32	GRE
		DMZ	Trust	192.168.1.0/24	192.168.2.0/24	*
*：此处的应用与具体的业务类型有关，可以根据实际情况配置，如 TCP、UDP 等。							

四、GRE 的安全选项

为了提高 GRE 的安全性，隧道双方支持对对端设备的身份验证。建立隧道的双方事先约定好一个密钥，在传输 GRE 报文的时候，该密钥信息会被封装到 GRE 头中，接收端在收到 GRE 报文时，会用自己的密钥和报文中的密钥进行比对。如果密钥一致，则验证通过；如果密钥不一致，则表示对方身份不合法，丢弃此报文。GRE 报文头中的 Key 标识位置 1，表示启用了身份验证功能，为 0 表示未启用身份验证功能，FW 中 GRE 默认未开启此功能。

7.2.2　实验：配置基于静态路由的 GRE 隧道

一、实验目的

介绍隧道两端采用静态路由方式将流量引导到 GRE 隧道的配置方法。

二、组网需求

如图 7-14 所示，FW_A 和 FW_B 通过 Internet 相连，两者公网路由可达。网络 1 和网络 2 是两个私有的 IP 网络，通过在两台 FW 之间建立 GRE 隧道实现两个私有 IP 网络互联。

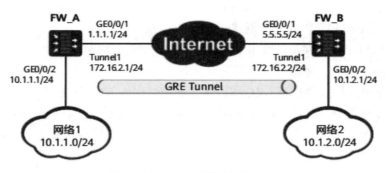

图 7-14　GRE 隧道应用组网图

三、数据规划（表 7-4）

表 7-4　数据规划

项目	数据	描述
FW_A	接口配置	接口号：GigabitEthernet 0/0/1 IP 地址：1.1.1.1/24 安全区域：Untrust
		接口号：GigabitEthernet 0/0/2 IP 地址：10.1.1.1/24 安全区域：Trust
	GRE 配置	接口名称：Tunnel IP 地址：172.16.2.1/24 源地址：1.1.1.1/24 目的地址：5.5.5.5/24 隧道识别关键字：123456
FW_B	接口配置	接口号：GigabitEthernet 0/0/1 IP 地址：5.5.5.5/24 安全区域：Untrust
		接口号：GigabitEthernet 0/0/2 IP 地址：10.1.2.1/24 安全区域：Trust
	GRE 配置	接口名称：Tunnel IP 地址：172.16.2.2/24 源地址：5.5.5.5/24 目的地址：1.1.1.1/24 隧道识别关键字：123456

四、配置思路

（1）在 FW_A 和 FW_B 上分别创建一个 Tunnel 接口。
在 Tunnel 接口中指定隧道的源 IP 地址和目的 IP 等封装参数。
（2）配置静态路由，将出接口指定为本设备的 Tunnel 接口。
该路由的作用是将需要经过 GRE 隧道传输的流量引入 GRE 隧道中。
（3）配置安全策略，允许 GRE 隧道的建立和流量的转发。

五、操作步骤

1. 配置 FW_A

（1）配置接口的 IP 地址，并将接口加入安全区域。

```
<sysname> system-view
[sysname] sysname FW_A
[FW_A] interface GigabitEthernet 0/0/1
[FW_A-GigabitEthernet0/0/1] ip address 1.1.1.1 24
[FW_A-GigabitEthernet0/0/1] quit
[FW_A] interface GigabitEthernet 0/0/2
[FW_A-GigabitEthernet0/0/2] ip address 10.1.1.1 24
[FW_A-GigabitEthernet0/0/2] quit
[FW_A] interface Tunnel 1
[FW_A-Tunnel1] ip address 172.16.2.1 24
[FW_A-Tunnel1] quit
[FW_A] firewall zone untrust
[FW_A-zone-untrust] add interface GigabitEthernet 0/0/1
[FW_A-zone-untrust] quit
[FW_A] firewall zone trust
[FW_A-zone-trust] add interface GigabitEthernet 0/0/2
[FW_A-zone-trust] quit
[FW_A] firewall zone dmz
[FW_A-zone-dmz] add interface tunnel 1
[FW_A-zone-dmz] quit
```

（2）配置路由，将需要经过 GRE 隧道传输的流量引入 GRE 隧道中。

```
[FW_A] ip route-static 10.1.2.0 24 Tunnel1
```

（3）配置 Tunnel 接口的封装参数。

```
[FW_A] interface Tunnel 1
[FW_A-Tunnel1] tunnel-protocol gre
[FW_A-Tunnel1] source 1.1.1.1
[FW_A-Tunnel1] destination 5.5.5.5
[FW_A-Tunnel1] gre key cipher 123456
[FW_A-Tunnel1] quit
```

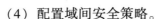

（4）配置域间安全策略。

配置 Trust 域和 DMZ 的域间安全策略，允许封装前的报文通过域间安全策略。

```
[FW_A] security-policy
[FW_A-policy-security] rule name policy1
[FW_A-policy-security-rule-policy1] source-zone trust dmz
[FW_A-policy-security-rule-policy1] destination-zone dmz trust
[FW_A-policy-security-rule-policy1] action permit
[FW_A-policy-security-rule-policy1] quit
```

配置 Local 和 Untrust 的域间安全策略，允许封装后的 GRE 报文通过域间安全策略。

```
[FW_A-policy-security] rule name policy2
[FW_A-policy-security-rule-policy2] source-zone local untrust
[FW_A-policy-security-rule-policy2] destination-zone untrust local
[FW_A-policy-security-rule-policy2] service gre
[FW_A-policy-security-rule-policy2] action permit
[FW_A-policy-security-rule-policy2] quit
```

2. 配置 FW_B

（1）配置接口的 IP 地址，并将接口加入安全区域。

```
<sysname> system-view
[sysname] sysname FW_B
[FW_B] interface GigabitEthernet 0/0/1
[FW_B-GigabitEthernet0/0/1] ip address 5.5.5.5 24
[FW_B-GigabitEthernet0/0/1] quit
[FW_B] interface GigabitEthernet 0/0/2
[FW_B-GigabitEthernet0/0/2] ip address 10.1.2.1 24
[FW_B-GigabitEthernet0/0/2] quit
[FW_B] interface Tunnel 1
[FW_B-Tunnel1] ip address 172.16.2.2 24
[FW_B-Tunnel1] quit
[FW_B] firewall zone untrust
[FW_B-zone-untrust] add interface GigabitEthernet 0/0/1
[FW_B-zone-untrust] quit
[FW_B] firewall zone trust
[FW_B-zone-trust] add interface GigabitEthernet 0/0/2
[FW_B-zone-trust] quit
[FW_B] firewall zone dmz
[FW_B-zone-dmz] add interface tunnel 1
[FW_B-zone-dmz] quit
```

（2）配置路由，将需要经过 GRE 隧道传输的流量引入 GRE 隧道中。

[FW_B] ip route-static 10.1.1.0 24 Tunnel1

（3）配置 Tunnel 接口的封装参数。

[FW_B] interface Tunnel 1
[FW_B-Tunnel1] tunnel-protocol gre
[FW_B-Tunnel1] source 5.5.5.5
[FW_B-Tunnel1] destination 1.1.1.1
[FW_B-Tunnel1] gre key cipher 123456
[FW_B-Tunnel1] quit

（4）配置域间安全策略。

配置 Trust 域和 DMZ 的域间安全策略，允许封装前的报文通过域间安全策略。

[FW_B] security-policy
[FW_B-policy-security] rule name policy1
[FW_B-policy-security-rule-policy1] source-zone trust dmz
[FW_B-policy-security-rule-policy1] destination-zone dmz trust
[FW_B-policy-security-rule-policy1] action permit
[FW_B-policy-security-rule-policy1] quit

配置 Local 和 Untrust 的域间安全策略，允许封装后的 GRE 报文通过域间安全策略。

[FW_B-policy-security] rule name policy2
[FW_B-policy-security-rule-policy2] source-zone local untrust
[FW_B-policy-security-rule-policy2] destination-zone untrust local
[FW_B-policy-security-rule-policy2] service gre
[FW_B-policy-security-rule-policy2] action permit
[FW_B-policy-security-rule-policy2] quit

六、结果验证

（1）网络 1 中的 PC 与网络 2 中的 PC 能够相互 ping 通。

（2）在 FW_A 中使用 display ip routing-table 命令查看路由表。

可以看到目的地址为 10.1.2.0/24，出接口为 Tunnel1 的路由。

七、配置脚本

- FW_A 的配置脚本

```
#
 sysname FW_A
#
interface GigabitEthernet0/0/1
 ip address 1.1.1.1 255.255.255.0
#
interface GigabitEthernet0/0/2
```

```
 ip address 10.1.1.1 255.255.255.0
#
interface Tunnel1
 ip address 172.16.2.1 255.255.255.0
 tunnel-protocol gre
 source 1.1.1.1
 destination 5.5.5.5
 gre key cipher %^%#=F~&KLI;w'>n:QlQ8BI3>67Ir3I*Onzv'\&ii(%^%#
#
ip route-static 10.1.2.0 255.255.255.0 Tunnel1
#
firewall zone trust
  set priority 85
  add interface GigabitEthernet0/0/2
#
firewall zone untrust
  set priority 5
  add interface GigabitEthernet0/0/1
#
firewall zone dmz
  set priority 50
  add interface Tunnel 1
#
security-policy
 rule name policy1
   source-zone trust
   source-zone dmz
   destination-zone trust
   destination-zone dmz
   action permit
 rule name policy2
   source-zone local
   source-zone untrust
   destination-zone local
   destination-zone untrust
   service gre
   action permit
#
return
```

- **FW_B 的配置脚本**

```
#
 sysname FW_B
#
interface GigabitEthernet0/0/1
 ip address 5.5.5.5 255.255.255.0
#
interface GigabitEthernet0/0/2
 ip address 10.1.2.1 255.255.255.0
#
interface Tunnel1
 ip address 172.16.2.2 255.255.255.0
 tunnel-protocol gre
 source 5.5.5.5
 destination 1.1.1.1
 gre key cipher %^%#=F~&KLI;w'>n:QlQ8BI3>67Ir3I*Onzv'\&ii(%^%#
#
ip route-static 10.1.1.0 255.255.255.0 Tunnel1
#
firewall zone trust
 set priority 85
 add interface GigabitEthernet0/0/2
#
firewall zone untrust
 set priority 5
 add interface GigabitEthernet0/0/1
#
firewall zone dmz
 set priority 50
 add interface Tunnel 1
#
security-policy
 rule name policy1
  source-zone trust
  source-zone dmz
  destination-zone trust
  destination-zone dmz
  action permit
 rule name policy2
  source-zone local
```

```
       source - zone untrust
       destination - zone local
       destination - zone untrust
       service gre
       action permit
 #
 Return
```

7.3 IPSec – VPN 技术

7.3.1 IPSec – VPN 技术概述

7.3.1.1 IPSec 简介

一、起源

随着 Internet 的发展，越来越多的企业直接通过 Internet 进行互联，但由于 IP 协议未考虑安全性，而且 Internet 上有大量的不可靠用户和网络设备，所以用户业务数据要穿越这些未知网络，根本无法保证数据的安全性，数据易被伪造、篡改或窃取。因此，迫切需要一种兼容 IP 协议的通用的网络安全方案。

为了解决上述问题，IPSec（Internet Protocol Security）应运而生。IPSec 是对 IP 的安全性补充，其工作在 IP 层，为 IP 网络通信提供透明的安全服务。

二、定义

IPSec 是 IETF（Internet Engineering Task Force）制定的一组开放的网络安全协议。它并不是一个单独的协议，而是一系列为 IP 网络提供安全性的协议和服务的集合，包括认证头 AH（Authentication Header）和封装安全载荷 ESP（Encapsulating Security Payload）两个安全协议、密钥交换和用于验证及加密的一些算法等。

通过这些协议，在两个设备之间建立一条 IPSec 隧道。数据通过 IPSec 隧道进行转发，实现保护数据的安全性。

三、受益

IPSec 通过加密与验证等方式，从以下几个方面保障了用户业务数据在 Internet 中的安全传输。

- 数据来源验证：接收方验证发送方身份是否合法。
- 数据加密：发送方对数据进行加密，以密文的形式在 Internet 上传送，接收方对接收的加密数据进行解密后处理或直接转发。
- 数据完整性：接收方对接收的数据进行验证，以判定报文是否被篡改。
- 抗重放：接收方拒绝旧的或重复的数据包，防止恶意用户通过重复发送捕获到的数据包所进行的攻击。

7.3.1.2 原理描述

一、IPSec 协议框架

1. 安全联盟

安全联盟 SA（Security Association）是通信对等体间对某些要素的协定，它描述了对等体间如何利用安全服务（例如加密）进行安全的通信。这些要素包括对等体间使用何种安全协议、需要保护的数据流特征、对等体间传输的数据的封装模式、协议采用的加密和验证算法，以及用于数据安全转换、传输的密钥和 SA 的生存周期等。

IPSec 安全传输数据的前提是在 IPSec 对等体（即运行 IPSec 协议的两个端点）之间成功建立安全联盟。IPSec 安全联盟简称 IPSec SA，由一个三元组来唯一标识，这个三元组包括安全参数索引 SPI（Security Parameter Index）、目的 IP 地址和使用的安全协议号（AH 或 ESP）。其中，SPI 是为唯一标识 SA 而生成的一个 32 位的数值，它被封装在 AH 和 ESP 头中。

IPSec SA 是单向的逻辑连接，通常成对建立（Inbound 和 Outbound）。因此，两个 IPSec 对等体之间的双向通信，最少需要建立一对 IPSec SA 形成一个安全互通的 IPSec 隧道，分别对两个方向的数据流进行安全保护，如图 7-15 所示。

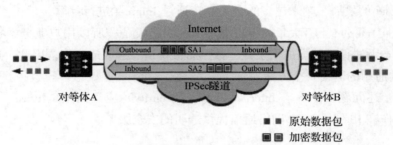

图 7-15 IPSec 安全联盟

另外，IPSec SA 的个数还与安全协议相关。如果只使用 AH 或 ESP 来保护两个对等体之间的流量，则对等体之间就有两个 SA，每个方向上一个。如果对等体同时使用了 AH 和 ESP，那么对等体之间就需要四个 SA，每个方向上两个，分别对应 AH 和 ESP。

建立 IPSec SA 有两种方式：手工方式和 IKE 方式。二者的主要差异见表 7-5。

表 7-5 手工和 IKE 方式的差异

对比项	手工方式建立 IPSec SA	IKE 方式自动建立 IPSec SA
加密/验证密钥配置和刷新方式	手工配置、刷新，易出错 密钥管理成本很高	密钥通过 DH 算法生成、动态刷新 密钥管理成本低
SPI 取值	手工配置	随机生成
生存周期	无生存周期限制，SA 永久存在	由双方的生存周期参数控制，SA 动态刷新

续表

对比项	手工方式建立 IPSec SA	IKE 方式自动建立 IPSec SA
安全性	低	高
适用场景	小型网络	小型、中大型网络

2. 安全协议

IPSec 使用认证头 AH 和封装安全载荷 ESP 两种 IP 传输层协议来提供认证或加密等安全服务。

- AH 协议

AH 仅支持认证功能，不支持加密功能。AH 在每一个数据包的标准 IP 报头后面添加一个 AH 报文头，如封装模式所示。AH 对数据包和认证密钥进行 Hash 计算，接收方收到带有计算结果的数据包后，执行同样的 Hash 计算并与原计算结果进行比较，传输过程中对数据的任何更改将使计算结果无效，这样就提供了数据来源认证和数据完整性校验。AH 协议的完整性验证范围为整个 IP 报文。

- ESP 协议

ESP 支持认证和加密功能。ESP 在每一个数据包的标准 IP 报头后面添加一个 ESP 报文头，并在数据包后面追加一个 ESP 尾（ESP Trailer 和 ESP Auth data），如封装模式所示。与 AH 不同的是，ESP 将数据中的有效载荷进行加密后再封装到数据包中，以保证数据的机密性，但 ESP 没有对 IP 头的内容进行保护，除非 IP 头被封装在 ESP 内部（采用隧道模式）。

AH 和 ESP 协议的简单比较见表 7-6。

表 7-6 AH 协议与 ESP 协议比较

安全特性	AH	ESP
协议号	51	50
数据完整性校验	支持（验证整个 IP 报文）	支持（传输模式：不验证 IP 头，隧道模式：验证整个 IP 报文）
数据源验证	支持	支持
数据加密	不支持	支持
防报文重放攻击	支持	支持
IPSec NAT-T（NAT 穿越）	不支持	支持

从表中可以看出两个协议各有优缺点，在安全性要求较高的场景中可以考虑联合使用 AH 协议和 ESP 协议。

AH 报文头结构如图 7-16 所示，AH 报文头字段含义见表 7-7。

图 7-16 AH 报文头结构

表 7-7 AH 报文头字段含义

字段	长度	含义
下一头部	8 比特	标识 AH 报文头后面的负载类型。传输模式下，是被保护的上层协议（TCP 或 UDP）或 ESP 协议的编号；隧道模式下，是 IP 协议或 ESP 协议的编号。 说明： 当 AH 与 ESP 协议同时使用时，AH 报文头的下一头部为 ESP 报文头
负载长度	8 比特	表示以 32 比特为单位的 AH 报文头长度减 2，默认为 4
保留字段	16 比特	保留下来供将来使用，默认为 0
SPI	32 比特	IPSec 安全参数索引，用于唯一标识 IPSec 安全联盟
序列号	32 比特	是一个从 1 开始的单项递增的计数器，唯一地标识每一个数据包，用于防止重放攻击
认证数据	一个变长字段，长度为 32 比特的整数倍，通常为 96 比特	该字段包含数据完整性校验值 ICV（Integrity Check Value），用于接收方进行完整性校验。可选择的认证算法有 MD5、SHA1、SHA2、SM3 说明： MD5 和 SHA1 验证算法存在安全隐患，建议优先使用 SHA2 或 SM3 算法

ESP 报文头结构如图 7-17 所示，ESP 报文头字段含义见表 7-8。

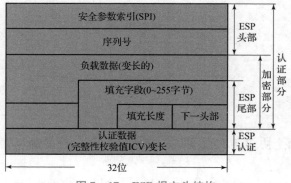

图 7-17 ESP 报文头结构

表7-8 ESP报文头字段含义

字段	长度	含义
SPI	32比特	IPSec安全参数索引，用于唯一标识IPSec安全联盟
序列号	32比特	是一个从1开始的单项递增的计数器，唯一地标识每一个数据包，用于防止重放攻击
负载数据	—	包含原始IP报文中可变长度数据内容。ESP保护的内容类型由下一头部字段标识
填充字段	—	用于增加ESP报文头的位数。填充字段的长度与负载数据的长度及算法有关。当待加密报文的长度不是加密算法所要求的块长度时，需要进行填充补齐
填充长度	8比特	给出前面填充字段的长度，置0时表示没有填充
下一头部	8比特	标识ESP报文头后面的下一个负载类型。传输模式下，是被保护的上层协议（TCP或UDP）的编号；隧道模式下，是IP协议的编号
认证数据	一个变长字段，长度为32比特的整数倍，通常为96比特	该字段包含数据完整性校验值ICV，用于接收方进行完整性校验。可选择的认证算法与AH的相同。 ESP的验证功能是可选的，如果启用了数据包验证，会在加密数据的尾部添加一个ICV数值

3. 封装模式

封装模式是指将AH或ESP相关的字段插入原始IP报文中，以实现对报文的认证和加密，封装模式有传输模式和隧道模式两种。

1）传输模式

在传输模式中，AH头或ESP头被插入IP头与传输层协议头之间，保护TCP/UDP/ICMP负载。由于传输模式未添加额外的IP头，所以原始报文中的IP地址在加密后报文的IP头中可见。以TCP报文为例，原始报文经过传输模式封装后，报文格式如图7-18所示。

传输模式下，与AH协议相比，ESP协议的完整性验证范围不包括IP头，无法保证IP头的安全。

2）隧道模式

在隧道模式下，AH头或ESP头被插到原始IP头之前，另外生成一个新的报文头放到AH头或ESP头之前，保护IP头和负载。以TCP报文为例，原始报文经隧道模式封装后的报文结构如图7-19所示。

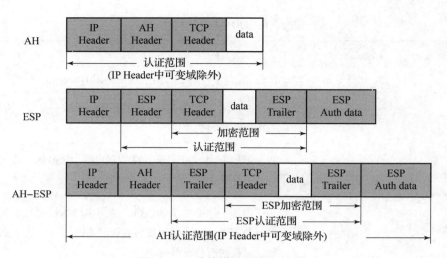

图 7-18 传输模式下报文封装

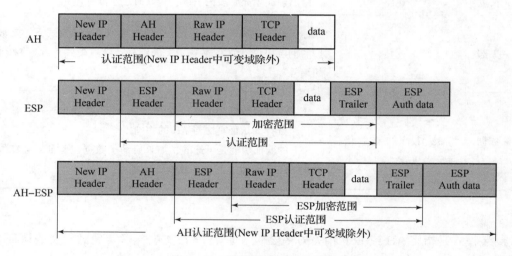

图 7-19 隧道模式下报文封装

隧道模式下，与 AH 协议相比，ESP 协议的完整性验证范围不包括新 IP 头，无法保证新 IP 头的安全。

3）传输模式和隧道模式比较

传输模式和隧道模式的区别在于：

- 从安全性来讲，隧道模式优于传输模式。它可以完全地对原始 IP 数据包进行验证和加密。隧道模式下可以隐藏内部 IP 地址、协议类型和端口。
- 从性能来讲，隧道模式因为有一个额外的 IP 头，所以它将比传输模式占用更多带宽。
- 从场景来讲，传输模式主要应用于两台主机或一台主机和一台 VPN 网关之间通信；隧道模式主要应用于两台 VPN 网关之间或一台主机与一台 VPN 网关之间的通信。

当安全协议同时采用 AH 和 ESP 时，AH 和 ESP 协议必须采用相同的封装模式。

4. 加密和验证

IPSec 提供了两种安全机制：加密和验证。加密机制保证数据的机密性，防止数据在传输过程中被窃听；验证机制能保证数据真实可靠，防止数据在传输过程中被仿冒和篡改。

- 加密

IPSec 采用对称加密算法对数据进行加密和解密。如图 7-20 所示，数据发送方和接收方使用相同的密钥进行加密、解密。

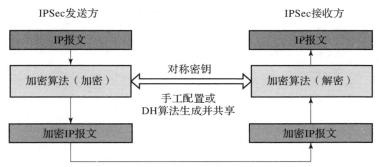

图 7-20 加密和解密的过程

用于加密和解密的对称密钥可以手工配置，也可以通过 IKE 协议自动协商生成。

常用的对称加密算法包括数据加密标准 DES（Data Encryption Standard）、3DES（Triple Data Encryption Standard）、先进加密标准 AES（Advanced Encryption Standard）、国密算法（SM4）。其中，DES 和 3DES 算法安全性低，存在安全风险，不推荐使用。

- 验证

IPSec 的加密功能无法验证解密后的信息是否是原始发送的信息或完整。IPSec 采用 HMAC（Keyed-Hash Message Authentication Code）功能，比较完整性校验值 ICV 进行数据包完整性和真实性验证。

加密和验证通常配合使用。如图 7-21 所示，在 IPSec 发送方，加密后的报文通过验证算法和对称密钥生成 ICV，IP 报文和 ICV 同时发给对端；在 IPSec 接收方，使用相同的验证算法和对称密钥对加密报文进行处理，同样得到 ICV，然后比较 ICV 进行数据完整性和真实性验证，验证不通过的报文直接丢弃，验证通过的报文再进行解密。

同加密一样，用于验证的对称密钥也可以手工配置，或者通过 IKE 协议自动协商生成。

常用的验证算法包括消息摘要 MD5（Message Digest 5）、安全散列算法 SHA1（Secure Hash Algorithm 1）、SHA2、国密算法 SM3（Senior Middle 3）。其中，MD5、SHA1 算法安全性低，存在安全风险，不推荐使用。

5. 密钥交换

使用对称密钥进行加密、验证时，如何安全地共享密钥是一个很重要的问题。有两种方法解决这个问题：

- 带外共享密钥

在发送、接收设备上手工配置静态的加密、验证密钥。双方通过带外共享的方式（例如通过电话或邮件方式）保证密钥一致性。这种方式的缺点是安全性低，可扩展性差，在

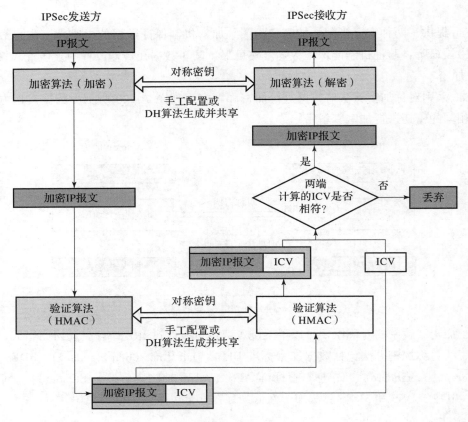

图 7-21 验证过程

点到多点组网中配置密钥的工作量成倍增加。另外,为提升网络安全性,需要周期性修改密钥,在这种方式下也很难实施。

- 使用一个安全的密钥分发协议

通过 IKE 协议自动协商密钥。IKE 采用 DH（Diffie-Hellman）算法在不安全的网络上安全地分发密钥。这种方式配置简单,可扩展性好,特别是在大型动态的网络环境下此优点更加突出。同时,通信双方通过交换密钥交换材料来计算共享的密钥,即使第三方截获了双方用于计算密钥的所有交换数据,也无法计算出真正的密钥,这样极大地提高了安全性。

1）IKE 协议

因特网密钥交换 IKE（Internet Key Exchange）协议建立在 Internet 安全联盟和密钥管理协议 ISAKMP 定义的框架上,是基于 UDP（User Datagram Protocol）的应用层协议。它为 IPSec 提供了自动协商密钥、建立 IPSec 安全联盟的服务,能够简化 IPSec 的配置和维护工作。

IKE 与 IPSec 的关系如图 7-22 所示,对等体之间建立一个 IKE SA 完成身份验证和密钥信息交换后,在 IKE SA 的保护下,根据配置的 AH/ESP 安全协议等参数协商出一对 IPSec SA。此后,对等体间的数据将在 IPSec 隧道中加密传输。

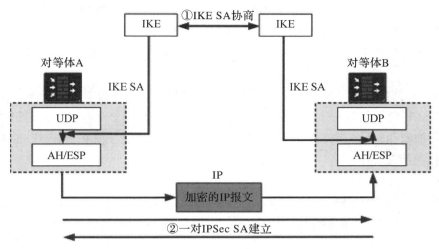

图 7-22　IKE 与 IPSec 的关系图

IKE SA 是一个双向的逻辑连接，两个对等体间只建立一个 IKE SA。

2) IKE 安全机制

IKE 具有一套自保护机制，可以在网络上安全地认证身份、分发密钥、建立 IPSec SA。

● 身份认证

身份认证确认通信双方的身份（对等体的 IP 地址或名称），包括预共享密钥 PSK (Pre-Shared Key) 认证、数字证书 RSA (Rsa-Signature) 认证和数字信封认证。

□ 在预共享密钥认证中，通信双方采用共享的密钥对报文进行 Hash 计算，判断双方的计算结果是否相同。如果相同，则认证通过；否则，认证失败。

当有 1 个对等体对应多个对等体时，需要为每个对等体配置预共享的密钥。该方法在小型网络中容易建立，但安全性较低。

□ 在数字证书认证中，通信双方使用 CA 证书进行数字证书合法性验证，双方各有自己的公钥（网络上传输）和私钥（自己持有）。发送方对原始报文进行 Hash 计算，并用自己的私钥对报文计算结果进行加密，生成数字签名。接收方使用发送方的公钥对数字签名进行解密，并对报文进行 Hash 计算，判断计算结果与解密后的结果是否相同。如果相同，则认证通过；否则，认证失败。

使用数字证书安全性高，但需要 CA 来颁发数字证书，适合在大型网络中使用。

□ 在数字信封认证中，发送方首先随机产生一个对称密钥，使用接收方的公钥对此对称密钥进行加密（被公钥加密的对称密钥称为数字信封），发送方用对称密钥加密报文，同时用自己的私钥生成数字签名。接收方用自己的私钥解密数字信封得到对称密钥，再用对称密钥解密报文，同时根据发送方的公钥对数字签名进行解密，验证发送方的数字签名是否正确。如果正确，则认证通过；否则，认证失败。

数字信封认证在设备需要符合国家密码管理局要求时使用，此认证方法只能在 IKEv1 的主模式协商过程中支持。

IKE 支持的认证算法有 MD5、SHA1、SHA2-256、SHA2-384、SHA2-512、SM3。

- 身份保护

身份数据在密钥产生之后加密传送,实现了对身份数据的保护。

IKE 支持的加密算法有 DES、3DES、AES – 128、AES – 192、AES – 256 和 SM4。

- DH

DH 是一种公共密钥交换方法,它用于产生密钥材料,并通过 ISAKMP 消息在发送和接收设备之间进行密钥材料交换。然后,两端设备各自计算出完全相同的对称密钥。该对称密钥用于计算加密和验证的密钥。在任何时候,通信双方都不交换真正的密钥。DH 密钥交换是 IKE 的精髓所在。

- PFS

完善的前向安全性 PFS(Perfect Forward Secrecy)通过执行一次额外的 DH 交换,确保即使 IKE SA 中使用的密钥被泄露,IPSec SA 中使用的密钥也不会受到损害。

说明:

- MD5 和 SHA1 认证算法不安全,建议使用 SHA2 – 256、SHA2 – 384、SHA2 – 512、SM3 算法。
- DES 和 3DES 加密算法不安全,建议使用 AES 或 SM 算法。

3)IKE 版本

IKE 协议分 IKEv1 和 IKEv2 两个版本。IKEv2 与 IKEv1 相比有以下优点:

①简化了安全联盟的协商过程,提高了协商效率。

IKEv1 使用两个阶段为 IPSec 进行密钥协商并建立 IPSec SA:第一阶段,通信双方协商和建立 IKE 本身使用的安全通道,建立一个 IKE SA;第二阶段,利用这个已通过了认证和安全保护的安全通道,建立一对 IPSec SA。IKEv2 则简化了协商过程,在一次协商中可直接生成 IPSec 的密钥并建立 IPSec SA。IKEv1 和 IKEv2 的具体协商过程请分别参见 IKEv1 协商安全联盟的过程和 IKEv2 协商安全联盟的过程。

②修复了多处公认的密码学方面的安全漏洞,提高了安全性能。

③加入对 EAP(Extensible Authentication Protocol)身份认证方式的支持,提高了认证方式的灵活性和可扩展性。

EAP 是一种支持多种认证方法的认证协议,可扩展性是其最大的优点,即若想加入新的认证方式,可以像组件一样加入,而不用变动原来的认证体系。当前 EAP 认证已经广泛应用于拨号接入网络中。

二、IPSec 基本原理

IPSec 通过在 IPSec 对等体间建立双向安全联盟而形成一个安全互通的 IPSec 隧道,并通过定义 IPSec 保护的数据流将要保护的数据引入该 IPSec 隧道,然后对流经 IPSec 隧道的数据通过安全协议进行加密和验证,进而实现在 Internet 上安全传输指定的数据。

IPSec 安全联盟可以手工建立,也可以通过 IKEv1 或 IKEv2 协议自动协商建立。本书重点介绍如何定义 IPSec 保护的数据流、IKE 自动协商建立安全联盟的过程。

1. 定义 IPSec 保护的数据流

IPSec 是基于定义的感兴趣流触发对特定数据的保护,至于什么样的数据是需要 IPSec

保护的，可以通过以下两种方式定义。其中，IPSec 感兴趣流即需要 IPSec 保护的数据流。

- ACL 方式

手工方式和 IKE 自动协商方式建立的 IPSec 隧道由 ACL 来指定要保护的数据流范围，筛选出需要进入 IPSec 隧道的报文，ACL 规则允许（permit）的报文将被保护，未匹配任何 permit 规则的报文将不被保护。这种方式可以利用 ACL 的丰富配置功能，根据 IP 地址、端口、协议类型等对报文进行过滤，进而灵活制定 IPSec 的保护方法。

- 路由方式

通过 IPSec 虚拟隧道接口建立 IPSec 隧道，将所有路由到 IPSec 虚拟隧道接口的报文都进行 IPSec 保护，根据该路由的目的地址确定哪些数据流需要 IPSec 保护。其中，IPSec 虚拟隧道接口是一种三层逻辑接口。

路由方式具有以下优点：

□ 通过路由将需要 IPSec 保护的数据流引到虚拟隧道接口，不需要使用 ACL 定义待加/解密的流量特征，简化了 IPSec 配置的复杂性。

□ 支持动态路由协议。

□ 通过 GRE over IPSec 支持对组播流量的保护。

2. IKEv1 协商安全联盟的过程

采用 IKEv1 协商安全联盟主要分为两个阶段：第一阶段，通信双方协商和建立 IKE 协议本身使用的安全通道，即建立一个 IKE SA；第二阶段，利用第一阶段已通过认证和安全保护的安全通道，建立一对用于数据安全传输的 IPSec 安全联盟。

IKEv1 协商阶段 1 的目的是建立 IKE SA。IKE SA 建立后，对等体间的所有 ISAKMP 消息都将通过加密和验证，这条安全通道可以保证 IKEv1 第二阶段的协商能够安全进行。

IKEv1 协商阶段 1 支持两种协商模式：主模式（Main Mode）和野蛮模式（Aggressive Mode）。

主模式包含三次双向交换，用到了六条 ISAKMP 信息，协商过程如图 7-23 所示。这三次交换分别是：

（1）消息①和②用于提议交换。

发起方发送一个或多个 IKE 安全提议，响应方查找最先匹配的 IKE 安全提议，并将这个 IKE 安全提议回应给发起方。匹配的原则为协商双方具有相同的加密算法、认证算法、认证方法和 Diffie-Hellman 组标识。

（2）消息③和④用于密钥信息交换。

双方交换 Diffie-Hellman 公共值和 nonce 值，用于 IKE SA 的认证和加密密钥在这个阶段产生。

（3）消息⑤和⑥用于身份和认证信息交换（双方使用生成的密钥发送信息），双方进行身份认证和对整个主模式交换内容的认证。

说明：

□ IKE 安全提议指 IKE 协商过程中用到的加密算法、认证算法、Diffie-Hellman 组及认证方法等。

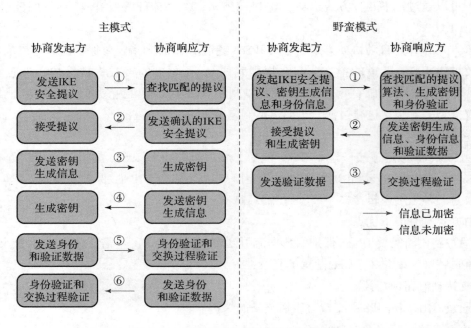

图 7-23　IKEv1 协商阶段 1 的协商过程

□ nonce 是个随机数，用于保证 IKE SA 存活和抗重放攻击。

野蛮模式只用到三条信息，前两条消息①和②用于协商 IKE 安全提议，交换 Diffie-Hellman 公共值、必需的辅助信息以及身份信息，并且消息②中还包括响应方发送身份信息供发起方认证，消息③用于响应方认证发起方。

与主模式相比，野蛮模式减少了交换信息的数目，提高了协商的速度，但是没有对身份信息进行加密保护。

IKEv1 协商阶段 2 的目的就是建立用来安全传输数据的 IPSec SA，并为数据传输衍生出密钥。这一阶段采用快速模式（Quick Mode）。该模式使用 IKEv1 协商阶段 1 中生成的密钥对 ISAKMP 消息的完整性和身份进行验证，并对 ISAKMP 消息进行加密，故保证了交换的安全性。IKEv1 协商阶段 2 的协商过程如图 7-24 所示。

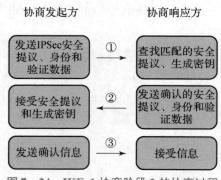

图 7-24　IKEv1 协商阶段 2 的协商过程

IKEv1 协商阶段 2 通过三条 ISAKMP 消息完成双方 IPSec SA 的建立：

（1）协商发起方发送本端的安全参数和身份认证信息。

安全参数包括被保护的数据流和 IPSec 安全提议等需要协商的参数。身份认证信息包括第一阶段计算出的密钥和第二阶段产生的密钥材料等，可以再次认证对等体。

说明：IPSec 安全提议指 IPSec 协商过程中用到的安全协议、加密算法及认证算法等。

（2）协商响应方发送确认的安全参数和身份认证信息并生成新的密钥。

IPSec SA 数据传输需要的加密、验证密钥由第一阶段产生的密钥、SPI、协议等参数衍生得出，以保证每个 IPSec SA 都有自己独一无二的密钥。

如果启用 PFS，则需要再次应用 DH 算法计算出一个共享密钥，然后参与上述计算，因此，在参数协商时，要为 PFS 协商 DH 密钥组。

（3）发送方发送确认信息，确认与响应方可以通信，协商结束。

3. IKEv2 协商安全联盟的过程

采用 IKEv2 协商安全联盟比 IKEv1 协商过程要简化得多。要建立一对 IPSec SA，IKEv1 需要经历两个阶段："主模式 + 快速模式"或者"野蛮模式 + 快速模式"，前者至少需要交换 9 条消息，后者也至少需要 6 条消息。而 IKEv2 正常情况下使用 2 次交换共 4 条消息就可以完成一对 IPSec SA 的建立，如果要求建立的 IPSec SA 大于一对，则每对 IPSec SA 只需额外增加 1 次创建子 SA 交换，也就是 2 条消息就可以完成。

IKEv2 定义了三种交换：初始交换（Initial Exchanges）、创建子 SA 交换（Create_Child_SA Exchange）以及通知交换（Informational Exchange）。

1）初始交换

正常情况下，IKEv2 通过初始交换就可以完成第一对 IPSec SA 的协商建立。IKEv2 初始交换对应 IKEv1 的第一阶段，初始交换包含两次交换四条消息，如图 7-25 所示。

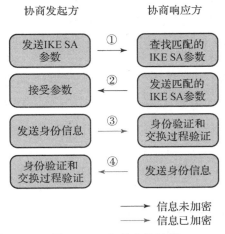

图 7-25 初始交换过程

消息①和②属于第一次交换（称为 IKE_SA_INIT 交换），以明文方式完成 IKE SA 的参数协商，包括协商加密和验证算法，交换临时随机数和 DH 交换。IKE_SA_INIT 交换后生成一个共享密钥材料，通过这个共享密钥材料可以衍生出 IPSec SA 的所有密钥。

消息③和④属于第二次交换（称为 IKE_AUTH 交换），以加密方式完成身份认证、对前两条信息的认证和 IPSec SA 的参数协商。IKEv2 支持 RSA 签名认证、预共享密钥认证以及扩展认证方法 EAP（Extensible Authentication Protocol）。发起者通过在消息③中省去认证载荷来表明需要使用 EAP 认证。

2）创建子 SA 交换

当一个 IKE SA 需要创建多对 IPSec SA 时，需要使用创建子 SA 交换来协商多于一对的 IPSec SA。另外，创建子 SA 交换还可以用于 IKE SA 的重协商。

创建子 SA 交换包含一个交换两条消息，对应 IKEv1 协商阶段 2，交换的发起者可以是初始交换的协商发起方，也可以是初始交换的协商响应方。创建子 SA 交换必须在初始交换完成后进行，交换消息由初始交换协商的密钥进行保护。

类似于 IKEv1，如果启用 PFS，创建子 SA 交换需要额外进行一次 DH 交换，生成新的密钥材料。生成密钥材料后，子 SA 的所有密钥都从这个密钥材料衍生出来。

3）通知交换

运行 IKE 协商的两端有时会传递一些控制信息，例如错误信息或者通告信息，这些信息在 IKEv2 中是通过通知交换完成的，如图 7-26 所示。

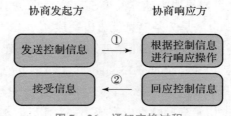

图 7-26 通知交换过程

通知交换必须在 IKE SA 保护下进行，也就是说，通知交换只能发生在初始交换之后。控制信息可能是 IKE SA 的，那么通知交换必须由 IKE SA 来保护进行；也可能是某子 SA 的，那么该通知交换必须由生成该子 SA 的 IKE SA 来保护进行。

7.3.2 IPSec-VPN 实验

7.3.2.1 两个网关之间通过 IKE 方式协商 IPSec VPN 隧道（采用预共享密钥认证）

一、组网需求

如图 7-27 所示，网络 A 和网络 B 分别通过 FW_A 和 FW_B 连接到 Internet。网络环境描述如下：

- 网络 A 属于 10.1.1.0/24 子网，通过接口 GigabitEthernet 0/0/3 与 FW_A 连接。
- 网络 B 属于 10.1.2.0/24 子网，通过接口 GigabitEthernet 0/0/3 与 FW_B 连接。
- FW_A 和 FW_B 路由可达。

通过组网实现如下需求：在 FW_A 和 FW_B 之间建立 IKE 方式的 IPSec 隧道，使网络 A 和网络 B 的用户可通过 IPSec 隧道互相访问。

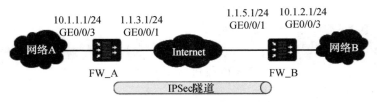

图 7-27　IKE 方式协商的点到点 IPSec 隧道举例组网

二、数据规划（表 7-9）

表 7-9　数据规划

项目	数据
FW_A	接口号：GigabitEthernet 0/0/3 IP 地址：10.1.1.1/24 安全区域：Trust
	接口号：GigabitEthernet 0/0/1 IP 地址：1.1.3.1/24 安全区域：Untrust
	IPSec 配置 对端地址：1.1.5.1 认证方式：预共享密钥 预共享密钥：Test！1234 本端 ID 类型：IP 对端 ID 类型：Any
FW_B	接口号：GigabitEthernet 0/0/1 IP 地址：1.1.5.1/24 安全区域：Untrust
	接口号：GigabitEthernet 0/0/3 IP 地址：10.1.2.1/24 安全区域：Trust
	IPSec 配置 对端地址：1.1.3.1 认证方式：预共享密钥 预共享密钥：Test！1234 本端 ID 类型：IP 对端 ID 类型：Any

三、配置思路

对于 FW_A 和 FW_B，配置思路相同。如下：

（1）完成接口基本配置。

（2）配置安全策略，允许私网指定网段进行报文交互。

（3）配置到对端内网的路由。

（4）配置 IPSec 策略。包括配置 IPSec 策略的基本信息、配置待加密的数据流、配置安全提议的协商参数。

四、操作步骤

1. 配置 FW_A 的基础配置

包括配置接口 IP 地址、接口加入安全区域、域间安全策略和静态路由。

（1）配置接口 IP 地址。

①配置接口 GigabitEthernet 0/0/3 的 IP 地址。

```
<sysname> system-view
[sysname] sysname FW_A
[FW_A] interface GigabitEthernet 0/0/3
[FW_A-GigabitEthernet0/0/3] ip address 10.1.1.1 24
[FW_A-GigabitEthernet0/0/3] quit
```

②配置接口 GigabitEthernet 0/0/1 的 IP 地址。

```
[FW_A] interface GigabitEthernet 0/0/1
[FW_A-GigabitEthernet0/0/1] ip address 1.1.3.1 24
[FW_A-GigabitEthernet0/0/1] quit
```

（2）配置接口加入相应安全区域。

①将接口 GigabitEthernet 0/0/3 加入 Trust 区域。

```
[FW_A] firewall zone trust
[FW_A-zone-trust] add interface GigabitEthernet 0/0/3
[FW_A-zone-trust] quit
```

②将接口 GigabitEthernet 0/0/1 加入 Untrust 区域。

```
[FW_A] firewall zone untrust
[FW_A-zone-untrust] add interface GigabitEthernet 0/0/1
[FW_A-zone-untrust] quit
```

（3）配置域间安全策略。

①配置 Trust 域与 Untrust 域的域间安全策略。

```
[FW_A] security-policy
[FW_A-policy-security] rule name policy1
[FW_A-policy-security-rule-policy1] source-zone trust
```

```
[FW_A-policy-security-rule-policy1] destination-zone untrust
[FW_A-policy-security-rule-policy1] source-address 10.1.1.0 24
[FW_A-policy-security-rule-policy1] destination-address 10.1.2.0 24
[FW_A-policy-security-rule-policy1] action permit
[FW_A-policy-security-rule-policy1] quit
[FW_A-policy-security] rule name policy2
[FW_A-policy-security-rule-policy2] source-zone untrust
[FW_A-policy-security-rule-policy2] destination-zone trust
[FW_A-policy-security-rule-policy2] source-address 10.1.2.0 24
[FW_A-policy-security-rule-policy2] destination-address 10.1.1.0 24
[FW_A-policy-security-rule-policy2] action permit
[FW_A-policy-security-rule-policy2] quit
```

②配置 Local 域与 Untrust 域的域间安全策略。

配置 Local 域和 Untrust 域的域间安全策略的目的为允许 IPSec 隧道两端设备通信，使其能够进行隧道协商。

说明：Local 和 Untrust 的域间策略用于控制 IKE 协商报文通过 FW，该域间策略可以使用源地址和目的地址作为匹配条件，也可以在此基础上使用协议、端口作为匹配条件。本例以源地址和目的地址为例进行介绍，如果需要使用协议、端口作为匹配条件，则需要放开 ESP 服务和 UDP 500 端口（NAT 穿越场景中还需要放开 4500 端口）。

```
[FW_A-policy-security] rule name policy3
[FW_A-policy-security-rule-policy3] source-zone local
[FW_A-policy-security-rule-policy3] destination-zone untrust
[FW_A-policy-security-rule-policy3] source-address 1.1.3.1 32
[FW_A-policy-security-rule-policy3] destination-address 1.1.5.1 32
[FW_A-policy-security-rule-policy3] action permit
[FW_A-policy-security-rule-policy3] quit
[FW_A-policy-security] rule name policy4
[FW_A-policy-security-rule-policy4] source-zone untrust
[FW_A-policy-security-rule-policy4] destination-zone local
[FW_A-policy-security-rule-policy4] source-address 1.1.5.1 32
[FW_A-policy-security-rule-policy4] destination-address 1.1.3.1 32
[FW_A-policy-security-rule-policy4] action permit
[FW_A-policy-security-rule-policy4] quit
[FW_A-policy-security] quit
```

（4）配置到达目的网络 B 的静态路由，此处假设到达网络 B 的下一跳地址为 1.1.3.2。

```
[FW_A] ip route-static 10.1.2.0 255.255.255.0 1.1.3.2
[FW_A] ip route-static 1.1.5.0 255.255.255.0 1.1.3.2
```

2. 在 FW_A 上配置 IPSec 策略，并在接口上应用此 IPSec 策略

（1）定义被保护的数据流。配置高级 ACL 3000，允许 10.1.1.0/24 网段访问 10.1.2.0/24 网段。

```
[FW_A] acl 3000
[FW_A-acl-adv-3000] rule 5 permit ip source 10.1.1.0 0.0.0.255 destination 10.1.2.0 0.0.0.255
[FW_A-acl-adv-3000] quit
```

说明：

转发流程中 IPSec 模块位于 NAT 模块（NAT Server、目的 NAT、源 NAT）之后，故应确保 NAT Server、目的 NAT 不影响 IPSec 对保护的数据流的处理。具体要求如下：

- 执行命令 display firewall server-map 查看 Server-Map 表中的源 IP 地址和目的 IP 地址。

请确保 IPSec 保护的数据流不能匹配 NAT Server 建立的 Server-Map 表和反向 Server-Map 表，否则报文目的地址将被转换。

- 执行命令 display acl acl-number 查看目的 NAT 策略的 ACL 信息。

请确保 IPSec 保护的数据流不能匹配目的 NAT 策略，否则，报文目的地址将被转换。

- 执行命令 display current-configuration configuration policy-nat 查看源 NAT 策略信息。

请确保 IPSec 保护的数据流不能匹配源 NAT 策略。

如果 IPSec 保护的数据流需要进行 NAT 转换，则 ACL 保护的地址为 NAT 后的地址。

（2）配置 IPSec 安全提议。默认参数可不配置。

```
[FW_A] ipsec proposal tran1
[FW_A-ipsec-proposal-tran1] esp authentication-algorithm sha2-256
[FW_A-ipsec-proposal-tran1] esp encryption-algorithm aes-256
[FW_A-ipsec-proposal-tran1] quit
```

（3）配置 IKE 安全提议。

```
[FW_A] ike proposal 10
[FW_A-ike-proposal-10] authentication-method pre-share
[FW_A-ike-proposal-10] prf hmac-sha2-256
[FW_A-ike-proposal-10] encryption-algorithm aes-256
[FW_A-ike-proposal-10] dh group14
[FW_A-ike-proposal-10] integrity-algorithm hmac-sha2-256
[FW_A-ike-proposal-10] quit
```

（4）配置 IKE peer。

```
[FW_A] ike peer b
[FW_A-ike-peer-b] ike-proposal 10
```

```
[FW_A-ike-peer-b] remote-address 1.1.5.1
[FW_A-ike-peer-b] pre-shared-key Test!1234
[FW_A-ike-peer-b] quit
```

(5) 配置 IPSec 策略。

```
[FW_A] ipsec policy map1 10 isakmp
[FW_A-ipsec-policy-isakmp-map1-10] security acl 3000
[FW_A-ipsec-policy-isakmp-map1-10] proposal tran1
[FW_A-ipsec-policy-isakmp-map1-10] ike-peer b
[FW_A-ipsec-policy-isakmp-map1-10] quit
```

(6) 在接口 GigabitEthernet 0/0/1 上应用 IPSec 策略组 map1。

```
[FW_A] interface GigabitEthernet 0/0/1
[FW_A-GigabitEthernet0/0/1] ipsec policy map1
[FW_A-GigabitEthernet0/0/1] quit
```

3. 配置 FW_B 的基础配置

包括配置接口 IP 地址、接口加入安全区域、域间安全策略和静态路由。

(1) 配置接口 IP 地址。

①配置接口 GigabitEthernet 0/0/3 的 IP 地址。

```
<sysname> system-view
[sysname] sysname FW_B
[FW_B] interface GigabitEthernet 0/0/3
[FW_B-GigabitEthernet0/0/3] ip address 10.1.2.1 24
[FW_B-GigabitEthernet0/0/3] quit
```

②配置接口 GigabitEthernet 0/0/1 的 IP 地址。

```
[FW_B] interface GigabitEthernet 0/0/1
[FW_B-GigabitEthernet0/0/1] ip address 1.1.5.1 24
[FW_B-GigabitEthernet0/0/1] quit
```

(2) 配置接口加入相应安全区域。

①将接口 GigabitEthernet 0/0/3 加入 Trust 区域。

```
[FW_B] firewall zone trust
[FW_B-zone-trust] add interface GigabitEthernet 0/0/3
[FW_B-zone-trust] quit
```

②将接口 GigabitEthernet 0/0/1 加入 Untrust 区域。

```
[FW_B] firewall zone untrust
[FW_B-zone-untrust] add interface GigabitEthernet 0/0/1
[FW_B-zone-untrust] quit
```

（3）配置域间安全策略。

①配置 Trust 域与 Untrust 域的域间安全策略。

```
[FW_B] security-policy
[FW_B-policy-security] rule name policy1
[FW_B-policy-security-rule-policy1] source-zone trust
[FW_B-policy-security-rule-policy1] destination-zone untrust
[FW_B-policy-security-rule-policy1] source-address 10.1.2.0 24
[FW_B-policy-security-rule-policy1] destination-address 10.1.1.0 24
[FW_B-policy-security-rule-policy1] action permit
[FW_B-policy-security-rule-policy1] quit
[FW_B-policy-security] rule name policy2
[FW_B-policy-security-rule-policy2] source-zone untrust
[FW_B-policy-security-rule-policy2] destination-zone trust
[FW_B-policy-security-rule-policy2] source-address 10.1.1.0 24
[FW_B-policy-security-rule-policy2] destination-address 10.1.2.0 24
[FW_B-policy-security-rule-policy2] action permit
[FW_B-policy-security-rule-policy2] quit
```

②配置 Untrust 域与 Local 域的域间安全策略。

说明： Local 和 Untrust 的域间策略用于控制 IKE 协商报文通过 FW，该域间策略可以使用源地址和目的地址作为匹配条件，也可以在此基础上使用协议、端口作为匹配条件。本例以源地址和目的地址为例进行介绍，如果需要使用协议、端口作为匹配条件，则需要放开 ESP 服务和 UDP 500 端口（NAT 穿越场景中还需要放开 4500 端口）。

配置 Local 域和 Untrust 域的域间安全策略的目的为允许 IPSec 隧道两端设备通信，使其能够进行隧道协商。

```
[FW_B-policy-security] rule name policy3
[FW_B-policy-security-rule-policy3] source-zone local
[FW_B-policy-security-rule-policy3] destination-zone untrust
[FW_B-policy-security-rule-policy3] source-address 1.1.5.1 32
[FW_B-policy-security-rule-policy3] destination-address 1.1.3.1 32
[FW_B-policy-security-rule-policy3] action permit
[FW_B-policy-security-rule-policy3] quit
[FW_B-policy-security] rule name policy4
[FW_B-policy-security-rule-policy4] source-zone untrust
[FW_B-policy-security-rule-policy4] destination-zone local
[FW_B-policy-security-rule-policy4] source-address 1.1.3.1 32
[FW_B-policy-security-rule-policy4] destination-address 1.1.5.1 32
[FW_B-policy-security-rule-policy4] action permit
```

[FW_B-policy-security-rule-policy4] quit
[FW_B-policy-security] quit

(4) 配置到达目的网络 A 的静态路由，此处假设到达网络 A 的下一跳地址为 1.1.5.2。

[FW_B] ip route-static 10.1.1.0 255.255.255.0 1.1.5.2
[FW_B] ip route-static 1.1.3.0 255.255.255.0 1.1.5.2

4. 在 FW_B 上配置 IPSec 策略，并在接口上应用此 IPSec 策略
(1) 配置高级 ACL 3000，允许 10.1.2.0/24 网段访问 10.1.1.0/24 网段。

[FW_B] acl 3000
[FW_B-acl-adv-3000] rule 5 permit ip source 10.1.2.0 0.0.0.255 destination 10.1.1.0 0.0.0.255
[FW_B-acl-adv-3000] quit

说明：
转发流程中 IPSec 模块位于 NAT 模块（NAT Server、目的 NAT、源 NAT）之后，故应确保 NAT Server、目的 NAT 不影响 IPSec 对保护的数据流的处理。具体要求如下：
• 执行命令 display firewall server-map 查看 Server MAP 表中的源 IP 地址和目的 IP 地址。
请确保 IPSec 保护的数据流不能匹配 NAT Server 建立的 Server MAP 表和反向 Server MAP 表，否则报文目的地址将被转换。
• 执行命令 display acl acl-number 查看目的 NAT 策略的 ACL 信息。
请确保 IPSec 保护的数据流不能匹配目的 NAT 策略，否则，报文目的地址将被转换。
• 执行命令 display current-configuration configuration policy-nat 查看源 NAT 策略信息。
请确保 IPSec 保护的数据流不能匹配源 NAT 策略。
如果 IPSec 保护的数据流需要进行 NAT 转换，则 ACL 保护的地址为 NAT 后的地址。
(2) 配置 IPSec 安全提议。

[FW_B] ipsec proposal tran1
[FW_B-ipsec-proposal-tran1] esp authentication-algorithm sha2-256
[FW_B-ipsec-proposal-tran1] esp encryption-algorithm aes-256
[FW_B-ipsec-proposal-tran1] quit

(3) 配置 IKE 安全提议。

[FW_B] ike proposal 10
[FW_B-ike-proposal-10] authentication-method pre-share
[FW_B-ike-proposal-10] prf hmac-sha2-256
[FW_B-ike-proposal-10] encryption-algorithm aes-256
[FW_B-ike-proposal-10] dh group14
[FW_B-ike-proposal-10] integrity-algorithm hmac-sha2-256
[FW_B-ike-proposal-10] quit

(4) 配置 IKE peer。

```
[FW_B] ike peer a
[FW_B-ike-peer-a] ike-proposal 10
[FW_B-ike-peer-a] remote-address 1.1.3.1
[FW_B-ike-peer-a] pre-shared-key Test! 1234
[FW_B-ike-peer-a] quit
```

(5) 配置 IPSec 策略。

```
[FW_B] ipsec policy map1 10 isakmp
[FW_B-ipsec-policy-isakmp-map1-10] security acl 3000
[FW_B-ipsec-policy-isakmp-map1-10] proposal tran1
[FW_B-ipsec-policy-isakmp-map1-10] ike-peer a
[FW_B-ipsec-policy-isakmp-map1-10] quit
```

(6) 在接口 GigabitEthernet 0/0/1 上应用 IPSec 策略组 map1。

```
[FW_B] interface GigabitEthernet 0/0/1
[FW_B-GigabitEthernet0/0/1] ipsec policy map1
[FW_B-GigabitEthernet0/0/1] quit
```

五、结果验证

(1) 配置完成后，在 PC1 执行 ping 命令，触发 IKE 协商。

若 IKE 协商成功，隧道建立后，可以 ping 通 PC2；反之，IKE 协商失败，隧道没有建立，则 PC1 不能 ping 通 PC2。

(2) 分别在 FW_A 和 FW_B 上执行 display ike sa、display ipsec sa 会显示安全联盟的建立情况。以 FW_B 为例，出现以下信息说明 IKE 安全联盟、IPSec 安全联盟建立成功。

```
<FW_B> display ike sa
IKE SA information:
    Conn-ID     Peer          VPN    Flag(s)     Phase    RemoteType    RemoteID
    ------------------------------------------------------------------------
    16777239    1.1.3.1:500          RD|ST|A     v2:2     IP            1.1.3.1
    16777232    1.1.3.1:500          RD|ST|A     v2:1     IP            1.1.3.1
Number of IKE SA: 2
    ------------------------------------------------------------------------

Flag Description:
RD--READY      ST--STAYALIVE    RL--REPLACED    FD--FADING    TO--TIMEOUT
HRT--HEARTBEAT   LKG--LAST KNOWN GOOD SEQ NO.    BCK--BACKED UP
M--ACTIVE      S--STANDBY    A--ALONE   NEG--NEGOTIATING
<FW_B> display ipsec sa
```

```
ipsec sa information:

===============================
Interface: GigabitEthernet0/0/1
===============================

  -----------------------------
  IPSec policy name: "map1"
  Sequence number   : 10
  Acl group         : 3000
  Acl rule          : 5
  Mode              : ISAKMP
  -----------------------------
  Connection ID     : 83903371
  Encapsulation mode: Tunnel
  Tunnel local      : 1.1.5.1
  Tunnel remote     : 1.1.3.1
  Flow source       : 10.1.2.2/255.255.255.255 0/0
  Flow destination  : 10.1.1.2/255.255.255.255 0/0

  [Outbound ESP SAs]
    SPI: 763065754 (0x2d7b759a)
    Proposal: ESP-ENCRYPT-AES-256 SHA2-256-128
    SA remaining key duration (kilobytes/sec): 0/3079
    Max sent sequence-number: 1
    UDP encapsulation used for NAT traversal: N
    SA encrypted packets (number/kilobytes): 4/0

  [Inbound ESP SAs]
    SPI: 163241969 (0x9badff1)
    Proposal: ESP-ENCRYPT-AES-256 SHA2-256-128
    SA remaining key duration (kilobytes/sec): 0/3079
    Max received sequence-number: 3203668
    UDP encapsulation used for NAT traversal: N
    SA decrypted packets (number/kilobytes): 4/0
    Anti-replay : Enable
    Anti-replay window size: 1024
```

六、配置脚本

- FW_A 的配置脚本

```
#
 sysname FW_A
#
acl number 3000
 rule 5 permit ip source 10.1.1.0 0.0.0.255 destination 10.1.2.0 0.0.0.255
#
ipsec proposal tran1
 esp authentication-algorithm sha2-256
 esp encryption-algorithm aes-256
#
ike proposal 10
  encryption-algorithm aes-256
  dh group14
  authentication-algorithm sha2-256
  authentication-method pre-share
  integrity-algorithm hmac-sha2-256
  prf hmac-sha2-256
#
ike peer b
 pre-shared-key %@%@'OMi3SPl%@ TJdx5uDE(44*I^%@%@
 ike-proposal 10
 remote-address 1.1.5.1
#
ipsec policy map1 10 isakmp
  security acl 3000
  ike-peer b
  proposal tran1
#
interface GigabitEthernet0/0/3
 undo shutdown
 ip address 10.1.1.1 255.255.255.0
#
interface GigabitEthernet 0/0/1
 undo shutdown
 ip address 1.1.3.1 255.255.255.0
 ipsec policy map1
```

```
#
firewall zone trust
 set priority 85
 add interface GigabitEthernet0/0/3
#
firewall zone untrust
 set priority 5
 add interface GigabitEthernet0/0/1
#
 ip route-static 1.1.5.0 255.255.255.0 1.1.3.2
 ip route-static 10.1.2.0 255.255.255.0 1.1.3.2
#
security-policy
 rule name policy1
  source-zone trust
  destination-zone untrust
  source-address 10.1.1.0 mask 255.255.255.0
  destination-address 10.1.2.0 mask 255.255.255.0
  action permit
 rule name policy2
  source-zone untrust
  destination-zone trust
  source-address 10.1.2.0 mask 255.255.255.0
  destination-address 10.1.1.0 mask 255.255.255.0
  action permit
 rule name policy3
  source-zone local
  destination-zone untrust
  source-address 1.1.3.1 mask 255.255.255.255
  destination-address 1.1.5.1 mask 255.255.255.255
  action permit
 rule name policy4
  source-zone untrust
  destination-zone local
  source-address 1.1.5.1 mask 255.255.255.255
  destination-address 1.1.3.1 mask 255.255.255.255
  action permit
#
return
```

- **FW_B 的配置脚本**

```
#
 sysname FW_B
#
acl number 3000
 rule 5 permit ip source 10.1.2.0 0.0.0.255 destination 10.1.1.0 0.0.0.255
#
ipsec proposal tran1
 esp authentication-algorithm sha2-256
 esp encryption-algorithm aes-256
#
ike proposal 10
  encryption-algorithm aes-256
  dh group14
  authentication-algorithm sha2-256
  authentication-method pre-share
  integrity-algorithm hmac-sha2-256
  prf hmac-sha2-256
#
ike peer a
 pre-shared-key %@%@W[QD:1tV\'f"!1W&yrX6v$B>%@%@
 ike-proposal 10
 remote-address 1.1.3.1
#
ipsec policy map1 10 isakmp
  security acl 3000
  ike-peer a
  proposal tran1
#
interface GigabitEthernet0/0/3
 undo shutdown
 ip address 10.1.2.1 255.255.255.0
#
interface GigabitEthernet0/0/1
 undo shutdown
 ip address 1.1.5.1 255.255.255.0
 ipsec policy map1
```

```
#
firewall zone trust
  set priority 85
  add interface GigabitEthernet0/0/3
#
firewall zone untrust
  set priority 5
  add interface GigabitEthernet0/0/1
#
 ip route-static 1.1.3.0 255.255.255.0 1.1.5.2
 ip route-static 10.1.1.0 255.255.255.0 1.1.5.2
#
security-policy
 rule name policy1
   source-zone trust
   destination-zone untrust
   source-address 10.1.2.0 mask 255.255.255.0
   destination-address 10.1.1.0 mask 255.255.255.0
   action permit
 rule name policy2
   source-zone untrust
   destination-zone trust
   source-address 10.1.1.0 mask 255.255.255.0
   destination-address 10.1.2.0 mask 255.255.255.0
   action permit
 rule name policy3
   source-zone local
   destination-zone untrust
   source-address 1.1.5.1 mask 255.255.255.255
   destination-address 1.1.3.1 mask 255.255.255.255
   action permit
 rule name policy4
   source-zone untrust
   destination-zone local
   source-address 1.1.3.1 mask 255.255.255.255
   destination-address 1.1.5.1 mask 255.255.255.255
   action permit
#
return
```

7.3.2.2 总部与分支机构之间建立 IPSec VPN（分支机构通过总部互通 – v2）

一、组网需求

如图 7 – 28 所示，某企业分为总部（HQ）和两个分支机构（Branch 1 和 Branch 2）。组网如下：

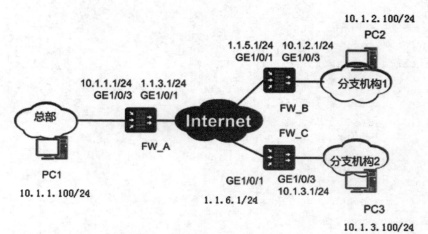

图 7 – 28　点到多点 IPSec 隧道组网图

- 分支机构 1 和分支机构 2 分别通过 FW_B 和 FW_C 与 Internet 相连。
- FW_A 和 FW_B、FW_A 和 FW_C 相互路由可达。

要求实现如下需求：

- 分支机构 PC2、PC3 能与总部 PC1 之间进行安全通信。
- FW_A、FW_B 以及 FW_A、FW_C 之间分别建立 IPSec 隧道。FW_B、FW_C 不直接建立任何 IPSec 连接。

二、逻辑拓扑（图 7 – 29）

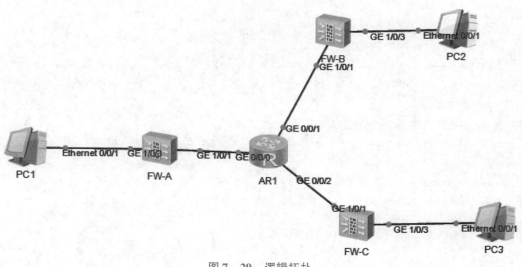

图 7 – 29　逻辑拓扑

三、IP 地址规划（表 7-10）

表 7-10 IP 地址规划

设备	接口	IP 地址	网关
FW_A	G1/0/1	1.1.3.1/24	
	G1/0/3	10.1.1.1/24	
FW_B	G1/0/1	1.1.5.1/24	
	G1/0/3	10.1.2.1/24	
FW_C	G1/0/1	1.1.6.1/24	
	G1/0/3	10.1.3.1/24	
R1	G0/0/0	1.1.3.2/24	
	G0/0/1	1.1.5.2/24	
	G0/0/2	1.1.6.2/24	
PC1	E0/0/0	10.1.1.100/24	10.1.1.1
PC2	E0/0/0	10.1.2.100/24	10.1.2.1
PC2	E0/0/0	10.1.3.100/24	10.1.3.1

四、数据规划（表 7-11）

表 7-11 数据规划

项目	数据
FW_A	接口号：GigabitEthernet 1/0/3 IP 地址：10.1.1.1/24
	接口号：GigabitEthernet 1/0/1 IP 地址：1.1.3.1/24
	IPSec 配置 对端地址：指定对端网关 FW_B 的 IP 地址，不指定对端网关地址 FW_C 的 IP 地址 认证方式：预共享密钥 预共享密钥：Test！1234 本端 ID 类型：IP 对端 ID 类型：Any

续表

项目	数据
FW_B	接口号：GigabitEthernet 1/0/1 IP 地址：1.1.5.1/24
	接口号：GigabitEthernet 1/0/3 IP 地址：10.1.2.1/24
	IPSec 配置 对端地址：1.1.3.1 认证方式：预共享密钥 预共享密钥：Test！1234 本端 ID 类型：IP 对端 ID 类型：IP
FW_C	接口号：GigabitEthernet 1/0/1 IP 地址：动态 IP
	接口号：GigabitEthernet 1/0/3 IP 地址：10.1.3.1/24
	IPSec 配置 对端地址：1.1.3.1 认证方式：预共享密钥 预共享密钥：Test！1234 本端 ID 类型：IP 对端 ID 类型：IP

五、配置思路

对于 FW_A、FW_B 和 FW_C，配置思路相同。如下：

（1）完成接口基本配置、路由配置，并开启安全策略。

（2）配置 IPSec 策略。包括配置 IPSec 策略的基本信息、配置待加密的数据流、配置安全提议的协商参数。

六、操作步骤

1. 配置 FW_A 的基础配置

包括配置接口 IP 地址、接口加入安全区域、域间安全策略和静态路由。

（1）配置接口 IP 地址。

```
<sysname> system-view
[sysname] sysname FW_A
```

```
[FW_A] interface GigabitEthernet 1/0/3
[FW_A-GigabitEthernet1/0/3] ip address 10.1.1.1 24
[FW_A-GigabitEthernet1/0/3] quit
[FW_A] interface GigabitEthernet 1/0/1
[FW_A-GigabitEthernet1/0/1] ip address 1.1.3.1 24
[FW_A-GigabitEthernet1/0/1] quit
```

（2）配置接口加入相应的安全区域。

```
[FW_A] firewall zone trust
[FW_A-zone-trust] add interface GigabitEthernet 1/0/3
[FW_A-zone-trust] quit
[FW_A] firewall zone untrust
[FW_A-zone-untrust] add interface GigabitEthernet 1/0/1
[FW_A-zone-untrust] quit
```

（3）配置 Trust 域与 Untrust 域之间的域间安全策略。

```
[FW_A] security-policy
[FW_A-policy-security] rule name policy1
[FW_A-policy-security-rule-policy1] source-zone trust
[FW_A-policy-security-rule-policy1] destination-zone untrust
[FW_A-policy-security-rule-policy1] source-address 10.1.1.0 24
[FW_A-policy-security-rule-policy1] destination-address 10.1.2.0 24
[FW_A-policy-security-rule-policy1] destination-address 10.1.3.0 24
[FW_A-policy-security-rule-policy1] action permit
[FW_A-policy-security-rule-policy1] quit
[FW_A-policy-security] rule name policy2
[FW_A-policy-security-rule-policy2] source-zone untrust
[FW_A-policy-security-rule-policy2] destination-zone trust
[FW_A-policy-security-rule-policy2] source-address 10.1.2.0 24
[FW_A-policy-security-rule-policy2] source-address 10.1.3.0 24
[FW_A-policy-security-rule-policy2] destination-address 10.1.1.0 24
[FW_A-policy-security-rule-policy2] action permit
[FW_A-policy-security-rule-policy2] quit
```

（4）配置 Untrust 域与 Local 域之间的域间安全策略。

说明：Local 和 Untrust 的域间策略用于控制 IKE 协商报文通过 FW，该域间策略可以使用源地址和目的地址作为匹配条件，也可以在此基础上使用协议、端口作为匹配条件。本例以源地址和目的地址为例进行介绍，如果需要使用协议、端口作为匹配条件，则需要放开 ESP 服务和 UDP 500 端口（NAT 穿越场景中，还需要放开 4500 端口）。

```
[FW_A-policy-security] rule name policy3
[FW_A-policy-security-rule-policy3] source-zone local
[FW_A-policy-security-rule-policy3] destination-zone untrust
[FW_A-policy-security-rule-policy3] source-address 1.1.3.1 32
[FW_A-policy-security-rule-policy3] action permit
[FW_A-policy-security-rule-policy3] quit
[FW_A-policy-security] rule name policy4
[FW_A-policy-security-rule-policy4] source-zone untrust
[FW_A-policy-security-rule-policy4] destination-zone local
[FW_A-policy-security-rule-policy4] destination-address 1.1.3.1 32
[FW_A-policy-security-rule-policy4] action permit
[FW_A-policy-security-rule-policy4] quit
[FW_A-policy-security] quit
```

说明：配置 Local 域和 Untrust 域的域间安全策略的目的为允许 IPSec 隧道两端设备通信，使其能够进行隧道协商。

（5）配置到达分支机构的静态路由，此处假设下一跳地址为 1.1.3.2。

```
[FW_A] ip route-static 0.0.0.0 0.0.0.0 1.1.3.2
```

2．在 FW_A 上配置 IPSec 策略组，并在接口上应用 IPSec 策略组

（1）定义被保护的数据流。

（2）配置高级 ACL 3000，定义总部到分支机构 1 的数据流。

```
[FW_A] acl 3000
[FW_A-acl-adv-3000] rule 5 permit ip source 10.1.1.0 0.0.0.255 destination 10.1.2.0 0.0.0.255
[FW_A-acl-adv-3000] rule 10 permit ip source 10.1.3.0 0.0.0.255 destination 10.1.2.0 0.0.0.255
[FW_A-acl-adv-3000] quit
```

（3）配置高级 ACL 3001，定义总部到分支机构 2 的数据流。

```
[FW_A] acl 3001
[FW_A-acl-adv-3001] rule 5 permit ip source 10.1.1.0 0.0.0.255 destination 10.1.3.0 0.0.0.255
[FW_A-acl-adv-3001] rule 10 permit ip source 10.1.2.0 0.0.0.255 destination 10.1.3.0 0.0.0.255
[FW_A-acl-adv-3001] quit
```

（4）为了实现分支的互通，Source 定义为包括总部和分支的所有网段，Destination 定义为各个分支的精确网段。

（5）配置 IPSec 安全提议。

```
[FW_A] ipsec proposal tran1
[FW_A-ipsec-proposal-tran1] esp authentication-algorithm sha2-256
[FW_A-ipsec-proposal-tran1] esp encryption-algorithm aes-256
[FW_A-ipsec-proposal-tran1] quit
```

(6)配置 IKE 安全提议。

```
[FW_A] ike proposal 10
[FW_A-ike-proposal-10] authentication-method pre-share
[FW_A-ike-proposal-10] prf hmac-sha2-256
[FW_A-ike-proposal-10] encryption-algorithm aes-256
[FW_A-ike-proposal-10] dh group14
[FW_A-ike-proposal-10] integrity-algorithm hmac-sha2-256
[FW_A-ike-proposal-10] quit
```

(7)配置 IKE Peer。

配置名称为 b 的 IKE Peer。

```
[FW_A] ike peer b
[FW_A-ike-peer-b] ike-proposal 10
[FW_A-ike-peer-b] remote-address 1.1.5.1
[FW_A-ike-peer-b] pre-shared-key Test!1234
[FW_A-ike-peer-b] quit
```

配置名称为 c 的 IKE Peer。

```
[FW_A] ike peer c
[FW_A-ike-peer-c] ike-proposal 10
[FW_A-ike-peer-c] remote-address 1.1.6.1
[FW_A-ike-peer-c] pre-shared-key Test!1234
[FW_A-ike-peer-c] quit
```

(8)配置 IPSec 策略组 map1 的序号为 10 的 IPSec 策略。

```
[FW_A] ipsec policy map1 10 isakmp
[FW_A-ipsec-policy-isakmp-map1-10] security acl 3000
[FW_A-ipsec-policy-isakmp-map1-10] proposal tran1
[FW_A-ipsec-policy-isakmp-map1-10] ike-peer b
[FW_A-ipsec-policy-isakmp-map1-10] quit
```

(9)配置 IPSec 策略组 map1 的序号为 9 的 IPSec 策略。

```
[FW_A] ipsec policy map1 9 isakmp
[FW_A-ipsec-policy-isakmp-map1-10] security acl 3001
[FW_A-ipsec-policy-isakmp-map1-10] proposal tran1
[FW_A-ipsec-policy-isakmp-map1-10] ike-peer c
[FW_A-ipsec-policy-isakmp-map1-10] quit
```

（10）在接口 GigabitEthernet 1/0/1 上应用 IPSec 策略组 map1。

```
[FW_A] interface GigabitEthernet 1/0/1
[FW_A-GigabitEthernet1/0/1] ipsec policy map1
[FW_A-GigabitEthernet1/0/1] quit
```

3. 配置 FW_B 的基础配置

（1）配置接口 IP 地址，并将接口加入域。

①配置接口 IP 地址。

```
<sysname> system-view
[sysname] sysname FW_B
[FW_B] interface GigabitEthernet 1/0/3
[FW_B-GigabitEthernet1/0/3] ip address 10.1.2.1 24
[FW_B-GigabitEthernet1/0/3] quit
[FW_B] interface GigabitEthernet 1/0/1
[FW_B-GigabitEthernet1/0/1] ip address 1.1.5.1 24
[FW_B-GigabitEthernet1/0/1] quit
```

②将接口 GigabitEthernet 1/0/3 加入 Trust 区域，将接口 GigabitEthernet 1/0/1 加入 Untrust 区域。

```
[FW_B] firewall zone trust
[FW_B-zone-trust] add interface GigabitEthernet 1/0/3
[FW_B-zone-trust] quit
[FW_B] firewall zone untrust
[FW_B-zone-untrust] add interface GigabitEthernet 1/0/1
[FW_B-zone-untrust] quit
```

（2）配置域间安全策略。

①配置 Trust 域与 Untrust 域之间的域间安全策略。

```
[FW_B] security-policy
[FW_B-policy-security] rule name policy1
[FW_B-policy-security-rule-policy1] source-zone trust
[FW_B-policy-security-rule-policy1] destination-zone untrust
[FW_B-policy-security-rule-policy1] source-address 10.1.2.0 24
[FW_B-policy-security-rule-policy1] destination-address 10.1.1.0 24
[FW_B-policy-security-rule-policy1] destination-address 10.1.3.0 24
[FW_B-policy-security-rule-policy1] action permit
[FW_B-policy-security-rule-policy1] quit
[FW_B-policy-security] rule name policy2
[FW_B-policy-security-rule-policy2] source-zone untrust
[FW_B-policy-security-rule-policy2] destination-zone trust
```

```
[FW_B-policy-security-rule-policy2] source-address 10.1.1.0 24
[FW_B-policy-security-rule-policy2] source-address 10.1.3.0 24
[FW_B-policy-security-rule-policy2] destination-address 10.1.2.0 24
[FW_B-policy-security-rule-policy2] action permit
[FW_B-policy-security-rule-policy2] quit
```

②配置 Untrust 域与 Local 域之间的域间安全策略。

说明：Local 和 Untrust 的域间策略用于控制 IKE 协商报文通过 FW，该域间策略可以使用源地址和目的地址作为匹配条件，也可以在此基础上使用协议、端口作为匹配条件。本例以源地址和目的地址为例进行介绍，如果需要使用协议、端口作为匹配条件，则需要放开 ESP 服务和 UDP 500 端口（NAT 穿越场景中，还需要放开 4500 端口）。

```
[FW_B-policy-security] rule name policy3
[FW_B-policy-security-rule-policy3] source-zone local
[FW_B-policy-security-rule-policy3] destination-zone untrust
[FW_B-policy-security-rule-policy3] source-address 1.1.5.1 32
[FW_B-policy-security-rule-policy3] destination-address 1.1.3.1 32
[FW_B-policy-security-rule-policy3] action permit
[FW_B-policy-security-rule-policy3] quit
[FW_B-policy-security] rule name policy4
[FW_B-policy-security-rule-policy4] source-zone untrust
[FW_B-policy-security-rule-policy4] destination-zone local
[FW_B-policy-security-rule-policy4] source-address 1.1.3.1 32
[FW_B-policy-security-rule-policy4] destination-address 1.1.5.1 32
[FW_B-policy-security-rule-policy4] action permit
[FW_B-policy-security-rule-policy4] quit
[FW_B-policy-security] quit
```

说明：配置 Local 域和 Untrust 域的域间安全策略的目的为允许 IPSec 隧道两端设备通信，使其能够进行隧道协商。

配置到达总部和其他私网的静态路由，此处假设下一跳地址为 1.1.5.2。

```
[FW_B] ip route-static 0.0.0.0 0.0.0.0 1.1.5.2
```

4. 在 FW_B 上配置 IPSec 策略，并在接口上应用 IPSec 策略

（1）定义被保护的数据流。

```
[FW_B] acl 3000
[FW_B-acl-adv-3000] rule 5 permit ip source 10.1.2.0 0.0.0.255 destination 10.1.1.0 0.0.0.255
[FW_B-acl-adv-3000] rule 10 permit ip source 10.1.2.0 0.0.0.255 destination 10.1.3.0 0.0.0.255
[FW_B-acl-adv-3000] quit
```

为了实现和总部及分支的通信，Source 定义为分支节点的精确网段，Destination 定义为总部和分支的所有网段。

（2）配置名称为 tran1 的 IPSec 安全提议。

```
[FW_B] ipsec proposal tran1
[FW_B-ipsec-proposal-tran1] esp authentication-algorithm sha2-256
[FW_B-ipsec-proposal-tran1] esp encryption-algorithm aes-256
[FW_B-ipsec-proposal-tran1] quit
```

（3）配置序号为 10 的 IKE 安全提议。

```
[FW_B] ike proposal 10
[FW_B-ike-proposal-10] authentication-method pre-share
[FW_B-ike-proposal-10] prf hmac-sha2-256
[FW_B-ike-proposal-10] encryption-algorithm aes-256
[FW_B-ike-proposal-10] dh group14
[FW_B-ike-proposal-10] integrity-algorithm hmac-sha2-256
[FW_B-ike-proposal-10] quit
```

（4）配置 IKE Peer。

```
[FW_B] ike peer a
[FW_B-ike-peer-a] ike-proposal 10
[FW_B-ike-peer-a] remote-address 1.1.3.1
[FW_B-ike-peer-a] pre-shared-key Test!1234
[FW_B-ike-peer-a] quit
```

（5）配置名称为 map1、序号为 10 的 IPSec 策略。

```
[FW_B] ipsec policy map1 10 isakmp
[FW_B-ipsec-policy-isakmp-map1-10] security acl 3000
[FW_B-ipsec-policy-isakmp-map1-10] proposal tran1
[FW_B-ipsec-policy-isakmp-map1-10] ike-peer a
[FW_B-ipsec-policy-isakmp-map1-10] quit
```

（6）在 GigabitEthernet 1/0/1 接口上应用 IPSec 策略 map1。

```
[FW_B] interface GigabitEthernet 1/0/1
[FW_B-GigabitEthernet1/0/1] ipsec policy map1
[FW_B-GigabitEthernet1/0/1] quit
```

5. 配置 FW_C 的基础配置

（1）配置接口 IP 地址，并将接口加入域。

配置 GigabitEthernet 1/0/3 的 IP 地址为 10.1.3.1/24；配置 GigabitEthernet 1/0/1 的 IP 地址为 1.1.6.1/24。

```
<sysname> system-view
[sysname] sysname FW_C
[FW_C] interface GigabitEthernet 1/0/3
[FW_C-GigabitEthernet1/0/3] ip address 10.1.3.1 24
[FW_C-GigabitEthernet1/0/3] quit
[FW_C] interface GigabitEthernet 1/0/1
[FW_C-GigabitEthernet1/0/1] ip address 1.1.6.1 24
[FW_C-GigabitEthernet1/0/1] quit
```

将接口 GigabitEthernet 1/0/3 加入 Trust 区域,将接口 GigabitEthernet 1/0/1 加入 Untrust 区域。

```
[FW_C] firewall zone trust
[FW_C-zone-trust] add interface GigabitEthernet 1/0/3
[FW_C-zone-trust] quit
[FW_C] firewall zone untrust
[FW_C-zone-untrust] add interface GigabitEthernet 1/0/1
[FW_C-zone-untrust] quit
```

(2) 配置域间安全策略。

①配置 Trust 域与 Untrust 域之间的域间安全策略。

```
[FW_C] security-policy
[FW_C-policy-security] rule name policy1
[FW_C-policy-security-rule-policy1] source-zone trust
[FW_C-policy-security-rule-policy1] destination-zone untrust
[FW_C-policy-security-rule-policy1] source-address 10.1.3.0 24
[FW_C-policy-security-rule-policy1] destination-address 10.1.1.0 24
[FW_C-policy-security-rule-policy1] destination-address 10.1.2.0 24
[FW_C-policy-security-rule-policy1] action permit
[FW_C-policy-security-rule-policy1] quit
[FW_B-policy-security] rule name policy2
[FW_C-policy-security-rule-policy2] source-zone untrust
[FW_C-policy-security-rule-policy2] destination-zone trust
[FW_C-policy-security-rule-policy2] source-address 10.1.1.0 24
[FW_C-policy-security-rule-policy2] source-address 10.1.2.0 24
[FW_C-policy-security-rule-policy2] destination-address 10.1.3.0 24
[FW_C-policy-security-rule-policy2] action permit
[FW_C-policy-security-rule-policy2] quit
```

②配置 Untrust 域与 Local 域之间的域间安全策略。

说明: Local 和 Untrust 的域间策略用于控制 IKE 协商报文通过 FW,该域间策略可以使用源地址和目的地址作为匹配条件,也可以在此基础上使用协议、端口作为匹配条件。本例以源地址和目的地址为例进行介绍,如果需要使用协议、端口作为匹配条件,则需要放开 ESP 服务和 UDP 500 端口(NAT 穿越场景中还需要放开 4500 端口)。

```
[FW_C-policy-security] rule name policy3
[FW_C-policy-security-rule-policy3] source-zone local
[FW_C-policy-security-rule-policy3] destination-zone untrust
[FW_C-policy-security-rule-policy3] destination-address 1.1.3.1 32
[FW_C-policy-security-rule-policy3] action permit
[FW_C-policy-security-rule-policy3] quit
[FW_C-policy-security] rule name policy4
[FW_C-policy-security-rule-policy4] source-zone untrust
[FW_C-policy-security-rule-policy4] destination-zone local
[FW_C-policy-security-rule-policy4] source-address 1.1.3.1 32
[FW_C-policy-security-rule-policy4] action permit
[FW_C-policy-security-rule-policy4] quit
[FW_C-policy-security] quit
```

说明：配置 Local 域和 Untrust 域的域间安全策略的目的为允许 IPSec 隧道两端设备通信，使其能够进行隧道协商。

（3）配置到达总部和其他私网的静态路由。

```
[FW_C] ip route-static 0.0.0.0 0.0.0.0 1.1.6.2
```

6. 在 FW_C 上配置 IPSec 策略，并在接口上应用此安全策略

（1）定义被保护的数据流。

```
[FW_C] acl 3000
[FW_C-acl-adv-3000] rule 5 permit ip source 10.1.3.0 0.0.0.255 destination 10.1.1.0 0.0.0.255
[FW_C-acl-adv-3000] rule 10 permit ip source 10.1.3.0 0.0.0.255 destination 10.1.2.0 0.0.0.255
[FW_C-acl-adv-3000] quit
```

为了实现和总部及分支的通信，Source 定义为分支节点的精确网段，Destination 定义为总部和分支的所有网段。

（2）配置名称为 tran1 的 IPSec 安全提议。

```
[FW_C] ipsec proposal tran1
[FW_C-ipsec-proposal-tran1] esp authentication-algorithm sha2-256
[FW_C-ipsec-proposal-tran1] esp encryption-algorithm aes-256
[FW_C-ipsec-proposal-tran1] quit
```

（3）配置序号为 10 的 IKE 安全提议。

```
[FW_C] ike proposal 10
[FW_C-ike-proposal-10] authentication-method pre-share
[FW_C-ike-proposal-10] prf hmac-sha2-256
[FW_C-ike-proposal-10] encryption-algorithm aes-256
```

```
[FW_C-ike-proposal-10] dh group14
[FW_C-ike-proposal-10] integrity-algorithm hmac-sha2-256
[FW_C-ike-proposal-10] quit
```

（4）配置 IKE Peer。

```
[FW_C] ike peer a
[FW_C-ike-peer-a] ike-proposal 10
[FW_C-ike-peer-a] remote-address 1.1.3.1
[FW_C-ike-peer-a] pre-shared-key Test!1234
[FW_C-ike-peer-a] quit
```

（5）配置名称为 map1、序号为 10 的 IPSec 策略。

```
[FW_C] ipsec policy map1 10 isakmp
[FW_C-ipsec-policy-isakmp-map1-10] security acl 3000
[FW_C-ipsec-policy-isakmp-map1-10] proposal tran1
[FW_C-ipsec-policy-isakmp-map1-10] ike-peer a
[FW_C-ipsec-policy-isakmp-map1-10] quit
```

（6）在 GigabitEthernet 1/0/1 接口上应用 IPSec 策略 map1。

```
[FW_C] interface GigabitEthernet 1/0/1
[FW_C-GigabitEthernet1/0/1] ipsec policy map1
[FW_C-GigabitEthernet1/0/1] quit
```

七、结果验证

配置完成后，PC2、PC1 可以互相访问，双方都可以触发建立 IPSec SA。PC3 能够主动访问 PC1，只有 PC3 的 FW_C 能够触发 IPSec SA，之后 PC1 能够访问 PC3，在 PC3 能够访问 PC1 之后，PC2 与 PC3 能够实现互访。结果验证见表 7-12。

表 7-12　结果验证

1	PC2 ping PC1
	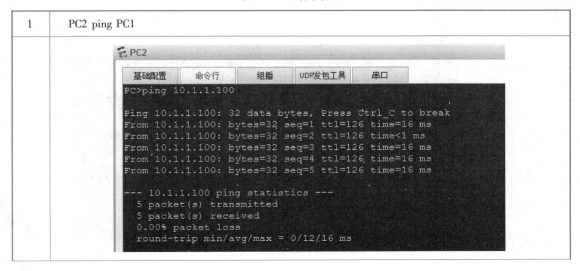

续表

2	PC3 ping PC1	
3	PC3/PC2 ping PC2/PC3	

在总部防火墙 FW_A 上可以查看到两对 IKE SA。

```
<FW_A> display ike sa
IKE SA information :
    Conn-ID     Peer         VPN    Flag(s)    Phase    RemoteType    RemoteID
    ---------------------------------------------------------------------------
    50336907    1.1.5.1:500         RD|ST|A    v2:2     IP            1.1.5.1
    50336906    1.1.5.1:500         RD|ST|A    v2:1     IP            1.1.5.1
    33554436    1.1.6.1:500         RD|A       v2:2     IP            1.1.6.1
    33554435    1.1.6.1:500         RD|A       v2:1     IP            1.1.6.1
Number of IKE SA : 4
    ---------------------------------------------------------------------------
Flag Description:
RD--READY    ST--STAYALIVE    RL--REPLACED    FD--FADING    TO--TIMEOUT
HRT--HEARTBEAT    LKG--LAST KNOWN GOOD SEQ NO.    BCK--BACKED UP
M--ACTIVE    S--STANDBY    A--ALONE    NEG--NEGOTIATING
```

分支 FW_B 和 FW_C 上可以查看到对端为总部的 IKE SA。下面以 FW_B 为例进行说明。

```
<FW_B> display ike sa
IKE SA information :
    Conn-ID     Peer         VPN    Flag(s)    Phase    RemoteType    RemoteID
    ---------------------------------------------------------------------------
    16782416    1.1.3.1:500         RD|A       v2:2     IP            1.1.3.1
    16782415    1.1.3.1:500         RD|A       v2:1     IP            1.1.3.1
Number of IKE SA : 2
    ---------------------------------------------------------------------------
Flag Description:
RD--READY    ST--STAYALIVE    RL--REPLACED    FD--FADING    TO--TIMEOUT
HRT--HEARTBEAT    LKG--LAST KNOWN GOOD SEQ NO.    BCK--BACKED UP
M--ACTIVE    S--STANDBY    A--ALONE NEG--NEGOTIATING
```

在总部 FW_A 上可以查看到两对双向的 IPSec SA，分别对应两个分支 FW_B 和 FW_C。

```
<FW_A> display ipsec sa brief
Current ipsec sa num:4
Number of SAs:4
    Src address    Dst address    SPI           VPN    Protocol    Algorithm
    ---------------------------------------------------------------------------
    1.1.6.1        1.1.3.1        4001819557           ESP         E:AES-256 A:SHA2-256-128
    1.1.5.1        1.1.3.1        3923280450           ESP         E:AES-256 A:SHA2-256-128
    1.1.3.1        1.1.6.1        4249128694           ESP         E:AES-256 A:SHA2-256-128
    1.1.3.1        1.1.5.1        787858613            ESP         E:AES-256 A:SHA2-256-128
```

分支节点FW_B和FW_C上可以查看到FW_A的一对反向IPSec SA。下面以FW_B上的显示为例。

```
<FW_B> display ipsec sa brief
Current ipsec sa num:2
Number of SAs:2
    Src address    Dst address    SPI          VPN    Protocol    Algorithm
    ------------------------------------------------------------------------
    1.1.5.1        1.1.3.1        3923280450          ESP         E:AES-256
A:SHA2-256-128
    1.1.3.1        1.1.5.1        787858613           ESP         E:AES-256
A:SHA2-256-128
```

八、配置脚本

1. FW_A 的配置脚本

```
#
 sysname FW_A
#
acl number 3000
 rule 5 permit ip source 10.1.1.0 0.0.0.255 destination 10.1.2.0 0.0.0.255
 rule 10 permit ip source 10.1.3.0 0.0.0.255 destination 10.1.2.0 0.0.0.255
acl number 3001
 rule 5 permit ip source 10.1.1.0 0.0.0.255 destination 10.1.3.0 0.0.0.255
 rule 10 permit ip source 10.1.2.0 0.0.0.255 destination 10.1.3.0 0.0.0.255
#
ipsec proposal tran1
 esp authentication-algorithm sha2-256
 esp encryption-algorithm aes-256
#
ike proposal 10
  encryption-algorithm aes-256
  dh group14
  authentication-algorithm sha2-256
  authentication-method pre-share
  integrity-algorithm hmac-sha2-256
  prf hmac-sha2-256
#
ike peer b
  pre-shared-key %$%$c([VET@ 941t/q_4tS-f7,ri/%$%$
  ike-proposal 10
```

第 7 章　VPN 技术

```
    remote-address 1.1.5.1
#
ike peer c
    pre-shared-key %$%$d([VET@ 941t/q_56S-f7,ra/%$%$
    ike-proposal 10
#
ipsec policy-template map_temp 1
    security acl 3001
    ike-peer c
    proposal tran1
#
ipsec policy map1 10 isakmp
    security acl 3000
    ike-peer b
    proposal tran1
#
ipsec policy map1 20 isakmp template map_temp
#
interface GigabitEthernet1/0/3
    undo shutdown
    ip address 10.1.1.1 255.255.255.0
#
interface GigabitEthernet1/0/1
    undo shutdown
    ip address 1.1.3.1 255.255.255.0
    ipsec policy map1
#
firewall zone trust
    set priority 85
    add interface GigabitEthernet1/0/3
#
firewall zone untrust
    set priority 5
    add interface GigabitEthernet1/0/1
#
ip route-static 0.0.0.0 0.0.0.0 1.1.3.2
#
security-policy
    rule name policy1
```

```
        source - zone trust
        destination - zone untrust
        source - address 10.1.1.0 mask 255.255.255.0
        destination - address 10.1.2.0 mask 255.255.255.0
        destination - address 10.1.3.0 mask 255.255.255.0
        action permit
    rule name policy2
        source - zone untrust
        destination - zone trust
        source - address 10.1.2.0 mask 255.255.255.0
        source - address 10.1.3.0 mask 255.255.255.0
        destination - address 10.1.1.0 mask 255.255.255.0
        action permit
    rule name policy3
        source - zone local
        destination - zone untrust
        source - address 1.1.3.1 mask 255.255.255.255
        action permit
    rule name policy4
        source - zone untrust
        destination - zone local
        destination - address 1.1.3.1 mask 255.255.255.255
        action permit
#
return
```

2. FW_B 的配置脚本

```
#
 sysname FW_B
#
acl number 3000
 rule 5 permit ip source 10.1.2.0 0.0.0.255 destination 10.1.1.0 0.0.0.255
#
ipsec proposal tran1
  esp authentication - algorithm sha2 - 256
  esp encryption - algorithm aes - 256
#
ike proposal 10
   encryption - algorithm aes - 256
```

```
   dh group14
   authentication-algorithm sha2-256
   authentication-method pre-share
   integrity-algorithm hmac-sha2-256
   prf hmac-sha2-256
#
ike peer a
 pre-shared-key %@%@ TI"2Gr[ *D9KS1Z0-#3v'xT;d%@%@
 ike-proposal 10
 remote-address 1.1.3.1
#
ipsec policy map1 10 isakmp
  security acl 3000
  ike-peer a
  proposal tran1
#
interface GigabitEthernet1/0/3
  undo shutdown
  ip address 10.1.2.1 255.255.255.0
#
interface GigabitEthernet1/0/1
  undo shutdown
  ip address 1.1.5.1 255.255.255.0
  ipsec policy map1
#
firewall zone trust
  set priority 85
  add interface GigabitEthernet1/0/3
#
firewall zone untrust
  set priority 5
  add interface GigabitEthernet1/0/1
#
ip route-static 0.0.0.0 0.0.0.0 1.1.5.2
#
security-policy
  rule name policy1
    source-zone trust
    destination-zone untrust
```

```
            source-address 10.1.2.0 mask 255.255.255.0
            destination-address 10.1.1.0 mask 255.255.255.0
            destination-address 10.1.3.0 mask 255.255.255.0
            action permit
         rule name policy2
            source-zone untrust
            destination-zone trust
            source-address 10.1.1.0 mask 255.255.255.0
            source-address 10.1.3.0 mask 255.255.255.0
            destination-address 10.1.2.0 mask 255.255.255.0
            action permit
         rule name policy3
            source-zone local
            destination-zone untrust
            source-address 1.1.5.1 mask 255.255.255.255
            destination-address 1.1.3.1 mask 255.255.255.255
            action permit
         rule name policy4
            source-zone untrust
            destination-zone local
            source-address 1.1.3.1 mask 255.255.255.255
            destination-address 1.1.5.1 mask 255.255.255.255
            action permit
#
return
```

3. FW_C 的配置脚本

```
#
 sysname FW_C
#
acl number 3000
 rule 5 permit ip source 10.1.3.0 0.0.0.255 destination 10.1.1.0 0.0.0.255
 rule 10 permit ip source 10.1.3.0 0.0.0.255 destination 10.1.2.0 0.0.0.255
#
ipsec proposal tran1
  esp authentication-algorithm sha2-256
  esp encryption-algorithm aes-256
#
ike proposal 10
```

```
  encryption-algorithm aes-256
  dh group14
  authentication-algorithm sha2-256
  authentication-method pre-share
  integrity-algorithm hmac-sha2-256
  prf hmac-sha2-256
#
ike peer a
  pre-shared-key %@%@ 8O:JW'kDBG.O9Y(h6>YK\=,T%@%@
  ike-proposal 10
  remote-address 1.1.3.1
#
ipsec policy map1 10 isakmp
  security acl 3000
  ike-peer a
  proposal tran1
#
interface GigabitEthernet1/0/3
  undo shutdown
  ip address 10.1.3.1 255.255.255.0
#
interface GigabitEthernet1/0/1
  undo shutdown
  ip address dhcp-alloc
  ipsec policy map1
#
firewall zone trust
  set priority 85
  add interface GigabitEthernet1/0/3
#
firewall zone untrust
  set priority 5
  add interface GigabitEthernet1/0/1
#
ip route-static 0.0.0.0 0.0.0.0 GigabitEthernet1/0/1
#
security-policy
  rule name policy1
    source-zone trust
```

```
    destination - zone untrust
    source - address 10.1.3.0 mask 255.255.255.0
    destination - address 10.1.1.0 mask 255.255.255.0
    destination - address 10.1.2.0 mask 255.255.255.0
    action permit
 rule name policy2
    source - zone untrust
    destination - zone trust
    source - address 10.1.1.0 mask 255.255.255.0
    source - address 10.1.2.0 mask 255.255.255.0
    destination - address 10.1.3.0 mask 255.255.255.0
    action permit
 rule name policy3
    source - zone local
    destination - zone untrust
    destination - address 1.1.3.1 mask 255.255.255.255
    action permit
 rule name policy4
    source - zone untrust
    destination - zone local
    source - address 1.1.3.1 mask 255.255.255.255
    action permit
#
Return
```

7.4 L2TP – VPN 技术

7.4.1 L2TP – VPN 技术概述

7.4.1.1 简介

介绍 L2TP VPN 的基本概念。

一、定义

L2TP（Layer 2 Tunneling Protocol）VPN 是一种用于承载 PPP 报文的隧道技术，该技术主要应用在远程办公场景中为出差员工远程访问企业内网资源提供接入服务。

二、目的

出差员工跨越 Internet 远程访问企业内网资源时，需要使用 PPP 协议向企业总部申请内网 IP 地址，并供总部对出差员工进行身份认证。但 PPP 报文受其协议自身的限制而无法在 Internet 上直接传输。于是，PPP 报文的传输问题成为制约出差员工远程办公的技术"瓶颈"。L2TP VPN 技术出现以后，使用 L2TP VPN 隧道"承载"PPP 报文在 Internet 上传输成为解决上述问题的一种途径。无论出差员工是通过传统拨号方式接入 Internet，还是通过以太网方式接入 Internet，L2TP VPN 都可以向其提供远程接入服务。

7.4.1.2 应用场景

一、NAS – Initiated 场景（拨号用户访问企业内网）

介绍 NAS – Initiated 场景中 L2TP VPN 的应用环境、组网以及提供的服务。

如图 7 – 30 所示，企业员工通过拨号方式接入 Internet，NAS（Network Access Server）是运营商用来向拨号用户提供 PPP/PPPoE 接入服务的服务器，拨号用户通过 NAS 访问外部网络。LNS（L2TP Network Server）是企业总部的出口网关。

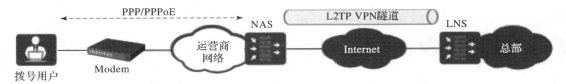

图 7 – 30　拨号用户访问企业内网组网

在 L2TP VPN 出现以前，拨号用户远程访问企业总部内网资源时，需要依靠 PPP 协议向 LNS 申请总部内网地址。但受 PPP 协议自身的限制，拨号用户发出的 PPP 报文会被率先终结在 NAS 设备，无法跨越 Internet 到达 LNS。L2TP VPN 技术出现以后，运营商会配合企业在 NAS 和 LNS 间部署 L2TP VPN 隧道。拨号用户发出的 PPP 报文到达 NAS 时，NAS 会通过 L2TP VPN 隧道把 PPP 报文封装成 L2TP 报文，然后让 L2TP 报文在 Internet 上传输。LNS 收到 NAS 发来的 L2TP 报文以后，再通过解封装的方式将报文还原成 PPP 报文，从而解决了 PPP 报文无法跨越 Internet 的传输问题，实现了出差员工远程办公的需求。

随着 Internet 的发展，PPP 接入方式逐渐被淘汰，取而代之的是更为先进的 PPPoE 接入方式。L2TP VPN 同样支持 PPPoE 拨号用户远程访问企业总部。拨号用户发出的 PPPoE 报文会被 NAS 处理成 PPP 报文以后，再通过 L2TP VPN 隧道进行传输。

二、Client – Initiated 场景（移动办公用户访问企业内网）

介绍 Client – Initiated 场景中 L2TP VPN 的应用环境、组网以及提供的服务。

由于 IP 网络的普及，以拨号方式接入 Internet 的用户逐渐减少，越来越多的用户选择直接通过以太网方式接入 Internet。接入方式的变化，使出差员工远程访问企业内网资源的方式也发生了变化。如图 7 – 31 所示，移动办公用户（即出差员工）通过以太网方式接入 Internet，LNS 是企业总部的出口网关。移动办公用户可以通过移动终端上的 VPN 软件与 LNS 设备直接建立 L2TP VPN 隧道，而无须再经过一个单独的 NAS 设备。移动办公用户访问企业内网时，PPP 报文会通过两者间的 L2TP VPN 隧道到达 LNS 设备。该场景下，用户远程访问企业内网资源可以不受地域限制，使远程办公更为灵活方便。

图 7 – 31　移动办公用户访问企业内网组网

三、Call – LNS 场景（通过 LAC 自主拨号实现企业内网互连）

介绍 Call – LNS 场景中 L2TP VPN 的应用环境、组网以及提供的服务。

L2TP VPN 除了可以为出差员工提供远程接入服务以外，还可以进行企业分支与总部的内网互联，实现分支用户与总部用户的互访。

如图 7 – 32 所示，LAC（L2TP Access Concentrator）是企业分支的出口网关，LNS 是企业总部的出口网关。LAC 和 LNS 部署了 L2TP VPN 以后，LAC 设备会主动向 LNS 发起 L2TP VPN 隧道建立请求。隧道建立完成后，分支用户访问总部的流量直接通过 L2TP VPN 隧道传输到对端。该场景下，L2TP VPN 隧道建立在 LAC 与 LNS 之间，隧道对于用户是透明的，用户感知不到隧道的存在。

图 7 – 32 通过 LAC 自主拨号实现企业内网互连组网

说明：LAC 和 NAS 是 L2TP 协议中对隧道发起方设备的两种不同叫法，在拨号网络中，将运营商提供接入服务的设备称为 NAS，在以太网络中使用时，将其称为 LAC。

7.4.1.3 原理描述

一、NAS – Initiated 场景中的 L2TP VPN 原理

介绍 L2TP VPN 在 NAS – Initiated 场景中的工作原理。

1. 隧道协商

拨号用户在向企业内网发送业务数据以前，要先协商好传输数据所需的隧道信息。图 7 – 33 所示是拨号用户从发起访问请求，到 NAS 和 LNS 协商完成 L2TP VPN 隧道，直至最后成功访问企业内网资源的完整过程。

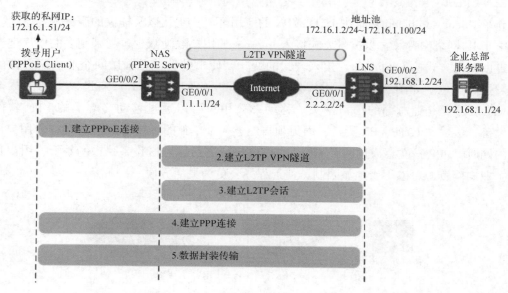

图 7 – 33 NAS – Initiated 场景下 L2TP VPN 隧道建立过程

(1) 拨号用户与 NAS 建立 PPPoE 连接（表 7-13）。

拨号用户发出 PPPoE 广播报文寻找 NAS 接入设备，找到的 NAS 设备是其随后访问企业总部内网资源的隧道入口。

表 7-13 拨号用户与 NAS 建立 PPPoE 连接

交互过程	交互内容
1	PPPoE Client：发送 PADI 广播报文，寻找 PPPoE Server
2	PPPoE Server：返回 PADO 报文，告知 PPPoE Client 可以与自己建立 PPPoE 连接
3	PPPoE Client：发送 PADR 报文，向 PPPoE Server 请求建立 PPPoE 会话所需的会话 ID

续表

交互过程	交互内容
4	PPPoE Server：返回 PADS 报文，告知 PPPoE Client 使用"1"作为 Session ID
	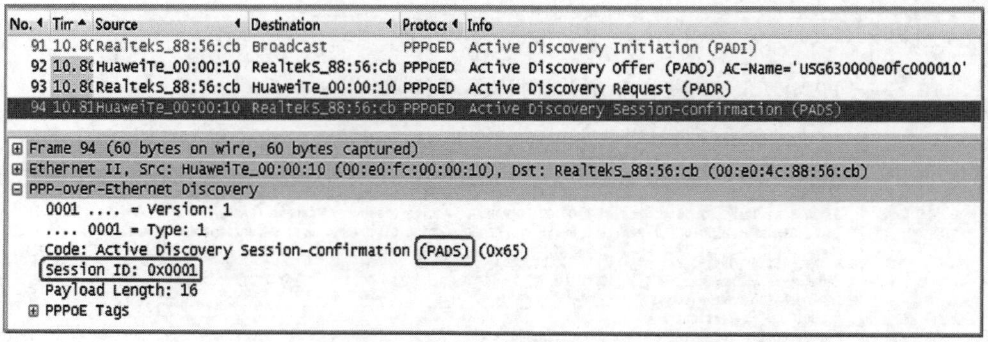 *[抓包截图：显示 PPPoED Active Discovery Session-confirmation (PADS) 报文，Session ID: 0x0001，Payload Length: 16]*
5	PPPoE Client：发送 LCP Request 请求报文，协商链路层参数。例如下图中双方约定使用 MRU 值为 1480。PPPoE Server 向 PPPoE Client 回应 LCP ACK 报文后，链路层参数协商完成
	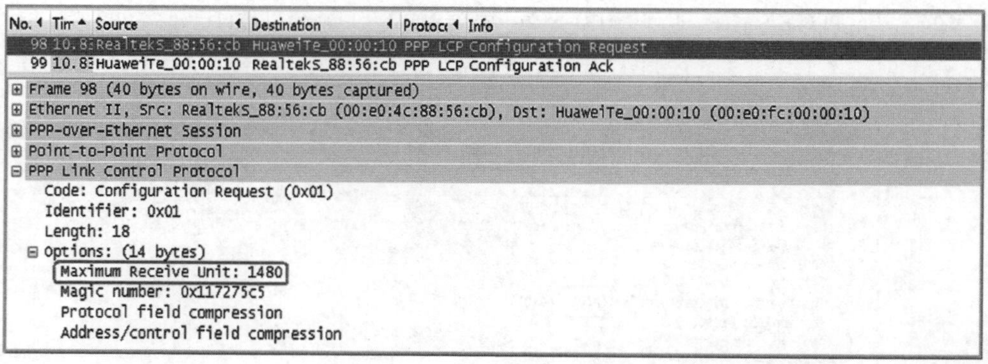 *[抓包截图：显示 PPP LCP Configuration Request 报文，Maximum Receive Unit: 1480，Magic number: 0x117275c5]*
6	PPPoE Client：发送 PAP 报文，请求 PPPoE Server 进行身份认证，下图可以看到 PAP 报文中携带用户名"hb@hb"和密码"admin@123"信息。PPPoE Server 认证通过后，PPPoE 连接建立完成。 如果拨号用户使用的是 CHAP 认证，则认证流程稍有不同，详细过程请参见 PPP 的 CHAP 验证协议。 说明：L2TP VPN 隧道本身无数据加密功能，为了确保用户数据不被窃取，实际应用中建议使用 IPSec 技术对 L2TP VPN 提供加密保护

续表

交互过程	交互内容
	(Wireshark 截图：PPP PAP Authenticate-Request 报文详情)

（2）NAS 与 LNS 建立 L2TP VPN 隧道（表 7 – 14）。

PPPoE 连接建立完成后，会触发 NAS 与 LNS 间协商 L2TP VPN 隧道，具体过程见表 7 – 14。

表 7 – 14　NAS 与 LNS 建立 L2TP VPN 隧道

交互过程	交互内容
1	NAS：发送 SCCRQ 报文，告知 LNS 使用 1 作为 Tunnel ID 与其通信。NAS 发送 SCCRQ 报文时，使用的初始 Tunnel ID 为 0。 在 L2TP VPN 中，一个 NAS 或 LNS 设备可以同时建立多条隧道，不同的隧道用来传输不同的用户业务。为了对隧道进行区分，隧道在建立之初会协商出属于自己的隧道标识，即 Tunnel ID。 L2TP 报文以 UDP 协议传输，NAS 在发送 SCCRQ 报文时，会任选一个空闲端口作为源端口向 LNS 的 1701 端口发送报文；LNS 收到报文后，使用 1701 端口向 NAS 的指定端口回送报文。双方的端口选定后，在隧道保持连通的时间段内不再改变 (Wireshark 截图：L2TP SCCRQ/SCCRP/SCCCN 报文详情，Tunnel ID: 1)

续表

交互过程	交互内容
2	LNS：返回 SCCRP 报文，告知 NAS 也使用 1 作为 Tunnel ID 与其通信
| | ```
No.   Time         Source    Destination  Protocol  Info
399 1682.00026 1.1.1.1     2.2.2.2      L2TP      Control Message - SCCRQ  (tunnel id=0, session id=0)
400 1682.00026 2.2.2.2     1.1.1.1      L2TP      Control Message - SCCRP  (tunnel id=1, session id=0)
401 1682.00026 1.1.1.1     2.2.2.2      L2TP      Control Message - SCCCN  (tunnel id=1, session id=0)
⊞ Frame 400: 119 bytes on wire (952 bits), 119 bytes captured (952 bits)
⊞ Ethernet II, Src: 64:3e:8c:48:f1:50 (64:3e:8c:48:f1:50), Dst: HuaweiTe_00:00:16 (00:e0:fc:00:00:16)
⊞ Internet Protocol, Src: 2.2.2.2 (2.2.2.2), Dst: 1.1.1.1 (1.1.1.1)
⊞ User Datagram Protocol, Src Port: l2f (1701), Dst Port: 61535 (61535)
⊟ Layer 2 Tunneling Protocol
    ⊟ Assigned Tunnel ID AVP
        Mandatory: True
        Hidden: False
        Length: 8
        Vendor ID: Reserved (0)
        Type: Assigned Tunnel ID (9)
        Tunnel ID: 1
``` |
| 3 | NAS：发送 SCCCN 确认报文。隧道双方 Tunnel ID 协商结束，L2TP VPN 隧道建立完毕 |
| | ```
No.   Time         Source    Destination  Protocol  Info
399 1682.00026 1.1.1.1     2.2.2.2      L2TP      Control Message - SCCRQ  (tunnel id=0, session id=0)
400 1682.00026 2.2.2.2     1.1.1.1      L2TP      Control Message - SCCRP  (tunnel id=1, session id=0)
401 1682.00026 1.1.1.1     2.2.2.2      L2TP      Control Message - SCCCN  (tunnel id=1, session id=0)
⊞ Frame 401: 62 bytes on wire (496 bits), 62 bytes captured (496 bits)
⊞ Ethernet II, Src: HuaweiTe_00:00:16 (00:e0:fc:00:00:16), Dst: 64:3e:8c:48:f1:50 (64:3e:8c:48:f1:50)
⊞ Internet Protocol, Src: 1.1.1.1 (1.1.1.1), Dst: 2.2.2.2 (2.2.2.2)
⊞ User Datagram Protocol, Src Port: 61535 (61535), Dst Port: l2f (1701)
⊟ Layer 2 Tunneling Protocol
    ⊞ Packet Type: Control Message Tunnel Id=1 Session Id=0
        Length: 20
        Tunnel ID: 1
        Session ID: 0
        Ns: 1
        Nr: 1
``` |

（3）NAS 与 LNS 建立 L2TP 会话（表 7-15）。

拨号用户在第（4）步会与 LNS 间建立 PPP 连接，L2TP 会话用来记录和管理它们之间的 PPP 连接状态。因此，在建立 PPP 连接以前，隧道双方需要为 PPP 连接预先协商出一个 L2TP 会话。

表 7-15　NAS 与 LNS 建立 L2TP 会话

交互过程	交互内容
1	NAS：发送 ICRQ 报文，告知 LNS 使用 28 作为 Session ID 与其通信。NAS 发送 ICRQ 报文时，使用的初始 Session ID 为 0
| | ```
No.   Time         Source    Destination  Protocol  Info
402 1682.00026 1.1.1.1     2.2.2.2      L2TP      Control Message - ICRQ  (tunnel id=1, session id=0)
403 1682.00026 2.2.2.2     1.1.1.1      L2TP      Control Message - ICRP  (tunnel id=1, session id=28)
404 1682.00027 1.1.1.1     2.2.2.2      L2TP      Control Message - ICCN  (tunnel id=1, session id=24)
⊞ Frame 402: 110 bytes on wire (880 bits), 110 bytes captured (880 bits)
⊞ Ethernet II, Src: HuaweiTe_00:00:16 (00:e0:fc:00:00:16), Dst: 64:3e:8c:48:f1:50 (64:3e:8c:48:f1:50)
⊞ Internet Protocol, Src: 1.1.1.1 (1.1.1.1), Dst: 2.2.2.2 (2.2.2.2)
⊞ User Datagram Protocol, Src Port: 61535 (61535), Dst Port: l2f (1701)
⊟ Layer 2 Tunneling Protocol
    ⊟ Assigned Session AVP
        Mandatory: True
        Hidden: False
        Length: 8
        Vendor ID: Reserved (0)
        Type: Assigned Session (14)
        Assigned Session: 28
``` |
```

续表

交互过程	交互内容
2	LNS：返回 ICRP 报文，告知 NAS 使用 24 作为 Session ID 与其通信
|  | ```
No.   Time        Source   Destination  Protocol  Info
402 1682.00026 1.1.1.1    2.2.2.2      L2TP      Control Message - ICRQ  (tunnel id=1, session id=0)
403 1682.00026 2.2.2.2    1.1.1.1      L2TP      Control Message - ICRP  (tunnel id=1, session id=28)
404 1682.00027 1.1.1.1    2.2.2.2      L2TP      Control Message - ICCN  (tunnel id=1, session id=24)
⊞ Frame 403: 70 bytes on wire (560 bits), 70 bytes captured (560 bits)
⊞ Ethernet II, Src: 64:3e:8c:48:f1:50 (64:3e:8c:48:f1:50), Dst: HuaweiTe_00:00:16 (00:e0:fc:00:00:16)
⊞ Internet Protocol, Src: 2.2.2.2 (2.2.2.2), Dst: 1.1.1.1 (1.1.1.1)
⊞ User Datagram Protocol, Src Port: 12f (1701), Dst Port: 61535 (61535)
⊟ Layer 2 Tunneling Protocol
    ⊟ Assigned Session AVP
        Mandatory: True
        Hidden: False
        Length: 8
        Vendor ID: Reserved (0)
        Type: Assigned Session (14)
        Assigned Session: 24
``` |
| 3 | NAS：发送 ICCN 确认报文。
隧道双方 Session ID 协商结束，L2TP 会话建立完毕 |
|  | ```
No.   Time        Source   Destination  Protocol  Info
402 1682.00026 1.1.1.1    2.2.2.2      L2TP      Control Message - ICRQ  (tunnel id=1, session id=0)
403 1682.00026 2.2.2.2    1.1.1.1      L2TP      Control Message - ICRP  (tunnel id=1, session id=28)
404 1682.00027 1.1.1.1    2.2.2.2      L2TP      Control Message - ICCN  (tunnel id=1, session id=24)
⊞ Frame 404: 207 bytes on wire (1656 bits), 207 bytes captured (1656 bits)
⊞ Ethernet II, Src: HuaweiTe_00:00:16 (00:e0:fc:00:00:16), Dst: 64:3e:8c:48:f1:50 (64:3e:8c:48:f1:50)
⊞ Internet Protocol, Src: 1.1.1.1 (1.1.1.1), Dst: 2.2.2.2 (2.2.2.2)
⊞ User Datagram Protocol, Src Port: 61535 (61535), Dst Port: 12f (1701)
⊟ Layer 2 Tunneling Protocol
    ⊞ Packet Type: Control Message Tunnel Id=1 Session Id=24
       Length: 165
       Tunnel ID: 1
       Session ID: 24
       Ns: 3
       Nr: 2
``` |

（4）拨号用户与 LNS 建立 PPP 连接。

拨号用户通过与 LNS 建立 PPP 连接来获取 LNS 分配的企业内网 IP 地址。

①可选：LNS 对拨号用户进行身份认证。

在 NAS – Initiated 场景中，用户身份认证有两种方案：一种是仅使用 NAS 对用户做身份认证，另一种是 NAS 和 LNS 分别对用户做身份认证（也叫二次认证）。认证方案的选择由 LNS 侧的配置控制，LNS 侧有如下三种身份认证方式：

• 代理认证

表示仅使用 NAS 进行用户认证，LNS 不再对用户进行二次身份认证。例如，步骤（1）中，拨号用户与 NAS 建立 PPPoE 连接时，NAS 已经使用 PAP/CHAP 方式对拨号用户做了身份认证，则此处 LNS 将不做二次认证。

• 强制 CHAP 认证

表示 NAS 认证完用户身份以后，LNS 要求用户使用 CHAP 方式重新进行身份认证，该方式属于二次身份认证。

- LCP 重协商

表示 LNS 不信任 NAS 的认证结果，要求用户重新与 LNS 进行 LCP 协商并进行身份认证，该方式属于二次身份认证。

LNS 默认使用的是代理认证方式，即不对用户做二次认证。

②身份认证完成后，拨号用户向 LNS 发送 IPCP Request 消息，请求 LNS 向其分配企业内网 IP 地址。

③LNS 向拨号用户返回 IPCP ACK 消息，此消息中携带了为拨号用户分配的企业内网 IP 地址（即 LNS 地址池中的 IP 地址），PPP 连接建立完成。例如图 7 – 34 中，LNS 为拨号用户分配的内网地址为 172.16.1.51。

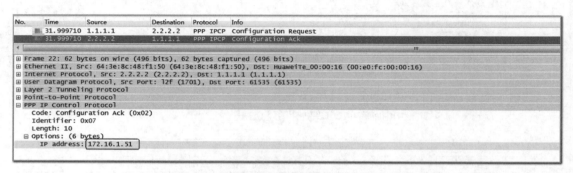

图 7 – 34　LNS 为拨号用户分配的内网地址为 172.16.1.51

（5）拨号用户发送业务报文访问企业总部。

从图 7 – 35 中可以看到，拨号用户使用企业分配的内网地址 172.16.1.51 访问内网服务器 192.168.1.1，报文经过 NAS 和 LNS 的加/解封装后到达对端。有关报文的封装细节请参见报文封装。

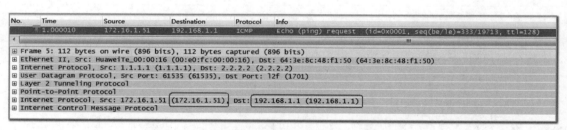

图 7 – 35　拨号用户发送业务报文访问企业总部

2. 报文封装

报文的封装和解封装过程如图 7 – 36 所示。

（1）拨号用户发出的原始数据经过 PPP 头和 PPPoE 头封装后发往 NAS 设备。

由于 PPPoE 是点到点连接，PPPoE 连接建立以后，拨号用户本地 PC 不用进行路由选择，直接将封装后的报文发送给 NAS 设备。

（2）NAS 设备使用 VT（Virtual – Template）接口拆除报文的 PPPoE 头，再进行 L2TP 封装，然后按照到 Internet 的公网路由将封装后的数据发送出去。

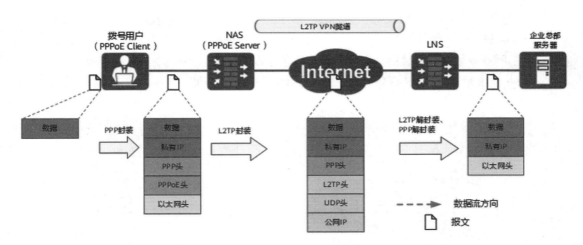

图 7-36　NAS-Initiated 场景下报文的封装过程

（3）LNS 设备接收到报文以后，拆除报文的 L2TP 头和 PPP 头，然后按照到企业内网的路由进行报文转发。

（4）企业总部服务器收到拨号用户的报文后，向拨号用户返回响应报文。

3. 安全策略

- 图 7-37 所示为 NAS 设备上的报文所经过的安全域间。

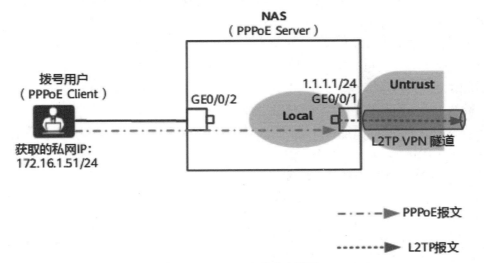

图 7-37　NAS 上的安全域间

拨号用户访问企业内网的过程中，经过 NAS 的流量分为以下两类，对应流量的安全策略处理原则如下。

□ NAS 收到的拨号用户发来的 PPPoE 报文。

此处的 PPPoE 报文既包含拨号用户与 NAS 间建立 PPPoE 连接时的协商报文，也包含拨号用户访问企业总部内网业务数据被封装后的 PPPoE 报文。由于 PPPoE 广播报文不受安全策略控制，因此 NAS 设备上无须为该流量配置安全策略。

□ 由 NAS 发出的 L2TP 报文。

此处的 L2TP 报文既包含 NAS 与 LNS 建立隧道时的 L2TP 协商报文，也包含拨号用户访问企业总部内网业务数据被封装后的 L2TP 报文，这些 L2TP 报文会经过 Local—> Untrust 区域。

- 图 7 – 38 所示为 LNS 设备上报文所经过的安全域间。

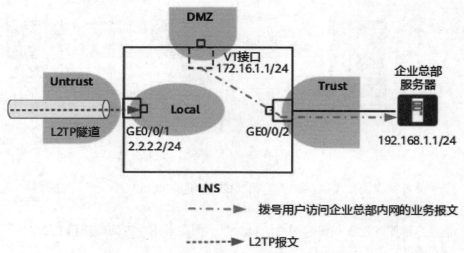

图 7 – 38 LNS 上的安全域间

拨号用户访问企业内网的过程中，经过 LNS 的流量分为以下两类，对应流量的安全策略处理原则如下。

□ NAS 与 LNS 间的 L2TP 报文。

此处的 L2TP 报文既包含 NAS 与 LNS 建立隧道时的 L2TP 协商报文，也包含拨号用户访问企业总部内网业务数据被解封装前的 L2TP 报文，这些 L2TP 报文会经过 Untrust—>Local 区域。

□ 拨号用户访问企业总部内网的业务报文。

LNS 通过 VT 接口将拨号用户访问企业总部内网的业务报文解封装以后，这些报文经过的安全域间为 DMZ –> Trust。DMZ 区域为 LNS 上 VT 接口所在的安全区域，Trust 区域为 LNS 连接总部内网接口所在的安全区域。

综上所述，NAS 和 LNS 上应配置的安全策略匹配条件见表 7 – 16。

表 7 – 16 NAS 和 LNS 的安全策略匹配条件

业务方向	设备	源安全区域	目的安全区域	源地址	目的地址	应用
拨号用户访问企业内网	NAS	Local	Untrust	1.1.1.1/32	2.2.2.2/32	L2TP
	LNS	Untrust	Local	1.1.1.1/32	2.2.2.2/32	L2TP
		DMZ	Trust	172.16.1.2/24 ~ 172.16.1.100/24（地址池地址）	192.168.1.0/24	*

续表

业务方向	设备	源安全区域	目的安全区域	源地址	目的地址	应用
企业总部服务器访问拨号用户	LNS	Trust	DMZ	192.168.1.0/24	172.16.1.2/24 ~ 172.16.1.100/24（地址池地址)	

注：此处 * 表示应用与具体的业务类型有关，可以根据实际情况配置，如 TCP、UDP、ICMP 等。

二、Client – Initiated 场景中的 L2TP VPN 原理

从隧道协商、报文封装、安全策略这 3 个方面介绍 Client – Initiated 场景中 L2TP VPN 的工作原理。

1. 隧道协商

移动办公用户在访问企业总部服务器之前，需要先通过 L2TP VPN 软件与 LNS 建立 L2TP VPN 隧道。图 7 – 39 所示是移动办公用户与 LNS 协商建立 L2TP VPN 隧道，直至最后成功访问企业内网资源的完整过程。

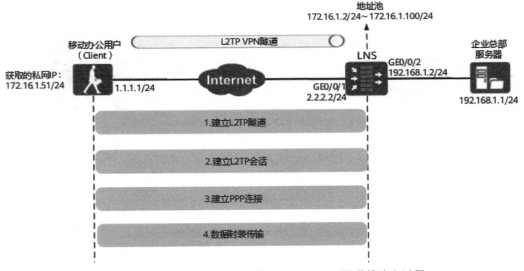

图 7 – 39　Client – Initiated 场景下 L2TP VPN 隧道的建立过程

（1）移动办公用户与 LNS 建立 L2TP VPN 隧道（表 7 – 17）。

表 7 – 17　移动办公用户与 LNS 建立 L2TP VPN 隧道

交互过程	交互内容
1	Client：发送 SCCRQ 报文，告知 LNS 使用 1 作为 Tunnel ID 与其通信。Client 发送 SCCRQ 报文时，使用的初始 Tunnel ID 为 0

续表

交互过程	交互内容
1	在 L2TP VPN 中，一个 LNS 设备可以同时建立多条隧道，不同的隧道用来传输不同的用户业务。为了对隧道加以区分，隧道在建立之初都会协商出属于自己的隧道标识，即 Tunnel ID。 L2TP 报文以 UDP 协议传输，Client 在发送 SCCRQ 报文时，会任选一个空闲端口作为源端口向 LNS 的 1701 端口发送报文；LNS 收到报文后，使用 1701 端口向 Client 的指定端口回送报文。双方的端口选定后，在隧道保持连通的时间段内不再改变
| | ```
No.  Time       Source    Destination  Protocol  Info
15 13.000120   1.1.1.1   2.2.2.2      L2TP      Control Message - SCCRQ (tunnel id=0, session id=0)
16 13.000120   2.2.2.2   1.1.1.1      L2TP      Control Message - SCCRP (tunnel id=1, session id=0)
17 13.000120   1.1.1.1   2.2.2.2      L2TP      Control Message - SCCCN (tunnel id=1, session id=0)

Frame 15: 121 bytes on wire (968 bits), 121 bytes captured (968 bits)
Ethernet II, Src: RealtekS_88:56:cb (00:e0:4c:88:56:cb), Dst: 64:3e:8c:48:f1:4a (64:3e:8c:48:f1:4a)
Internet Protocol, Src: 1.1.1.1 (1.1.1.1), Dst: 2.2.2.2 (2.2.2.2)
User Datagram Protocol, Src Port: l2f (1701), Dst Port: l2f (1701)
Layer 2 Tunneling Protocol
  Assigned Tunnel ID AVP
    Mandatory: True
    Hidden: False
    Length: 8
    Vendor ID: Reserved (0)
    Type: Assigned Tunnel ID (9)
    Tunnel ID: 1
  Receive Window Size AVP
``` |
| 2 | LNS：返回 SCCRP 报文，告知 Client 也使用 1 作为 Tunnel ID 与其通信 |
| | ```
No.  Time       Source    Destination  Protocol  Info
15 13.000120   1.1.1.1   2.2.2.2      L2TP      Control Message - SCCRQ (tunnel id=0, session id=0)
16 13.000120   2.2.2.2   1.1.1.1      L2TP      Control Message - SCCRP (tunnel id=1, session id=0)
17 13.000120   1.1.1.1   2.2.2.2      L2TP      Control Message - SCCCN (tunnel id=1, session id=0)

Frame 16: 119 bytes on wire (952 bits), 119 bytes captured (952 bits)
Ethernet II, Src: 64:3e:8c:48:f1:4a (64:3e:8c:48:f1:4a), Dst: RealtekS_88:56:cb (00:e0:4c:88:56:cb)
Internet Protocol, Src: 2.2.2.2 (2.2.2.2), Dst: 1.1.1.1 (1.1.1.1)
User Datagram Protocol, Src Port: l2f (1701), Dst Port: l2f (1701)
Layer 2 Tunneling Protocol
  Assigned Tunnel ID AVP
    Mandatory: True
    Hidden: False
    Length: 8
    Vendor ID: Reserved (0)
    Type: Assigned Tunnel ID (9)
    Tunnel ID: 1
``` |
| 3 | Client：发送 SCCCN 确认报文。
隧道双方 Tunnel ID 协商结束，L2TP VPN 隧道建立完毕 |
| | ```
No.  Time       Source    Destination  Protocol  Info
15 13.000120   1.1.1.1   2.2.2.2      L2TP      Control Message - SCCRQ (tunnel id=0, session id=0)
16 13.000120   2.2.2.2   1.1.1.1      L2TP      Control Message - SCCRP (tunnel id=1, session id=0)
17 13.000120   1.1.1.1   2.2.2.2      L2TP      Control Message - SCCCN (tunnel id=1, session id=0)

Frame 17: 62 bytes on wire (496 bits), 62 bytes captured (496 bits)
Ethernet II, Src: RealtekS_88:56:cb (00:e0:4c:88:56:cb), Dst: 64:3e:8c:48:f1:4a (64:3e:8c:48:f1:4a)
Internet Protocol, Src: 1.1.1.1 (1.1.1.1), Dst: 2.2.2.2 (2.2.2.2)
User Datagram Protocol, l2f (1701), Dst Port: l2f (1701)
Layer 2 Tunneling Protocol
  Packet Type: Control Message Tunnel Id=1 Session Id=0
  Length: 20
  Tunnel ID: 1
  Session ID: 0
  Ns: 1
  Nr: 1
``` |
```

（2）移动办公用户与 LNS 建立 L2TP 会话（表 7-18）。

移动办公用户在第（3）步会与 LNS 间建立 PPP 连接，L2TP 会话用来记录和管理它们之间的 PPP 连接状态。因此，在建立 PPP 连接以前，隧道双方需要为 PPP 连接预先协商出一个 L2TP 会话。

表 7-18 移动办公用户与 LNS 建立 L2TP 会话

交互过程	交互内容
1	Client：发送 ICRQ 报文，告知 LNS 使用 81 作为 Session ID 与其通信
	![Frame 18 packet capture showing ICRQ with Assigned Session: 81]
2	LNS：返回 ICRP 报文，告知 Client 使用 77 作为 Session ID 与其通信
	![Frame 19 packet capture showing ICRP with Assigned Session: 77]
3	Client：发送 ICCN 确认报文。 隧道双方 Session ID 协商结束，L2TP 会话建立完毕
	![Frame 17 packet capture showing SCCCN with Tunnel ID: 1, Session ID: 0]

(3) 移动办公用户与 LNS 建立 PPP 连接（图 7-40）。

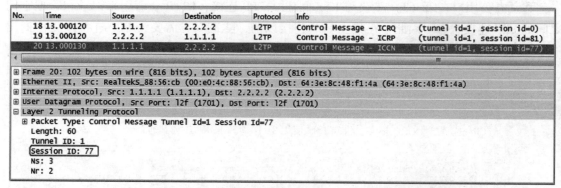

图 7-40　移动办公用户与 LNS 建立 PPP 连接

移动办公用户通过与 LNS 建立 PPP 连接获取 LNS 分配的企业内网 IP 地址，见表 7-19。

表 7-19　移动办公用户通过与 LNS 建立 PPP 连接获取 LNS 分配的企业内网 IP 地址

交互过程	交互内容
1	Client：发送 LCP Request 请求报文，协商链路层参数。例如下图中双方约定使用的 MRU 值为 1500。 LNS 返回 LCP ACK 确认报文后，链路层参数协商完成
2	Client：发送 PAP Request 报文，请求 LNS 进行身份认证。下图中可以看到 PAP 报文中携带有用户名"hb@hb"和密码"admin@123"信息。LNS 返回认证结果 PAP ACK 报文，身份认证完成。 如果移动办公用户使用的是 CHAP 认证，则认证流程稍有不同，详细过程请参见 PPP 的 CHAP 验证协议。 说明：L2TP VPN 隧道本身无数据加密功能，为了确保用户数据不被窃取，实际应用中建议使用 IPSec 技术对 L2TP VPN 提供加密保护

续表

交互过程	交互内容
	![Wireshark capture showing PPP PAP Authenticate-Request and Authenticate-Ack packets]
3	Client：身份认证通过后，Client 向 LNS 发送 IPCP Request 消息，请求 LNS 向其分配企业内网 IP 地址。 LNS 向 Client 返回 IPCP ACK 消息，此消息中携带了为 Client 分配的企业内网 IP 地址（即地址池中的 IP 地址），PPP 连接建立完成。从下图中可以看到，LNS 为 Client 分配的内网地址为 172.16.1.51 ![Wireshark capture showing PPP IPCP Configuration Request and Configuration Ack packets, with IP address 172.16.1.51]

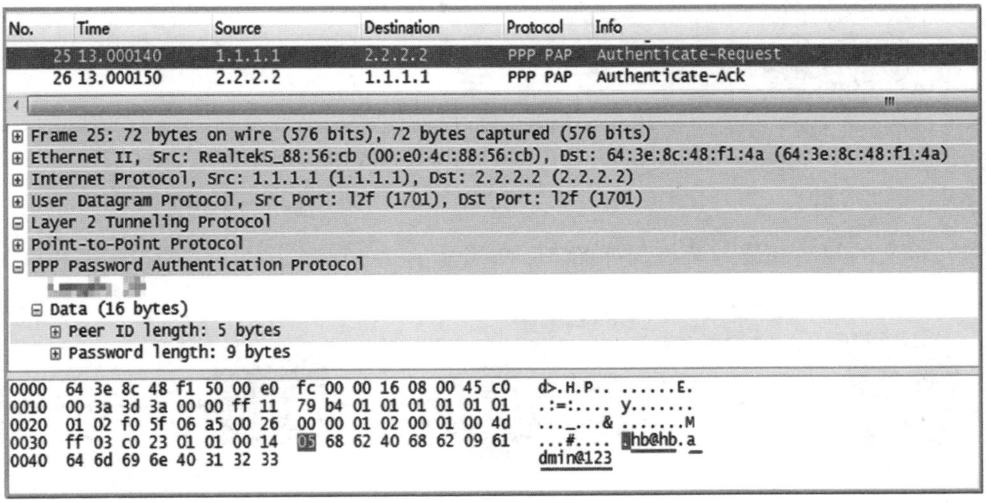

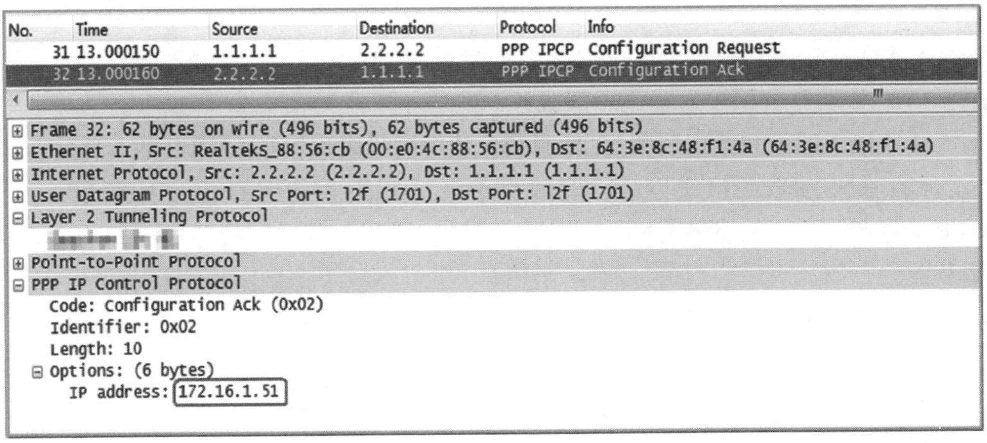

（4）移动办公用户发送业务报文访问企业总部服务器。

从图 7-41 可以看到，移动办公用户使用企业分配的内网地址 172.16.1.51 访问内网服务器 192.168.1.1，报文经过加/解封装后到达对端。有关报文封装的细节请参见报文封装。

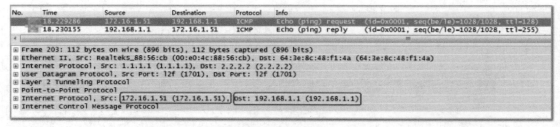

图 7-41 访问内网服务器 192.168.1.1

2. 报文封装

报文的封装和解封装过程如图 7-42 所示。

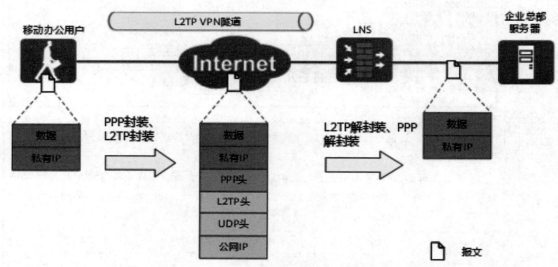

图 7-42 Client-Initiated 场景下报文的封装和解封装过程

（1）移动办公用户向企业总部服务器发送业务报文。

业务报文进行 PPP 封装和 L2TP 封装，然后按照移动办公用户 PC 的本地路由转发给 LNS。

（2）LNS 接收到报文以后，完成身份认证和报文的解封装，去掉 PPP 头、L2TP 头、UDP 头和外层 IP 头，还原为原始报文，然后按照到企业内网的路由将报文转发给企业总部服务器。

（3）企业总部服务器收到移动办公用户的报文后，向移动办公用户返回响应报文。

3. 安全策略

- 图 7-43 所示为 LNS 设备上报文所经过的安全域间。

移动办公用户访问企业总部服务器的过程中，经过 LNS 的流量分为以下两类，对应流量的安全策略处理原则如下。

□ 移动办公用户与 LNS 间的 L2TP 报文。

此处的 L2TP 报文既包含移动办公用户与 LNS 建立隧道时的 L2TP 协商报文，也包含移动办公用户访问企业总部服务器被解封装前的业务报文，这些 L2TP 报文会经过 Untrust→Local 区域。

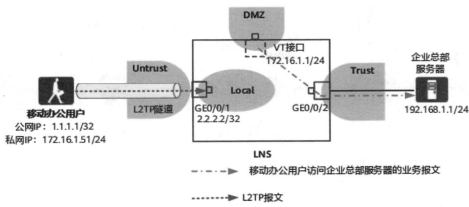

图 7-43 LNS 上的安全域间

☐ 移动办公用户访问企业总部内网服务器的业务报文。

LNS 通过 VT 接口将移动办公用户访问企业总部服务器的业务报文解封装以后，这些报文经过的安全域间为 DMZ -> Trust。DMZ 区域为 LNS 上 VT 接口所在的安全区域，Trust 为 LNS 连接总部内网接口所在的安全区域。

综上所述，LNS 上应配置的安全策略匹配条件见表 7-20。

表 7-20 LNS 的安全策略匹配条件

业务方向	设备	源安全区域	目的安全区域	源地址	目的地址	应用
移动办公用户访问企业总部服务器	LNS	Untrust	Local	Any	2.2.2.2/32	L2TP
		DMZ	Trust	172.16.1.2/24 ~ 172.16.1.100/24（地址池地址）	192.168.1.0/24	*
企业总部服务器访问移动办公用户	LNS	Trust	DMZ	192.168.1.0/24	172.16.1.2 ~ 172.16.1.100/24（地址池地址）	*

*：此处的应用与具体的业务类型有关，可以根据实际情况配置，如 TCP、UDP 等。

三、Call - LNS 场景中的 L2TP VPN 原理

从隧道协商、报文封装、安全策略和 LAC 的源 NAT 地址转换这 4 个方面介绍 Call - LNS 场景中 L2TP VPN 的工作原理。

1. 隧道协商

在 Call - LNS 场景中，LAC 和 LNS 配置完 L2TP VPN 以后，LAC 会主动向 LNS 发起隧道协商请求。图 7-44 所示是隧道协商的完整过程。

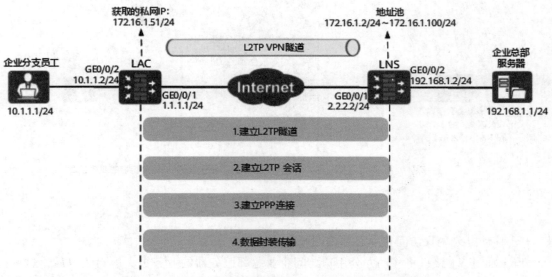

图 7-44 Call-LNS 场景下 L2TP VPN 隧道的建立过程

（1）LAC 与 LNS 建立 L2TP VPN 隧道（表 7-21）。

表 7-21 LAC 与 LNS 建立 L2TP VPN 隧道

交互过程	交互内容
1	LAC：发送 SCCRQ 报文，告知 LNS 使用 1 作为 Tunnel ID 与其通信。 一个 LAC 或 LNS 设备都可以同时建立多条隧道，不同的隧道用来传输不同的用户业务。为了对隧道加以区分，隧道在建立之初都会协商出属于自己的隧道标识，即 Tunnel ID。 L2TP 报文以 UDP 协议传输，LAC 在发送 SCCRQ 报文时，会任选一个空闲端口作为源端口向 LNS 的 1701 端口发送报文；LNS 收到报文后，使用 1701 端口向 LAC 的指定端口回送报文。双方的端口选定后，在隧道保持连通的时间段内不再改变
	![报文截图]
2	LNS：返回 SCCRP 报文，告知 LAC 也使用 1 作为 Tunnel ID 与其通信

第7章　VPN技术

续表

交互过程	交互内容
	![packet capture showing SCCRP frame details with Tunnel ID AVP]
3	LAC：发送 SCCCN 确认报文。 隧道双方 Tunnel ID 协商结束，L2TP VPN 隧道建立完毕
	![packet capture showing SCCCN frame with Tunnel ID: 1, Session ID: 0]

（2）LAC 与 LNS 建立 L2TP 会话（表 7–22）。

LAC 在第（3）步会与 LNS 间建立 PPP 连接，L2TP 会话用来记录和管理它们之间的 PPP 连接状态。因此，在建立 PPP 连接以前，隧道双方需要为 PPP 连接预先协商出一个 L2TP 会话。

表 7–22　LAC 与 LNS 建立 L2TP 会话

交互过程	交互内容
1	LAC：发送 ICRQ 报文，告知 LNS 使用 81 作为 Session ID 与其通信
	![packet capture showing ICRQ frame with Assigned Session: 81]

续表

交互过程	交互内容
2	LNS：返回 ICRP 报文，告知 LAC 使用 77 作为 Session ID 与其通信
| | ```
No.  Time       Source   Destination  Protocol  Info
18   13.000120  1.1.1.1  2.2.2.2      L2TP      Control Message - ICRQ  (tunnel id=1, session id=0)
19   13.000120  2.2.2.2  1.1.1.1      L2TP      Control Message - ICRP  (tunnel id=1, session id=81)
20   13.000130  1.1.1.1  2.2.2.2      L2TP      Control Message - ICCN  (tunnel id=1, session id=77)

Frame 19: 70 bytes on wire (560 bits), 70 bytes captured (560 bits)
Ethernet II, Src: 64:3e:8c:48:f1:50 (64:3e:8c:48:f1:50), Dst: HuaweiTe_00:00:16 (00:e0:fc:00:00:16)
Internet Protocol, Src: 2.2.2.2 (2.2.2.2), Dst: 1.1.1.1 (1.1.1.1)
User Datagram Protocol, Src Port: l2f (1701), Dst Port: 61535 (61535)
Layer 2 Tunneling Protocol
  Assigned Session AVP
    Mandatory: True
    Hidden: False
    Length: 8
    Vendor ID: Reserved (0)
    Type: Assigned Session (14)
    Assigned Session: 77
``` |
| 3 | LAC：发送 ICCN 确认报文。
隧道双方 Session ID 协商结束，L2TP 会话建立完毕 |
| | ```
No.  Time       Source   Destination  Protocol  Info
18   13.000120  1.1.1.1  2.2.2.2      L2TP      Control Message - ICRQ  (tunnel id=1, session id=0)
19   13.000120  2.2.2.2  1.1.1.1      L2TP      Control Message - ICRP  (tunnel id=1, session id=81)
20   13.000130  1.1.1.1  2.2.2.2      L2TP      Control Message - ICCN  (tunnel id=1, session id=77)

Frame 20: 102 bytes on wire (816 bits), 102 bytes captured (816 bits)
Ethernet II, Src: HuaweiTe_00:00:16 (00:e0:fc:00:00:16), Dst: 64:3e:8c:48:f1:50 (64:3e:8c:48:f1:50)
Internet Protocol, Src: 1.1.1.1 (1.1.1.1), Dst: 2.2.2.2 (2.2.2.2)
User Datagram Protocol, Src Port: 61535 (61535), Dst Port: l2f (1701)
Layer 2 Tunneling Protocol
  Packet Type: Control Message Tunnel Id=1 Session Id=77
    Length: 60
    Tunnel ID: 1
    Session ID: 77
    Ns: 3
    Nr: 2
``` |

（3）LAC 与 LNS 建立 PPP 连接（表 7-23）。

LAC 通过与 LNS 建立 PPP 连接来获取 LNS 分配的企业内网 IP 地址。

表 7-23 LAC 与 LNS 建立 PPP 连接

交互过程	交互内容
1	LAC：发送 LCP Request 请求报文，协商链路层参数。例如下图中双方约定使用的 MRU 值为 1500。 LNS 返回 LCP ACK 确认报文后，链路层参数协商完成
| | ```
No.  Time       Source   Destination  Protocol  Info
21   13.000130  1.1.1.1  2.2.2.2      PPP LCP   Configuration Request
24   13.000140  2.2.2.2  1.1.1.1      PPP LCP   Configuration Ack

Frame 21: 72 bytes on wire (576 bits), 72 bytes captured (576 bits)
Ethernet II, Src: HuaweiTe_00:00:16 (00:e0:fc:00:00:16), Dst: 64:3e:8c:48:f1:50 (64:3e:8c:48:f1:50)
Internet Protocol, Src: 1.1.1.1 (1.1.1.1), Dst: 2.2.2.2 (2.2.2.2)
User Datagram Protocol, Src Port: 61535 (61535), Dst Port: l2f (1701)
Layer 2 Tunneling Protocol
Point-to-Point Protocol
PPP Link Control Protocol
  Code: Configuration Request (0x01)
  Identifier: 0x01
  Length: 20
  Options: (16 bytes)
    Maximum Receive Unit: 1500
    Async Control Character Map: 0xffffffff (All)
    Magic number: 0x70f94c9b
``` |
```

续表

交互过程	交互内容
2	LAC：发送 PAP Request 报文，请求 LNS 进行身份认证。下图中可以看到 PAP 报文中携带有用户名"hb@hb"和密码"admin@123"信息。LNS 返回认证结果 PAP ACK 报文，身份认证完成。 如果 LAC 使用的是 CHAP 认证，则认证流程稍有不同，详细过程请参见 PPP 的 CHAP 验证协议。 说明：L2TP VPN 隧道本身无数据加密功能，为了确保用户数据不被窃取，实际应用中建议使用 IPSec 技术对 L2TP VPN 提供加密保护。
	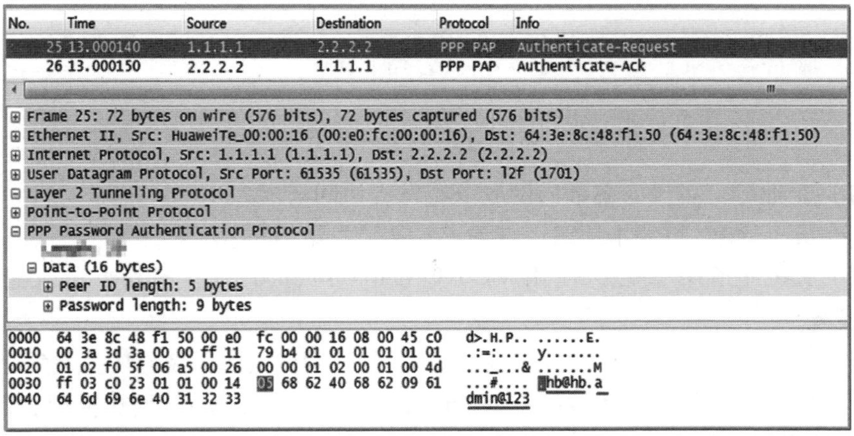
3	LAC：身份认证通过后，LAC 向 LNS 发送 IPCP Request 消息，请求 LNS 向其分配企业内网 IP 地址。 LNS 向 LAC 返回 IPCP ACK 消息，此消息中携带了为 LAC 分配的企业内网 IP 地址，PPP 连接建立完成。下图中可以看到，LNS 为 LAC 分配的内网地址为 172.16.1.51。
	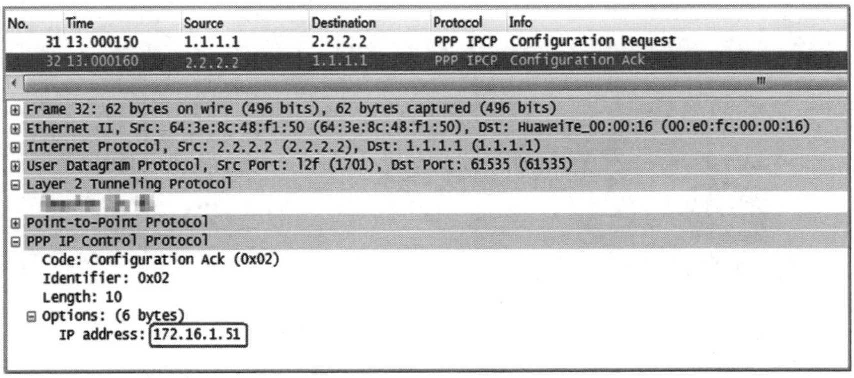

（4）企业分支员工发送访问企业总部服务器的业务报文，报文经过 LAC 和 LNS 的加/解封装后到达对端。有关报文的封装细节请参见报文封装。

2. 报文封装

报文的封装和解封装过程如图 7-45 所示。

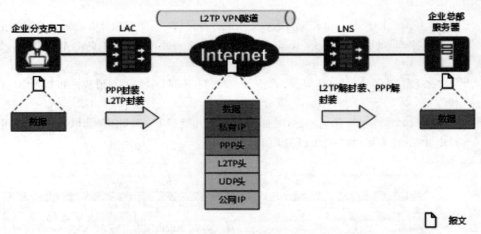

图 7-45　Call-LNS 场景下报文的封装过程

（1）企业分支员工向总部内网服务器发送访问请求。

分支员工的 PC 按照本地路由将请求报文转发给 LAC。

（2）LAC 收到报文后，使用 VT（Virtual-Template）接口对此报文进行 PPP 封装和 L2TP 封装。

报文封装完成后，LAC 再按照到 Internet 的公网路由将封装好的报文发送出去。

（3）LNS 设备接收到报文以后，使用 VT 接口拆除报文的 L2TP 头和 PPP 头，然后按照到企业内网的路由将报文转发给总部内网服务器。

（4）企业总部服务器收到分支员工的报文后，向分支员工返回响应报文。

3. 安全策略

- 图 7-46 所示为 LAC 设备上报文所经过的安全区域。

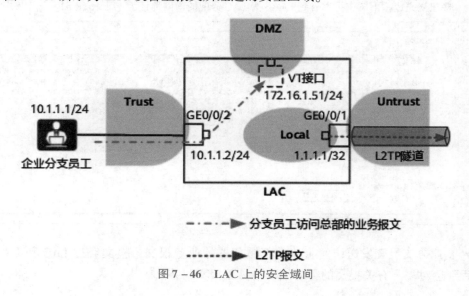

图 7-46　LAC 上的安全域间

企业分支员工访问企业总部服务器的过程中，经过 LAC 的流量分为以下 2 类，对应流量的安全策略处理原则如下。

□ 企业分支员工访问企业总部服务器的业务报文。

业务报文会从 Trust 区域进入 LAC，然后通过 DMZ 区域的 VT 接口进行封装，其经过的安全区域为 Trust—>DMZ 区域。Trust 和 DMZ 仅为示例，Trust 代表 LAC 连接分支内网接口所在的安全区域，DMZ 代表 LAC 上 VT 接口所在的安全区域。

□ 由 LAC 发出的 L2TP 报文。

此处的 L2TP 报文既包括建立 L2TP VPN 隧道时的协商报文，也包括经过 L2TP 封装以后的业务报文，这些 L2TP 报文会经过 Local—>Untrust 区域。

- 图 7-47 所示为 LNS 设备上报文所经过的安全域间。

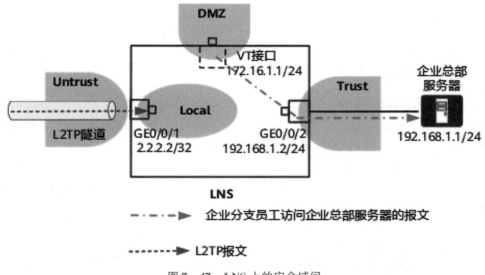

图 7-47 LNS 上的安全域间

企业分支员工访问企业总部服务器的过程中，经过 LNS 的流量分为以下 2 类，对应流量的安全策略处理原则如下。

□ LNS 收到的 L2TP 报文。

此处的 L2TP 报文既包含 LAC 与 LNS 建立隧道时的 L2TP 协商报文，也包含分支员工访问企业总部服务器的业务数据被解封装前的 L2TP 报文，这些 L2TP 报文会经过 Untrust—>Local 区域。

□ 企业分支员工访问企业总部服务器的业务报文。

LNS 的 VT 接口会对 L2TP 报文解封装，解封装后的业务报文送往总部内网服务器所在的 Trust 区域，该报文经过的安全区域为 DMZ—>Trust 区域。

综上所述，LAC 和 LNS 上应配置的安全策略匹配条件见表 7-24。

表7-24 LAC和LNS的安全策略匹配条件

业务方向	设备	源安全区域	目的安全区域	源地址	目的地址	应用
分支员工访问企业总部服务器	LAC	Trust	DMZ	10.1.1.0/24	192.168.1.0/24	*
		Local	Untrust	1.1.1.1/32	2.2.2.2/32	L2TP
	LNS	Untrust	Local	1.1.1.1/32	2.2.2.2/32	L2TP
		DMZ	Trust	172.16.1.51/24	192.168.1.0/24	*
总部内网服务器访问分支员工	LAC	DMZ	Trust	192.168.1.0/24	10.1.1.0/24	*
	LNS	Trust	DMZ	192.168.1.0/24	172.16.1.51/24	*

*：此处的应用与具体的业务类型有关，可以根据实际情况配置，如TCP、UDP、ICMP等。

4. LAC上的源NAT地址转换

（1）在本场景中，LAC上需要配置一个源NAT策略，没有配置源NAT策略会造成用户业务访问失败，但源NAT策略不影响L2TP VPN隧道的建立。如图7-48所示，LAC与LNS之间已经建立了L2TP隧道。LAC侧VT口的名称是VT1，VT1接口从LNS侧获取到的IP地址是172.16.1.1/24；LNS侧VT口的名称是VT2，此处没有用到VT2的IP地址，无须关注。

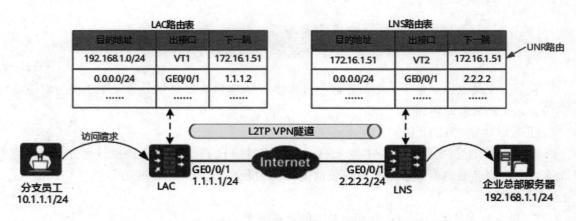

图7-48 LAC上的源NAT地址转换

结合图7-48分支员工访问企业总部服务器的过程，可以帮助理解LAC侧源NAT策略在报文转发过程中的作用。分支员工向企业总部服务器发起访问请求，该报文的源地址是10.1.1.1，目的地址是192.168.1.1。

（2）LAC收到报文以后，目的地址为192.168.1.0/24的路由转发此报文。

LAC 发现该报文的出接口是 VT1 口，于是对该报文进行 L2TP 封装。封装后的报文源地址是 1.1.1.1，目的地址是 2.2.2.2。

（3）LAC 对封装后的 L2TP 报文继续查找路由，然后由目的地址为 0.0.0.0/0 的默认路由将报文转发到 Internet。

（4）L2TP 报文到达 LNS 侧以后，LNS 进行 L2TP 解封装，并将解封装后的报文发送给企业总部服务器。然后，总部服务器向 LNS 返回响应报文，响应报文的源地址是 192.168.1.1，目的地址是 10.1.1.1。

（5）LNS 收到响应报文后，查找路由进行报文转发。

由于 LNS 上并没有一条目的地址是 10.1.1.0/24 网段的路由，于是该响应报文将无法进入 L2TP 隧道返回给分支员工。最后该报文只能匹配默认路由被转发至 Internet，直至被 Internet 丢弃。

LAC 上源 NAT 策略的作用是将分支员工发出的报文源地址 10.1.1.1 转换为 LAC 上 VT1 口的地址 172.16.1.51。如此一来，企业总部服务器返回的响应报文的目的地址也就变成了 172.16.1.51，该响应报文到达 LNS 以后，就可以命中 LNS 上的 UNR 路由，确保这个响应报文能够进入 L2TP 隧道，并返回给分支员工。

此处源 NAT 的配置方法如下。

```
[LAC] nat-policy
[LAC-policy-nat] rule name policy1
[LAC-policy-nat-rule-policy1] egress-interface Virtual-Template vt1
[LAC-policy-nat-rule-policy1] source-address 10.1.1.0 24
[LAC-policy-nat-rule-policy1] action source-nat easy-ip
[LAC-policy-nat-rule-policy1] quit
[LAC-policy-nat] quit
```

说明：该问题不建议采取在 LNS 上手动添加一条到分支内网路由的方法来解决，原因如下。

- 如果分支侧子网较多，则 LNS 上添加到分支子网的路由就会增多，这对于网络维护来说将会是一个很大的负担。
- 分支子网的地址有可能会发生变化，LNS 侧就要根据分支侧子网地址的变化同步修改路由，这同样会给网络维护带来麻烦。

7.4.2 L2TP – VPN 实验

实验　配置 Client – Initiated 场景下的 L2TP VPN（本地认证）

一、实验目的

介绍移动办公用户使用 SecoClient 通过 L2TP VPN 隧道访问企业总部内网的配置方法。

二、组网需求

企业网络如图 7-49 所示，企业希望公司外的移动办公用户能够通过 L2TP VPN 隧道访问公司内网的各种资源。

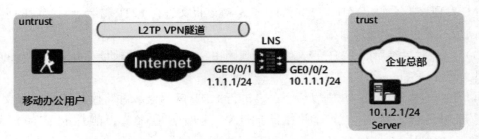

图 7-49 移动办公用户使用 SecoClient 通过 L2TP VPN 隧道访问企业内网

三、数据规划（表 7-25）

表 7-25 数据规划

项目		数据
LNS	接口	接口号：GigabitEthernet 0/0/1 IP 地址：1.1.1.1/24 安全区域：untrust 接口号：GigabitEthernet 0/0/2 IP 地址：10.1.1.1/24 安全区域：trust
	L2TP 配置	对端隧道名称：client 用户名：user0001 密码：Password123 隧道验证密码：Hello123 地址池：172.16.1.2 ~ 172.16.1.100 说明：若内网服务器 IP 地址与地址池的 IP 地址不在同一网段，需要在内网服务器上配置到地址池的路由
移动办公用户		用户名：user0001 密码：Password123

四、操作步骤

1. 配置 LNS

（1）配置接口 IP 地址，并将接口加入安全区域。

```
<LNS> system-view
[LNS] sysname LNS
```

```
[LNS] interface GigabitEthernet 0/0/1
[LNS-GigabitEthernet0/0/1] ip address 1.1.1.1 24
[LNS-GigabitEthernet0/0/1] quit
[LNS] firewall zone untrust
[LNS-zone-untrust] add interface GigabitEthernet 0/0/1
[LNS-zone-untrust] quit
[LNS] interface GigabitEthernet 0/0/2
[LNS-GigabitEthernet0/0/2] ip address 10.1.1.1 24
[LNS-GigabitEthernet0/0/2] quit
[LNS] firewall zone trust
[LNS-zone-trust] add interface GigabitEthernet 0/0/2
[LNS-zone-trust] quit
```

（2）配置地址池。

如果真实环境中地址池地址和总部内网地址配置在同一网段，则必须在 LNS 连接总部网络的接口上开启 ARP 代理功能，保证 LNS 可以对总部网络服务器发出的 ARP 请求进行应答。

```
[LNS] ip pool pool
[LNS-ip-pool-pool] section 1 172.16.1.2 172.16.1.100
[LNS-ip-pool-pool] quit
```

（3）配置业务方案。

```
[LNS] aaa
[LNS-aaa] service-scheme l2tp
[LNS-aaa-service-l2tp] ip-pool pool
[LNS-aaa-service-l2tp] quit
```

（4）配置认证域及其下用户。

①配置认证域。

说明：如果需要对 L2TP 接入用户进行基于用户名的策略控制，认证域的接入控制必须包含 internetaccess。

```
[LNS-aaa] domain default
[LNS-aaa-domain-default] service-type l2tp
```

②配置分支用户及其对应的用户组。

```
[LNS] user-manage group /default/research
[LNS-usergroup- /default/research] quit
[LNS] user-manage user user0001
```

```
[LNS-localuser-user0001] parent-group /default/research
[LNS-localuser-user0001] password Password123
[LNS-localuser-user0001] quit
```

(5)配置 VT 接口。

```
[LNS] interface Virtual-Template 1
[LNS-Virtual-Template1] ip address 172.16.1.1 24
[LNS-Virtual-Template1] ppp authentication-mode pap
[LNS-Virtual-Template1] remote service-scheme l2tp
[LNS-Virtual-Template1] quit
[LNS] firewall zone dmz
[LNS-zone-dmz] add interface Virtual-Template 1
[LNS-zone-dmz] quit
```

(6)配置 L2TP Group。

```
[LNS] l2tp enable
[LNS] l2tp-group 1
[LNS-l2tp-1] allow l2tp virtual-template 1 remote client
[LNS-l2tp-1] tunnel authentication
[LNS-l2tp-1] tunnel password cipher Hello123
[LNS-l2tp-1] quit
```

(7)配置到 Internet 上的默认路由，假设 LNS 通往 Internet 的下一跳 IP 地址为 1.1.1.2。

```
[LNS] ip route-static 0.0.0.0 0.0.0.0 1.1.1.2
```

(8)配置 LNS 上的域间安全策略。

```
# 配置 Trust 与 DMZ 之间的安全策略，允许移动办公用户访问总部内网以及总部内网访问移动办公用户的双向业务流量通过。
[LNS] security-policy
[LNS-policy-security] rule name service_td
[LNS-policy-security-rule-service_td] source-zone trust
[LNS-policy-security-rule-service_td] destination-zone dmz
[LNS-policy-security-rule-service_td] source-address 10.1.2.0 24
[LNS-policy-security-rule-service_td] destination-address 172.16.1.0 24
[LNS-policy-security-rule-service_td] action permit
[LNS-policy-security-rule-service_td] quit
[LNS-policy-security] rule name service_dt
[LNS-policy-security-rule-service_dt] source-zone dmz
[LNS-policy-security-rule-service_dt] destination-zone trust
[LNS-policy-security-rule-service_dt] source-address 172.16.1.0 24
```

第 7 章　VPN 技术

```
[LNS-policy-security-rule-service_dt] destination-address 10.1.2.0 24
[LNS-policy-security-rule-service_dt] action permit
[LNS-policy-security-rule-service_dt] quit
# 配置从 untrust 到 local 方向的安全策略,允许 L2TP 报文通过。
[LNS-policy-security] rule name l2tp_ul
[LNS-policy-security-rule-l2tp_ul] source-zone untrust
[LNS-policy-security-rule-l2tp_ul] destination-zone local
[LNS-policy-security-rule-l2tp_ul] destination-address 1.1.1.0 24
[LNS-policy-security-rule-l2tp_ul] action permit
[LNS-policy-security-rule-l2tp_ul] quit
```

2. 配置移动办公用户侧的 SecoClient

（1）打开 SecoClient，进入主界面。

在"连接"对应的下拉列表框中，选择"新建连接"，如图 7-50 所示。

（2）配置 L2TP VPN 连接参数。

在"新建连接"窗口左侧导航栏中选中"L2TP 设置"→"IPSec 设置"，并配置相关的连接参数，如图 7-51 所示，然后单击"确定"按钮。

隧道验证密码是 Hello123。

图 7-50　选择"新建连接"

图 7-51　配置相关的连接参数

(3) 登录 L2TP VPN 网关。

①在"连接"下拉列表框中选择已经创建的 L2TP VPN 连接,单击"连接"按钮,如图 7-52 所示。

图 7-52 选择已经创建的 L2TP VPN 连接

②在登录界面输入用户名、密码,如图 7-53 所示。

图 7-53 在登录界面输入用户名、密码

③单击"登录"按钮,发起 VPN 连接。

VPN 接入成功时,系统会在界面右下角进行提示。连接成功后,移动办公用户就可以和企业内网用户一样访问内网资源了,如图 7-54 所示。

图 7-54 VPN 接入成功

五、结果验证

（1）移动办公用户可正常访问总部内网服务器。

（2）在 LNS 上查看 L2TP 隧道的建立情况，此处以 LNS 为例。

①执行 display l2tp tunnel 命令，查看到有 L2TP 隧道信息，说明 L2TP 隧道建立成功。

```
[LNS] display l2tp tunnel
L2TP::Total Tunnel: 1

LocalTID  RemoteTID  RemoteAddress   Port    Sessions  RemoteName   VpnInstance
--------------------------------------------------------------------------------
2         1          2.2.2.2         61535   1         client
--------------------------------------------------------------------------------
 Total 1, 1 printed
```

②执行 display l2tp session 命令，查看到有 L2TP 会话信息，说明 L2TP 会话建立成功。

```
[LNS] display l2tp session
L2TP::Total Session: 1

LocalSID    RemoteSID    LocalTID    RemoteTID    UserID    UserName    VpnInstance
-----------------------------------------------------------------------------------
119         32           2           1            9689      user0001
-----------------------------------------------------------------------------------
 Total 1, 1 printed
```

六、配置脚本

```
#
sysname LNS
#
 l2tp enable
 l2tp domain suffix-separator @
#
ip pool pool
 section 0 172.16.1.2 172.16.1.100
#
aaa
 service-scheme l2tp
  ip-pool pool
 domain default
  service-type l2tp
#
l2tp-group 1
```

```
  allow l2tp virtual-template 1 remote client
  tunnel password cipher %$%$cgc'GPcWL#hp3EC;K[nM[QH~%$%$
#
interface Virtual-Template1
  ppp authentication-mode pap
  remote service-scheme l2tp
  ip address 172.16.1.1 255.255.255.0
#
interface GigabitEthernet 0/0/1
  undo shutdown
  ip address 1.1.1.1 255.255.255.0
#
interface GigabitEthernet 0/0/2
  undo shutdown
  ip address 10.1.1.1 255.255.255.0
#
firewall zone trust
  set priority 85
  add interface GigabitEthernet 0/0/2
#
firewall zone untrust
  set priority 5
  add interface GigabitEthernet 0/0/1
#
firewall zone dmz
  set priority 50
  add interface Virtual-Template1
#
ip route-static 0.0.0.0 0.0.0.0 1.1.1.2
#
security-policy
  rule name service_td
     source-zone trust
     destination-zone dmz
     source-address 10.1.2.0 24
     destination-address 172.16.1.0 24
     action permit
  rule name service_dt
     source-zone dmz
```

```
            destination - zone trust
            source - address 172.16.1.0 24
            destination - address 10.1.2.0 24
            action permit
        rule name l2tp_u1
            source - zone untrust
            destination - zone local
            destination - address 1.1.1.0 24
            action permit
# 以下创建用户的配置保存在数据库中,不在配置文件中体现。
user - manage user user0001
    parent - group /default/research
    password **********
    undo multi - ip online enable
```

7.5 SSL – VPN 技术

7.5.1 SSL – VPN 技术概述

7.5.1.1 简介

一、定义

SSL VPN 是通过 SSL 协议实现远程安全接入的 VPN 技术。

二、目的

企业出差员工需要在外地远程办公,并期望能够通过 Internet 随时随地远程访问企业内部资源。同时,企业为了保证内网资源的安全性,希望能对移动办公用户进行多种形式的身份认证,并对移动办公用户可访问内网资源的权限做精细化控制。

IPSec、L2TP 等先期出现的 VPN 技术虽然可以支持远程接入这个应用场景,但这些 VPN 技术的组网不灵活;移动办公用户需要安装指定的客户端软件,导致网络部署和维护都比较麻烦;无法对移动办公用户的访问权限做精细化控制。

SSL VPN 作为新型的轻量级远程接入方案,可以有效地解决上述问题,保证移动办公用户能够在企业外部安全、高效地访问企业内部的网络资源。

如图 7 – 55 所示,FW 作为企业出口网关连接至 Internet,并向移动办公用户(即出差员工)提供 SSL VPN 接入服务。移动办公用户使用终端(如便携机、PAD 或智能手机)与 FW 建立 SSL VPN 隧道以后,就能通过 SSL VPN 隧道远程访问企业内网的 Web 服务器、文件服务器、邮件服务器等资源。

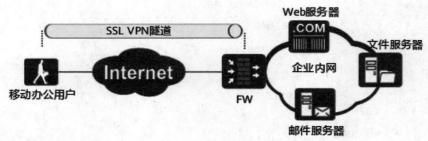

图 7-55 SSL VPN 应用场景

SSL VPN 为了更精细地控制移动办公用户的资源访问权限,将内网资源划分为 Web 资源、文件资源、端口资源和 IP 资源这 4 种类型。每一类资源有与之对应的访问方式,例如,移动办公用户想访问企业内部的 Web 服务器,就需要使用 SSL VPN 提供的 Web 代理业务;想访问内网文件服务器,就需要使用文件共享业务。资源访问方式同业务类型间的对应关系见表 7-26。

表 7-26 SSL VPN 业务

业务	说明
Web 代理	移动办公用户访问内网 Web 资源时,使用 Web 代理业务
文件共享	移动办公用户访问内网文件服务器(如支持 SMB 协议的 Windows 系统、支持 NFS 协议的 Linux 系统)时,使用文件共享业务。 移动办公用户直接通过浏览器就能在内网文件系统上创建和浏览目录,进行下载、上传、改名、删除等文件操作,就像对本机文件系统进行操作一样方便
端口转发	移动办公用户访问内网 TCP 资源时,使用端口转发业务。适用于 TCP 的应用服务包括 Telnet、远程桌面、FTP、Email 等。端口转发提供了一种端口级的安全访问内网资源的方式
网络扩展	移动办公用户访问内网 IP 资源时,使用网络扩展业务。 Web 资源、文件资源以及 TCP 资源都属于 IP 资源,通常在不区分用户访问的资源类型时为对应用户开通此业务

7.5.1.2 SSL-VPN 原理描述

一、虚拟网关

FW 通过虚拟网关向移动办公用户提供 SSL VPN 接入服务,虚拟网关是移动办公用户访问企业内网资源的统一入口。一台 FW 设备可以创建多个虚拟网关,虚拟网关之间相互独立,互不影响。不同虚拟网关下可以配置各自的用户和资源,进行单独管理。虚拟网关本身无独立的管理员,所有虚拟网关的创建、配置、修改和删除等管理操作统一由 FW 的系统管理员完成。

图 7-56 所示是移动办公用户登录 SSL VPN 虚拟网关并访问企业内网资源的总体流程。

系统管理员在 FW 上创建 SSL VPN 虚拟网关，并通过虚拟网关对移动办公用户提供 SSL VPN 接入服务。

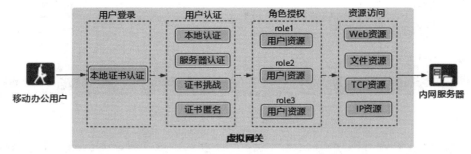

图 7 - 56 移动办公用户资源访问过程

移动办公用户登录 SSL VPN 虚拟网关并访问企业内网资源的过程如下。

1. 用户登录

移动办公用户在浏览器中输入 SSL VPN 虚拟网关的 IP 地址或域名，请求建立 SSL 连接。虚拟网关向远程用户发送自己的证书，远程用户对虚拟网关的证书进行身份认证。认证通过后，远程用户与虚拟网关成功建立 SSL 连接，进入 SSL VPN 虚拟网关的登录页面，如图 7 - 57 所示。

图 7 - 57 登录页面

2. 用户认证

在登录页面输入用户名、密码后，虚拟网关将对该用户进行身份认证。

虚拟网关验证用户身份的方式有很多种，包括本地认证、服务器认证、证书匿名认证、证书挑战认证等。与用户身份认证相关的详细内容请参见身份认证。

3. 角色授权

用户身份认证通过后，虚拟网关会查询该用户所属的角色信息，然后将该角色所拥有的资源链接推送给用户。角色代表了一类用户的资源访问权限，例如企业中总经理这个角色的资源访问权限和普通员工这个角色的资源访问权限是不一样的。角色授权相关的详细内容请参见角色授权。

4. 资源访问

用户单击虚拟网关资源列表中的链接就可以访问对应资源，如图 7 - 58 所示。

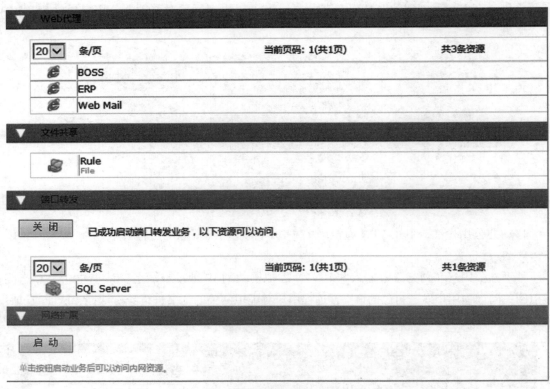

图 7-58 资源访问

二、身份认证

FW 针对移动办公用户提供了三种身份认证方式。

- 本地认证：本地认证是指移动办公用户的用户名、密码等身份信息保存在 FW 上，由 FW 完成用户身份认证。
- 服务器认证：服务器认证是指移动办公用户的用户名、密码等身份信息保存在认证服务器上，由认证服务器完成用户身份认证。认证服务器类型包括 RADIUS 服务器、HWTACACS 服务器、AD 服务器和 LDAP 服务器。

此外，FW 还可以与 RADIUS 服务器配合，对移动办公用户进行 RADIUS 双因子认证。双因子认证是指用户登录虚拟网关时提供了两种身份因子：一种因子是用户名和静态 PIN 码，另一种因子是动态验证码。

- 证书认证：证书是指用户以数字证书作为登录虚拟网关的身份凭证。

虚拟网关针对证书提供了两种认证方式：一种是证书匿名，另一种是证书挑战。

□ 证书匿名方式下，虚拟网关只是检查用户所持证书的有效性（比如证书的有效期是否逾期，证书是否由合法 CA 颁发等），不检查用户的登录密码等身份信息。

□ 证书挑战方式下，虚拟网关不仅检查用户证书是否是可信证书以及证书是否在有效期内，还要检查用户的登录密码。检查用户登录密码的方式可以选择本地认证或服务器认证。

1. 本地认证

FW 使用本地认证方式进行身份认证的过程如图 7-59 所示。

图 7-59 本地认证

（1）移动办公用户在 SSL VPN 虚拟网关登录界面输入用户名和密码，这些身份信息被送往虚拟网关。

（2）虚拟网关将移动办公用户的身份信息发送至认证域进行认证。

如果该虚拟网关中指定了认证域，则用户信息被发送到指定的认证域进行验证；如果虚拟网关没有指定认证域，则虚拟网关会根据用户名中携带的"@"后的字符串（该字符串代表认证域的名称）来决定送往哪个认证域进行认证。用户名中不携带"@"时，默认由 default 认证域进行认证。

认证域中存放有用户身份信息及其用户所属的组信息。用户身份信息包括该用户的用户名、密码、描述等。另外，身份认证方式也是在认证域下指定的。认证域依据指定的认证方式决定是采用本地认证还是服务器认证，此处以本地认证方式为例。

（3）认证域向虚拟网关返回认证结果。

如果身份认证通过，则继续下一步；如果身份认证不通过，则用户会在虚拟网关登录页面看到"认证失败"的提示。

（4）虚拟网关向移动办公用户推送资源页面。

虚拟网关会从角色授权列表中查找该用户所属的角色信息，并将该角色对应的资源链接推送给用户。

2. 服务器认证

FW 使用服务器认证方式进行身份认证的过程如图 7-60 所示。

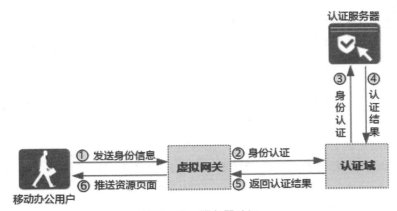

图 7-60 服务器认证

（1）移动办公用户在 SSL VPN 虚拟网关登录界面输入用户名和密码，这些身份信息被送往虚拟网关。

（2）虚拟网关将移动办公用户的身份信息发送至认证域进行认证。

如果该虚拟网关中指定了认证域，则用户信息被发送到指定的认证域进行验证；如果虚拟网关没有指定认证域，则虚拟网关会根据用户名中携带的"@"后的字符串（该字符串代表认证域的名称）来决定送往哪个认证域进行认证。用户名中不携带"@"时，默认由 default 认证域进行认证。

（3）认证域指定为服务器认证时，认证域将用户身份信息转发给认证服务器。

（4）认证服务器向认证域返回认证结果。

如果身份认证通过，则继续下一步；如果身份认证不通过，则用户会在虚拟网关登录页面看到"认证失败"的提示。

（5）认证域将认证结果转发给虚拟网关。

（6）虚拟网关向移动办公用户推送资源页面。

虚拟网关会从角色授权列表中查找该用户所属的角色信息，并将该角色对应的资源链接推送给用户。虚拟网关会在本地查找用户所属的角色信息，因此需要提前将用户信息从认证服务器导入认证域中。此处用户信息的作用不是认证，而是授权。

3. RADIUS 双因子认证

FW 使用 RADIUS 双因子认证的过程如图 7-61 所示。

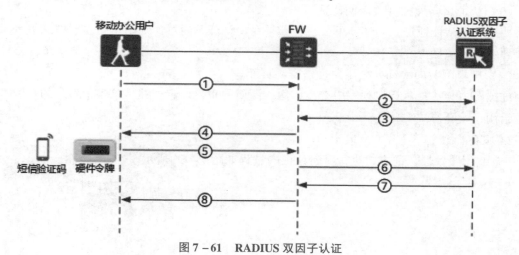

图 7-61 RADIUS 双因子认证

（1）用户在 SSL VPN 网关登录界面输入用户名和 PIN 码后，用户名和 PIN 码会发送到 FW。

（2）FW 将用户名和 PIN 码发送给 RADIUS 服务器。

（3）RADIUS 服务器会根据自己的数据库检查用户名和 PIN 码是否正确，并向 FW 返回验证结果。

- 如果用户名和 PIN 码不正确，RADIUS 服务器向 FW 发送认证失败的消息。
- 如果用户名和 PIN 码正确，则向 FW 发送 Challenge 消息，请求动态验证码。

（4）FW 将用户名和密码的验证结果返回给客户端。

• 如果用户名和密码不正确，用户会在客户端上看到"非法的用户名、错误的密码或用户被锁定"的提示信息。认证流程结束，SSL VPN 用户登录失败。

• 如果用户名和密码正确，用户客户端的浏览器页面会跳转到动态验证码输入页面。进入步骤（5），开始动态验证码的认证流程。

（5）用户输入动态验证码。

动态验证码由短信验证码设备或硬件令牌设备生成。

（6）FW 将动态验证码发送给 RADIUS 服务器。

（7）RADIUS 服务器对动态验证码进行验证，并向 FW 返回验证结果。

• 如果动态验证码正确，RADIUS 服务器向 FW 发送认证成功的消息。

• 如果动态验证码不正确，RADIUS 服务器向 FW 发送认证失败的消息。

（8）FW 将认证结果返回给客户端。

• 如果动态验证码正确，用户客户端的浏览器页面跳转到 SSL VPN 资源页面，用户可以使用 SSL VPN 业务。

• 如果动态验证码错误，用户客户端的浏览器页面会跳转到 SSL VPN 网关登录界面，并能看到"认证失败"的提示信息。

4. 证书匿名认证

FW 使用证书匿名方式认证的过程如图 7-62 所示。

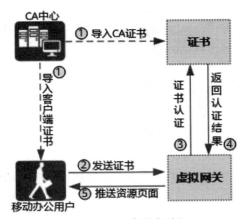

图 7-62 证书匿名认证

对于使用证书认证的双方（移动办公用户和 FW），首先需要 FW 管理员从 CA 中心获取所需的证书。管理员需要从 CA 中心获取 CA 证书和客户端证书，CA 中心审核通过后，会把 CA 证书和客户端证书发放给管理员。FW 管理员将获取到的 CA 证书导入 FW，该 CA 证书用来验证移动办公用户客户端证书的有效性。管理员将客户端证书发放给移动办公用户，由移动办公用户将客户端证书导入个人设备，该客户端证书作为移动办公用户的身份凭证。

（1）分别将客户端证书和 CA 证书导入移动办公用户的主机和 FW 上。

（2）移动办公用户在 SSL VPN 虚拟网关登录界面选择导入的客户端证书，该证书被送往虚拟网关。

(3) 虚拟网关将用户的客户端证书发送给证书模块进行证书认证。

证书模块会根据虚拟网关引用的 CA 证书来检查用户提供的客户端证书是否可信。

- 如果经过 CA 证书检验，用户提供的客户端证书可信（即客户端证书由 CA 证书所在的 CA 中心颁发），且该客户端证书在有效期内，则身份认证通过，继续下一步。
- 如果用户的客户端证书不可信，或是证书不在有效期内，则身份认证不通过，用户会在虚拟网关登录页面看到"认证失败"的提示。

(4) 证书模块向虚拟网关返回认证结果。

(5) 虚拟网关向移动办公用户推送资源页面。

虚拟网关从用户客户端证书中提取用户名，并从角色授权列表中查找该用户所属的角色信息，并将该角色对应的资源链接推送给用户。

5. 证书挑战认证

FW 使用证书挑战方式认证的过程如图 7-63 所示。

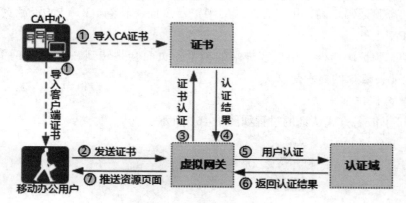

图 7-63 证书挑战认证

对于使用证书认证的双方（移动办公用户和 FW），首先需要从 CA 中心获取各自所需的证书。移动办公用户需要先向 CA 中心申请客户端证书作为自己的身份凭证，CA 中心审核通过后，会把客户端证书发放给申请人。申请人再将申请到的客户端证书导入个人设备。FW 管理员需要从 CA 中心获取 CA 证书，并将获取到的 CA 证书导入 FW。该 CA 证书用来验证移动办公用户客户端证书的有效性。

(1) 分别将客户端证书和 CA 证书导入移动办公用户的主机和 FW 上。

(2) 移动办公用户在 SSL VPN 虚拟网关登录界面选择导入的客户端证书并输入登录密码，该证书被送往虚拟网关。

(3) 虚拟网关将用户的客户端证书发送给证书模块进行证书认证。

证书模块会根据虚拟网关引用的 CA 证书检查用户提供的客户端证书是否可信。

(4) 证书模块返回认证结果。

- 如果经过 CA 证书检验，用户提供的客户端证书可信（即客户端证书由 CA 证书所在的 CA 中心颁发），且该客户端证书在有效期内，则证书认证通过，继续下一步。
- 如果用户的客户端证书不可信，或是证书不在有效期内，则证书认证不通过，用户会在虚拟网关登录页面看到"认证失败"的提示。

（5）虚拟网关将用户名和密码发往认证域进行身份认证。

虚拟网关会根据用户过滤字段的设置从用户客户端证书中提取用户名，密码是用户登录虚拟网关时输入的密码。

如果该虚拟网关中指定了认证域，则用户信息被发送到指定的认证域进行验证；如果虚拟网关没有指定认证域，则虚拟网关会根据用户名中携带的"@"后的字符串（该字符串代表认证域的名称）来决定送往哪个认证域进行认证。用户名中不携带"@"时，默认由default认证域进行认证。

（6）认证域返回认证结果。

（7）虚拟网关向移动办公用户推送资源页面。

虚拟网关从用户客户端证书中提取用户名，并从角色授权列表中查找该用户所属的角色信息，并将该角色对应的资源链接推送给用户。

三、角色授权

1. 角色

FW基于角色进行访问授权和接入控制，一个角色中的所有用户拥有相同的权限。角色是连接用户与业务资源、主机检查策略、登录时间段等权限控制项的桥梁，可以将权限相同的用户加入某个角色，然后在角色中关联业务资源、主机检查策略等。

如图7-64所示，某企业有两类角色：一类是经理，另一类是普通雇员。Jack在某企业中担任经理角色，他可以访问财务系统和办公系统这两类资源。Alice属于企业的普通雇员，她可以访问办公系统和个人信息系统这两类资源。企业是按照角色来划分不同用户的资源访问权限的，虚拟网关也是如此。虚拟网关通过角色将用户和资源关联起来，一个资源可以被多个不同的角色访问，一个用户也可以承担多个不同的角色。

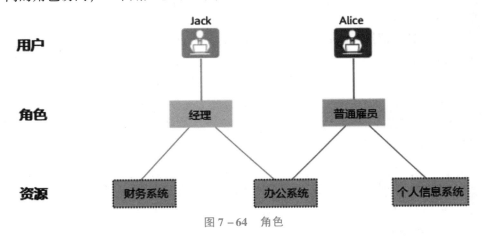

图7-64 角色

2. 授权

授权，本质上是虚拟网关查找用户所属角色，从而确定用户资源访问权限的一个过程。例如，当用户Jack登录虚拟网关时，虚拟网关首先会对Jack进行身份认证。身份认证通过后，虚拟网关查找Jack所属的角色为经理，于是就会将经理所拥有的资源链接推送给他，或者说是虚拟网关将经理的资源访问权限授予了Jack。

虚拟网关有两种授权方式：一种是本地授权，另一种是服务器授权。

- 本地授权：是以FW本地存放的用户信息为准，来确定用户所属的角色信息。
- 服务器授权：是以第三方服务器上存放的用户信息为准，来确定用户所属的角色信息。FW将用户信息发送给服务器，服务器从存放的用户信息中查找用户所属的组，并将用户所属组信息发回给FW，FW依据用户所属组对应的角色权限为该用户授权。

如图7-65所示，当同一个用户承担着不同的角色时，该用户的资源访问权限是多个角色的并集。例如，Jack的角色是经理，他就拥有经理权限；同时，他又兼任了安全专员的角色，就又拥有安全专员的权限。

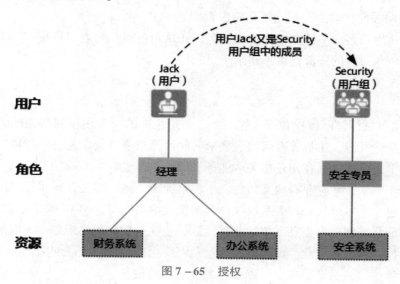

图7-65 授权

说明

在采用服务器授权时，存在一种特殊的情况需要注意。比如，用户a在FW本地隶属于用户组A，在服务器上属于用户组A1。由于受网络延迟等因素的影响，导致FW和服务器中关于用户a所属的用户组信息出现了不一致。如果此时FW上既给用户组A绑定了roleA角色，又为用户组A1绑定了roleA1角色，则最终用户a只会拥有roleA1角色的权限。这是因为采用服务器授权时，虚拟网关只会以服务器中查询到的用户组作为授权的依据，不会以本地的用户组作为授权依据。

7.5.2 SSL-VPN实验

实验：移动办公用户通过Web代理访问企业Web服务器（Web Link）

一、组网需求

企业网络如图7-66所示，企业希望移动办公用户通过SSL VPN访问公司内部的服务器Web Server。

企业采用FW的本地认证方式对接入用户进行身份认证，认证通过的移动办公用户能够获得访问内部的服务器的权限。

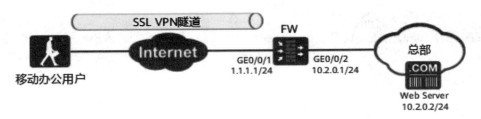

图 7-66 Web Link 组网图

二、操作步骤

（1）配置接口。

①选择"网络"→"接口"。

②单击 GigabitEthernet 0/0/1 接口，按表 7-27 参数配置。

表 7-27 配置参数

安全区域	Untrust
IPv4	
IP 地址	1.1.1.1/24

③单击"确定"按钮。

④参考上述步骤按表 7-28 参数配置 GigabitEthernet 0/0/2 接口。

表 7-28 配置 GigabitEthernet 0/0/2 接口

安全区域	Trust
IPv4	
IP 地址	10.2.0.1/24

（2）配置用户和认证。

①选择"对象"→"用户"→"default"，按图 7-67 所示配置参数。

用户 user0001 所属的用户组为"/default/group1"，"认证类型"为本地认证，"密码"为 Password@123。需要注意，在新建用户 user0001 之前，应先新建用户组"/default/group1"，这样才能在新建用户时引用已创建好的用户组。

②单击"应用"按钮。

（3）配置 SSL VPN 网关。

①选择"网络"→"SSL VPN"→"SSL VPN"。

②单击"新建"按钮，按图 7-68 所示配置参数。

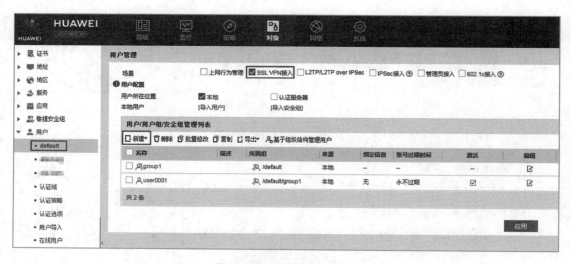

图 7-67 配置用户和认证

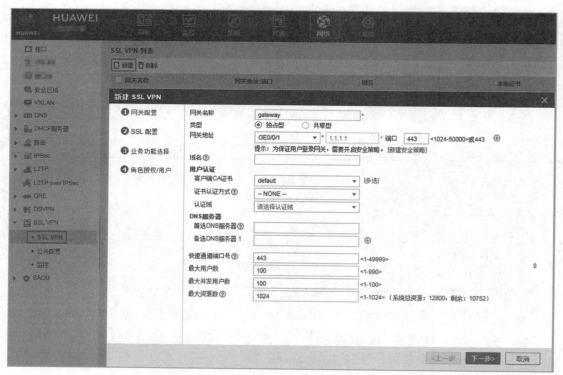

图 7-68 配置 SSL VPN 网关

③ 单击"下一步"按钮。

(4) 配置 SSL 协议的版本、加密套件、会话超时时间和生命周期。可直接使用默认值，单击"下一步"按钮。

(5) 选择"Web 代理"业务，单击"下一步"按钮，如图 7-69 所示。

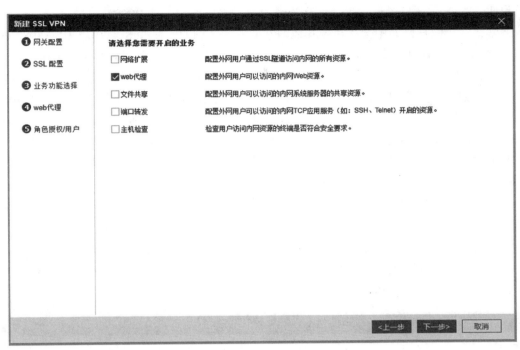

图 7-69 选择"Web 代理"业务

(6) 配置 Web 代理。

①在"Web 代理资源列表"中,单击"新建"按钮,按图 7-70 所示配置新建 Web 代理资源。

图 7-70 配置 Web 代理

说明：

通常，一个门户网站中会存在到其他网站的链接。例如，在 http://10.2.0.2:8080 网站的首页中存在一条到 http://10.2.0.10:8081 网站的链接。此时，除了要为 http://10.2.0.2:8080 配置一条 Web 代理资源以外，还要为 http://10.2.0.10:8081 链接配置一条 Web 代理资源。如果不配置到其他网站的链接，则用户只能访问本网站内的资源，而无法访问外部网站的资源。移动办公用户一般不关注访问的资源是在本网站还是外部网站，因此，在配置到外部网站的 Web 资源时，不要勾选"门户链接"后的"显示"选项。这样，移动办公用户在虚拟网关登录页面就会只看到本网站的 Web 资源，而看不到外部网站的 Web 资源，但是可以通过本网站中的链接来访问外部网站。

②单击"确定"按钮。

③单击"下一步"按钮。

（7）配置 SSL VPN 的角色授权/用户。

①在"角色授权列表"中，单击"新建"按钮，按图 7-71 配置角色授权参数。配置完成后，单击"确定"按钮。

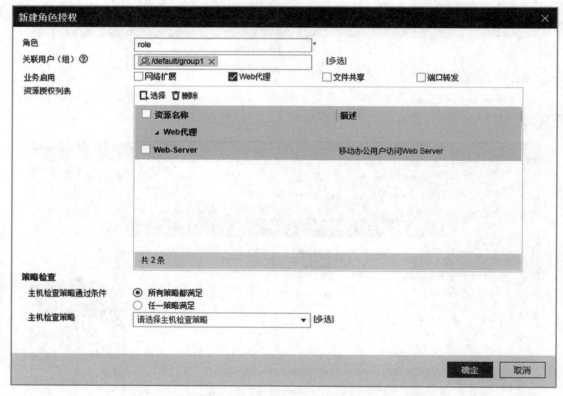

图 7-71 配置角色授权参数

②返回"角色授权/用户"配置界面，单击"完成"按钮。

（8）配置安全策略，允许出差员工访问总部 Web Server。

①配置从 Internet 到 FW 的安全策略，允许出差员工登录 SSL VPN 网关。

i. 选择"策略"→"安全策略"→"安全策略"。
ii. 单击"新建"按钮,按照表 7-29 所列参数配置安全策略 policy01。

表 7-29 配置安全策略 policy01

名称	policy01
源安全区域	Untrust
目的安全区域	local
目的地址/地区	1.1.1.1/24
服务	https 说明: 如果修改了 https 端口号,则此处建议按照修改后的端口号开放安全策略
动作	允许

iii. 单击"确定"按钮。

②配置 FW 到内网的安全策略,允许出差员工访问总部资源。

i. 选择"策略"→"安全策略"→"安全策略"。
ii. 单击"新建"按钮,按照表 7-30 所列参数配置安全策略 policy02。

表 7-30 配置安全策略 policy02

名称	policy02
源安全区域	local
目的安全区域	Trust
目的地址/地区	10.2.0.0/24
动作	允许

iii. 单击"确定"按钮。

三、检查配置结果

(1) 在浏览器中输入 https://1.1.1.1:443,访问 SSL VPN 登录界面。
首次访问时,需要根据浏览器的提示信息安装控件。

说明:

不同版本的虚拟网关会要求客户端安装不同版本的 Active 控件。当客户端访问不同版本虚拟网关时,在访问新的虚拟网关前,先将旧的 Active 控件删除,再安装新的 Active 控件,否则浏览器会一直卡在加载控件的界面。

以客户端为一台 PC 为例,执行以下命令来删除控件:

```
PC > regsvr32 SVNIEAgt.ocx -u -s
PC > del %systemroot%\SVNIEAgt.ocx /q
```

```
PC > del %systemroot% \"Downloaded Program Files"\SVNIEAgt.inf /q
PC > cd %appdata%
PC > rmdir svnclient /q /s
```

（2）在登录界面中输入用户名、密码，单击"登录"按钮。

登录成功后，虚拟网关界面上会显示 Web 资源链接（图 7-72），单击链接即可访问该资源。

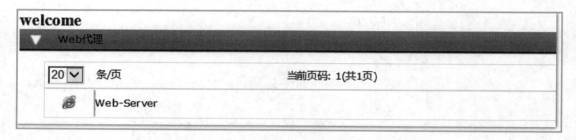

图 7-72 显示 Web 资源链接

四、配置脚本

```
#
aaa
 authentication-scheme default
 authorization-scheme default
 domain default
  service-type ssl-vpn
  internet-access mode password
  reference user current-domain
#
interface GigabitEthernet 0/0/1
 ip address 1.1.1.1 255.255.255.0
#
interface GigabitEthernet 0/0/2
 ip address 10.2.0.1 255.255.255.0
#
firewall zone trust
 set priority 85
 add interface GigabitEthernet 0/0/2
#
firewall zone untrust
 set priority 5
 add interface GigabitEthernet 0/0/1
```

```
#
 v-gateway gateway authentication-domain default
#
#****BEGIN***gateway**1****#
 v-gateway gateway
  basic
   ssl version tlsv11 tlsv12
   ssl timeout 5
   ssl lifecycle 1440
   ssl ciphersuit custom aes256-sha aes128-sha
  service
   web-proxy enable
   web-proxy web-link enable
   web-proxy link-resource Web-Server http://10.2.0.2:8080 show-link
  security
   policy-default-action permit vt-src-ip
   certification cert-anonymous cert-field user-filter subject cn group-filter subject cn
   certification cert-anonymous filter-policy permit-all
   certification cert-challenge cert-field user-filter subject cn
   certification user-cert-filter key-usage any
   undo public-user enable
  hostchecker
  cachecleaner
  vpndb
   group /default
   group /default/group1
  role
  role default
   role default condition all
  role role
   role role condition all
   role role web-proxy enable
   role role web-proxy resource Web-Server
#****END****#
#
 security-policy
  rule name policy01
   source-zone untrust
```

```
   destination-zone local
   destination-address 1.1.1.0 mask 255.255.255.0
   service https
   action permit
  rule name policy02
   source-zone local
   destination-zone trust
   destination-address 10.2.0.0 mask 255.255.255.0
   action permit
#
# 以下配置保存在数据库中,不在配置文件中体现
 user-manage user user0001 domain default
 password %$%$j@ p.U.0bwNQv9nE#tf]G- + "v%$%$
   parent-group /default/group1
 v-gateway gateway
  vpndb
   group /default/group1
  role
   role role group /default/group1
```

第 8 章

防火墙智能选路

8.1 智能选路概念

8.1.1 概述

随着业务的不断发展，企业通常会在网络出口部署多条链路，以提高出口链路的带宽和可靠性。这样做虽然在一定程度上达到了预期效果，但是由于出口设备在转发流量时一般是随机选择一条链路转发流量，并不考虑各条链路的实际带宽或链路的实时状态，因此，在实际应用中会存在如下问题：

- 如果各条链路的带宽不等，则很可能出现某些带宽大的链路空闲、某些带宽小的链路拥塞的情况，从而造成链路资源的浪费。
- 由于不同 ISP 链路的传输质量和服务费用不同，有时用户希望优先保证业务的传输质量，有时希望优先使用费用较低的链路，而平分流量是无法实现这些需求的。
- 当出口设备与目的设备之间的链路出现故障或者目的设备上的服务不可用时，如果流量被转发到相应的链路上，则将造成访问失败。

通过部署智能选路功能可以解决上述问题。智能选路是指到达目的网络有多条链路可选时，FW 通过不同的智能选路方式，即根据链路带宽、权重、优先级或者自动探测到的链路质量，动态选择最优链路，并根据各链路实时状态动态调整分配结果，以提高链路资源的利用率和用户体验。

8.1.2 智能选路分类

智能选路分为两类：

- 出站智能选路：当内网用户访问外网时，如果到达目的网络有多条链路可选，FW 进行智能选路。出站智能选路分类见表 8-1。

表 8-1　出站智能选路

分类	定义
全局选路策略（基于等价路由或默认路由的出站智能选路）	当到达目的网络有多条等价路由或者默认路由时，FW 通过不同的智能选路方式动态选择最优链路
策略路由（基于策略路由的出站智能选路）	当网络中配置了策略路由，并且流量命中配置的策略路由时，如果到达目的网络有多条链路可选，FW 通过不同的智能选路方式动态选择最优链路
ISP 选路（基于 ISP 路由的选路）	当 FW 作为出口网关设备连接多个 ISP 网络时，通过批量生成 ISP 路由，使访问特定 ISP 网络的流量从相应出接口转发出去，保证流量转发使用最短路径。 FW 还支持 DNS 透明代理功能，即当内网用户访问某个域名，向 DNS 服务器发起 DNS 请求时，对于符合指定代理条件的 DNS 请求报文，FW 会根据请求报文选择的出接口，修改请求报文的目的地址（DNS 服务器地址），防止绝大多数 DNS 请求报文都走同一条 ISP 链路，导致链路拥塞或者跨运营商访问

- 入站智能选路：当外网用户通过域名访问内网服务器时，向企业内网 DNS 服务器发起 DNS 请求，DNS 服务器返回解析后的地址给外网用户，FW 可以将 DNS 回应报文中的解析地址进行智能的修改，使用户能够获得最合适的解析地址，避免链路拥塞或者跨运营商访问，这种解析方式称为智能 DNS。

8.1.3　智能选路的流程

当在网络出口部署多条链路时，FW 的智能选路处理流程如图 8-1 所示。

一、对于首包（未匹配会话）

（1）如果管理员配置了健康检查功能，则 FW 将定时向被探测设备发送探测报文，监控本端和目的网络之间的链路是否正常。当 FW 需要进行智能选路时，健康检查功能将反馈链路的实时状态，帮助提高转发的可靠性。如果管理员没有配置健康检查功能，则默认所有链路状态正常。

（2）客户端的业务请求报文到达 FW 后，FW 根据路由表查询路由。

查询路由的先后顺序是策略路由、明细路由、默认路由。其中，明细路由是最常用的路由，包括动态路由和静态路由。

（3）当流量命中策略路由、等价路由或默认路由时，如果有多个出接口可以转发流量，则 FW 需要判断哪个是最佳出接口，即需要进行智能选路。

（4）在智能选路前，FW 首先要查询各出接口链路是否可用，故障链路不会参与智能选路。

①出接口物理层状态为 DOWN，排除该接口链路。

第8章 防火墙智能选路

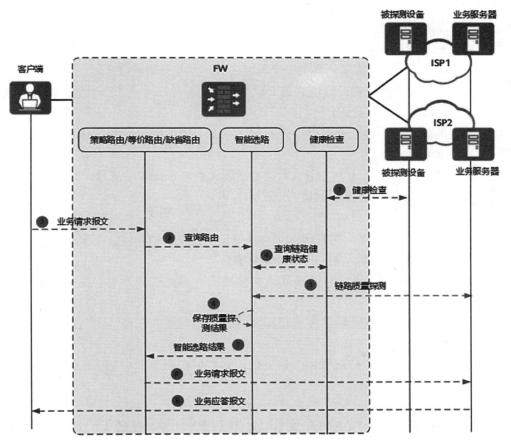

图 8-1 智能选路流程示意图

②出接口协议层状态为 DOWN，排除该接口链路。

③出接口引用的健康检查状态为 DOWN（如果接口引用了健康检查），排除该接口链路。

说明：如果①、②和③把所有选路成员接口都排除了，那么报文不走智能选路流程，而是按照普通路由选择出接口。

④出接口链路不符合链路质量指标要求（如果选路策略引用了健康检查和链路质量指标），排除该接口链路。

⑤出接口链路带宽达到过载阈值（如果链路接口配置了过载保护），排除该接口链路。

⑥在剩余链路中，按照配置的选路方式选择最优出接口。如果成员接口被以上流程都排除了，则在④和⑤排除的接口中进行智能选路。

（5）如果智能选路方式为根据链路质量负载分担，则 FW 会通过健康的链路向业务服务器发送链路质量探测报文，获取各链路的传输质量信息。如果是其他智能选路方式，则不需要进行链路质量探测。

（6）FW 将链路质量探测结果保存在链路质量探测表中，当后续有访问同一业务服务器的流量到达 FW 时，FW 会根据链路质量探测表中的信息进行选路，无须重新进行探测。只有当链路质量表项老化后，FW 才会在业务流量的触发下重新进行链路质量探测。

（7）FW 按照设定的智能选路方式进行计算，得出选路结果。

（8）FW 按照智能选路结果，使用相应的出接口转发业务请求报文。

（9）业务服务器向客户端发送应答报文。

二、对于后续包（匹配会话）

（1）检查匹配的会话中记录的出接口物理层状态、协议层状态和健康检查状态（如果接口引用了健康检查）：

- 如果三者中任一状态为 DOWN，则进行重新选路。重新选路流程同上述首包流程。
- 如果三者的状态均为 UP，则进行下一步检查。

（2）检查报文是否命中 NAT 策略：

- 如果命中了 NAT 策略，则直接按照会话中记录的出接口转发，不重新选路。
- 如果未命中 NAT 策略，则进行下一步检查。

（3）检查出接口链路是否符合链路质量指标要求（如果选路策略引用了健康检查和链路质量指标）：

- 如果出接口链路不符合链路质量指标要求，则进行重新选路。重新选路流程同上述首包流程。
- 如果出接口链路符合链路质量指标要求，则直接按照会话中记录的出接口转发，不重新选路。

8.2　全局选路策略（基于等价路由或默认路由的出站智能选路）

8.2.1　了解全局选路策略

8.2.1.1　概述

在多出口场景下，当到达目的网络有多条等价路由或者默认路由时，FW 默认按照逐流负载分担模式进行转发，使用源 IP 地址和目的 IP 地址进行 Hash 计算选择出接口，即由报文的源 IP 和目的 IP 决定选择哪条路，不会考虑各条链路的实际带宽或链路的实时状态。当转发流量较大时，很可能出现一部分链路拥塞，另一部分链路闲置的情况，造成链路资源的浪费。当某些链路的传输质量比较差时，可能造成访问失败，影响用户的体验。用户也无法选择优先使用某些链路转发流量，可能产生额外的费用。

全局选路策略可以解决上述问题。当到达目的网络有多条等价路由或者默认路由时，全局选路策略可以根据不同的智能选路方式，即链路带宽、权重、优先级或者自动探测到的链路质量选择出接口，并根据各条链路的实时状态动态调整分配结果，以此实现链路资源的合理利用，提升用户体验。

8.2.1.2　智能选路方式

FW 支持四种智能选路方式，不同的智能选路方式可以满足不同的需求，管理员可以根据设备和网络的实际情况进行选择，见表8-2。

说明：设置智能选路的方式时，如无特别说明，"接口"和"接口链路"为等同的概念。FW通过对相关接口进行设置，体现对接口链路带宽、权重、优先级等方面的设置。

表8-2 智能选路方式

智能选路方式	定义	部署	使用场景
根据链路带宽负载分担	FW按照带宽比例将流量分配到各条链路上。带宽大的链路转发较多的流量，带宽小的链路转发较少的流量，所有链路都会被充分利用，不会有链路闲置的情况	在各条链路的出接口上配置入方向和出方向的带宽。管理员需要根据实际链路带宽设置合理的带宽值	当企业从不同ISP处获得多条带宽不等的链路时，为了充分利用各链路的带宽，提高链路的利用率，可以选择该选路方式
根据链路质量负载分担	FW优先使用链路质量高的链路转发流量	配置衡量链路质量的参数：丢包率、时延和时延抖动，管理员可以根据实际需要选择其中的一个或多个参数。三个链路质量参数的计算方法请参见根据链路质量负载分担。 三个质量参数中，丢包率是最重要的参数，如果两条链路的丢包率、时延、时延抖动各不相同，那么FW判定丢包率小的链路质量高	当企业从不同ISP处获得多条链路时，为了使用户获得最佳的访问体验，需要FW能够根据各链路的实时传输质量动态调整流量的分配，此时可以选择该选路方式
根据链路权重负载分担	FW按照权重的比例将流量分配到各条链路上，权重大的链路转发较多的流量，权重小的链路转发较少的流量，所有链路都会被充分利用，不会有链路闲置的情况	在各条链路的出接口上配置权重。一般来说，需要综合考虑各链路的带宽、转发时延、链路租借费用等因素，"转发性能最优的链路"并不是指转发速度最快的链路，而是最符合企业利益的链路，所以管理员需要根据实际情况设置合理的权重	当企业从不同ISP处获得多条性能不等的链路时，为了优先使用转发性能最优的链路，保证大多数用户的访问体验，且不浪费其他性能稍差的链路，可以选择该选路方式

续表

智能选路方式	定义	部署	使用场景
根据链路优先级主备备份	FW 优先使用主接口转发流量	在各条链路的出接口上配置优先级，优先级最高的接口称为主接口，其他优先级的接口统称为备份接口。 该智能选路方式分为两种场景：主备备份场景和负载分担场景	当企业从不同 ISP 处获得多条链路时，如果各链路的带宽、转发时延、链路租借费用等因素存在较大差异，那么可以优先使用某些链路传输流量，并利用其他链路作为备份链路或负载分担链路，提高业务的可靠性，此时可以选择该选路方式

8.2.1.3　根据链路带宽负载分担

如图 8-2 所示，FW 拥有 3 条出接口链路，分别属于不同的 ISP。其中，ISP1 的链路带宽为 200M，ISP2 和 ISP3 的链路带宽均为 100M，所以带宽比例为 2∶1∶1。当 FW 转发一段时间流量后，各链路上累计传输的流量将分别占到总流量的 50%、25%、25%，即各链路传输流量的比例和带宽的比例成正比。

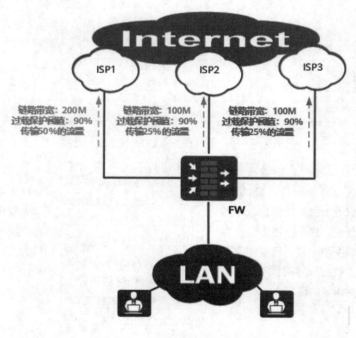

图 8-2　根据链路带宽负载分担

说明: FW 是根据各接口指定带宽的比例来分流的,而不是根据流量的实时流速,所以,实际上各接口链路上分配的流量比例很难和设置的带宽比例一致,总是会有波动。

比如,有 3 条接口链路,带宽比例设置为 2∶1∶1,此时有 4 条流量,FW 分别将这 4 条流量按照 2∶1∶1 分配到这 3 条接口链路上,即接口 1 分了 2 条流,接口 2 和 3 各分了 1 条流。但每条流的流速不一样,所以,此时接口上转发的流量大小比例并不是 2∶1∶1。

为了保证链路不会过载,管理员设置了过载保护阈值,各链路均为 90%。当某条链路的带宽使用率达到 90% 时,已建立会话的流量仍从该链路转发,但是后续新建立会话的流量不再通过此链路转发,FW 会在未过载的链路中智能选路,后续流量按照未过载链路之间的带宽比例进行负载分担。如果所有链路都已过载,那么 FW 将继续按照各链路的带宽比例分配流量。

8.2.1.4 根据链路质量负载分担

丢包率、时延和时延抖动是 FW 衡量链路质量的 3 个参数。表 8-3 列出了 3 个链路质量参数的计算方法。

表 8-3 链路质量参数的计算方法

链路质量参数	计算方法
丢包率	FW 发送若干探测报文后,将统计丢包的个数,并计算丢包率。丢包率等于丢包个数除以探测报文个数
时延	回应报文的接收时间减去探测报文的发送时间即为时延。FW 发送 N 个探测报文后,将分别计算每次探测的时延,并取 N 次探测的平均值作为最终结果
时延抖动	相邻两次探测的时延之差取绝对值即为时延抖动。FW 发送 N 个探测报文后,将分别计算相邻两次探测的时延之差并取绝对值,然后取所有时延抖动的平均值作为最终结果

FW 自动向目的 IP 发送链路质量探测报文,获取各链路的传输质量信息,并将链路质量探测结果保存在链路质量探测表中。当有流量到达 FW 时,FW 首先根据报文的目的 IP 去匹配探测表,如果匹配,则根据探测表中记录的出接口转发流量;如果未匹配,则自动向目的 IP 发起质量探测,选择最优的链路转发流量,并将探测结果记录在链路质量探测表中,当质量探测表项老化后,新的流量触发智能选路时,需要重新进行链路质量探测。

默认情况下,链路质量探测报文的协议类型为 tcp-simple(FW 使用 TCP 报文检查网络的连通性,只要目的设备回应第一个探测报文,即认为链路是可用的,无须完成三次握手)。此时,FW 针对 TCP 业务流量使用 tcp-simple 协议进行质量探测,针对非 TCP 业务流量使用 ICMP 协议进行质量探测。探测报文的协议类型还可以修改为 ICMP,此时 FW 针对所有业务流量都使用 ICMP 协议进行质量探测。

为了简化配置、降低探测对设备性能的影响,FW 将把单个 IP 的质量探测结果当作该 IP 所在网段的质量探测结果,管理员可以根据实际需要扩大或缩小网段的范围。

如图8-3所示，FW拥有3条出接口链路，分别属于不同的ISP。FW向各个ISP内的指定设备发送5个探测报文，其中ISP1链路没有丢包，ISP2链路丢了2个包，ISP3链路没有收到回应报文。所以，FW判定ISP1的质量最高，将优先使用ISP1链路转发流量，只要探测表项没有老化，FW就一直使用ISP1转发流量，不会使用ISP2链路和ISP3链路。如果管理员为各链路设置了过载保护阈值，那么当ISP1链路的带宽利用率达到阈值时，ISP1链路将不再参与智能选路，FW会选择其他链路中质量最高的ISP2链路转发后续流量。

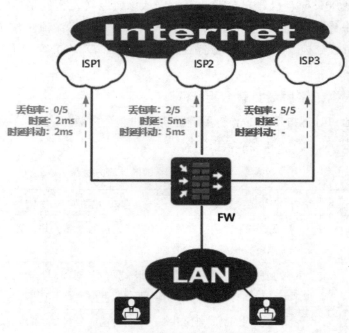

图8-3 根据链路质量负载分担

8.2.1.5 根据链路权重负载分担

如图8-4所示，FW拥有3条出接口链路，分别属于不同的ISP。其中，ISP1的链路权重为5，ISP2的链路权重为3，ISP3的链路权重为2，所以权重比例为5:3:2。当FW转发一段时间流量后，各链路上累计传输的流量将分别占到总流量的50%、30%、20%，即各链路传输流量的比例和权重的比例成正比。

为了保证链路不会过载，管理员设置了过载保护阈值，各链路均为90%。当某条链路的带宽使用率达到90%时，此链路将不再被分配流量，FW会在未过载的链路中智能选路，后续流量按照未过载链路之间的权重比例进行负载分担。如果所有链路都已过载，那么FW将继续按照各链路的权重比例分配流量。

8.2.1.6 根据链路优先级主备备份

该智能选路方式分为以下两种场景。

● 主备备份场景：FW优先使用主接口转发流量。如果没有为主接口链路指定过载保护阈值，那么即使链路过载，FW也不会使用其他链路传输流量。只有当主接口链路发生故障

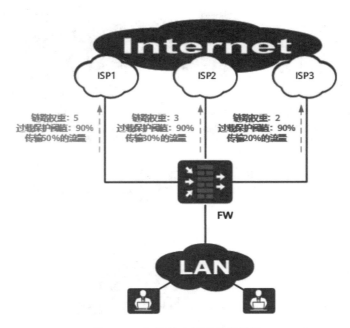

图 8-4　根据链路权重负载分担

后，优先级次高的备份接口才被启用，以替代主接口，而其他优先级更低的备份接口则仍未启用。

● 负载分担场景：为了提高传输的可靠性和负载能力，可以为各接口链路设置过载保护阈值。当主接口链路过载时，FW 会使用优先级次高的备份接口和主接口一起分担流量。当主接口和优先级次高的备份接口都过载后，余下的备份接口中优先级最高的接口才被启用进行流量分担。

如图 8-5 所示，FW 拥有 3 条出接口链路，分别属于不同的 ISP。其中，ISP1 的链路优先级为 8，ISP2 的链路优先级为 3，ISP3 的链路优先级为 1，ISP1 的链路优先级最高。管理员设置了过载保护阈值，各链路均为 90%。FW 优先使用 ISP1 链路转发流量，当 ISP1 链路的带宽利用率达到 90% 后，启用 ISP2 链路和 ISP1 链路一起分担流量。当 ISP1 链路和 ISP2 链路都过载时，启用 ISP3 链路和 ISP1、ISP2 链路一起分担流量。当 3 条链路都过载时，FW 将按照各链路带宽的比例分配流量，不再根据链路优先级来分配。

8.2.1.7　会话保持

FW 支持在四种智能选路方式中配置会话保持功能。

智能选路接口可以配置过载保护阈值，当链路的带宽利用率达到过载保护阈值时，FW 对新流量进行智能选路时，将排除该过载链路，在其他未过载的链路中进行选路。这样可能会导致用户上网流量在链路过载前选择了该链路，而新建会话流量（如打开新网页）因为原链路过载而被 FW 从其他链路转发出去，从而出现已经登录的网站在刷新后需要重新登录，网络游戏在链路切换后掉线，甚至某些网上银行业务因检测到 IP 地址变化而拒绝用户访问等现象。

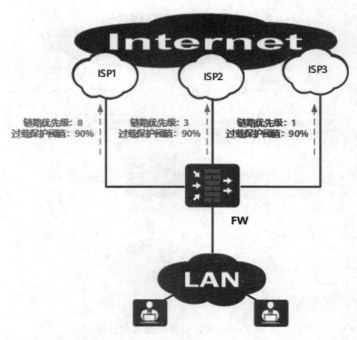

图 8-5　根据链路优先级主备备份

为了解决上述问题，可以开启智能选路会话保持功能。

开启该功能后，上网用户流量进行首次智能选路，选择某链路后，FW 会生成相应的会话保持表项，新流量如果命中了该会话保持表项，FW 按照会话保持表项中记录的链路转发流量，这样能保证该用户的流量始终使用同一链路转发。

以基于源 IP 的会话保持模式为例介绍会话保持的原理。如图 8-6 所示，用户 A 的上网流量进行首次智能选路后，会生成一个会话保持表项，其中包含了源 IP 地址、匹配的智能选路策略 ID 和首次选路的出接口。当该用户再次发起连接时，FW 会根据新流量中的源 IP 和匹配的智能选路策略 ID 查找相应的会话保持表项，并直接使用会话保持表项中记录的出接口转发该流量，这样就保证了此用户的流量始终使用同一出接口转发。

8.2.2　实验：配置流量根据链路带宽负载分担

一、实验目的

通过配置根据链路带宽负载分担，使流量按照带宽的比例分担到各链路上，保证带宽资源得到充分利用。

二、组网需求

如图 8-7 所示，企业分别从 ISP1 和 ISP2 租用了一条链路，ISP1 链路的带宽为 100M，ISP2 链路的带宽为 50M。

企业希望流量按照带宽比例分担到 ISP1 和 ISP2 链路上，保证带宽资源得到充分利用。

当其中一条 ISP 链路过载时，后续流量将通过另一条 ISP 链路传输，提高访问的可靠性。

第 8 章 防火墙智能选路

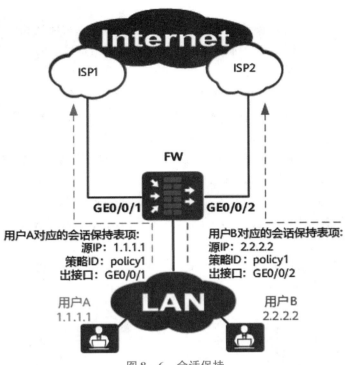

图 8-6 会话保持

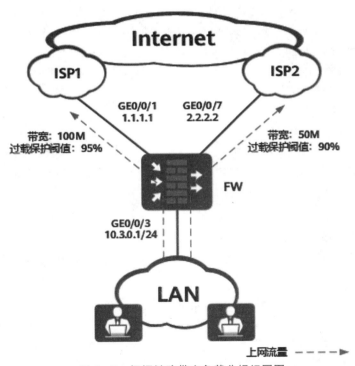

图 8-7 根据链路带宽负载分担组网图

三、配置思路

由于企业希望上网流量能够根据带宽比例进行分配，所以智能选路的方式设置为根据链路带宽负载分担。为了保证链路故障或过载时 FW 可以使用其他链路转发流量，还需要配置健康检查功能和链路过载保护功能。

（1）可选：配置健康检查功能，分别为 ISP1 和 ISP2 链路配置健康检查。

（2）配置接口的 IP 地址、安全区域、网关地址、带宽和过载保护阈值，并在接口上应用健康检查。

（3）配置全局选路策略。配置智能选路方式为根据链路带宽负载分担，并指定 FW 和 ISP1、ISP2 网络直连的出接口作为智能选路成员接口。

（4）配置基本的安全策略，允许企业内网用户访问外网资源。

说明：本例着重介绍智能选路相关的配置，其余配置如 NAT 请根据实际组网进行配置。

四、操作步骤

（1）可选：开启健康检查功能，并为 ISP1 和 ISP2 链路分别新建一个健康检查。

假设 ISP1 网络的目的地址网段为 3.3.10.0/24，ISP2 网络的目的地址网段为 9.9.20.0/24。

```
<FW> system-view
[FW] healthcheck enable
[FW] healthcheck name isp1_health
[FW-healthcheck-isp1_health] destination 3.3.10.10 interface GigabitEthernet 0/0/1 protocol tcp-simple destination-port 10001
[FW-healthcheck-isp1_health] destination 3.3.10.11 interface GigabitEthernet 0/0/1 protocol tcp-simple destination-port 10002
[FW-healthcheck-isp1_health] quit
[FW] healthcheck name isp2_health
[FW-healthcheck-isp2_health] destination 9.9.20.20 interface GigabitEthernet 0/0/7 protocol tcp-simple destination-port 10003
[FW-healthcheck-isp2_health] destination 9.9.20.21 interface GigabitEthernet 0/0/7 protocol tcp-simple destination-port 10004
[FW-healthcheck-isp2_health] quit
```

说明：此处假设 3.3.10.10、3.3.10.11 和 9.9.20.20、9.9.20.21 分别为 ISP1 和 ISP2 网络中已知的设备地址。如果健康检查配置完后，状态一直为 DOWN，请检查健康检查的配置。

（2）配置接口的 IP 地址和网关地址，配置接口所在链路的带宽和过载保护阈值，并应用对应的健康检查。

```
[FW] interface GigabitEthernet 0/0/1
[FW-GigabitEthernet0/0/1] ip address 1.1.1.1 255.255.255.0
[FW-GigabitEthernet0/0/1] gateway 1.1.1.254
```

```
[FW-GigabitEthernet0/0/1] bandwidth ingress 100000 threshold 95
[FW-GigabitEthernet0/0/1] bandwidth egress 100000 threshold 95
[FW-GigabitEthernet0/0/1] healthcheck isp1_health
[FW-GigabitEthernet0/0/1] quit
[FW] interface GigabitEthernet 0/0/3
[FW-GigabitEthernet0/0/3] ip address 10.3.0.1 255.255.255.0
[FW-GigabitEthernet0/0/3] quit
[FW] interface GigabitEthernet 0/0/7
[FW-GigabitEthernet0/0/7] ip address 2.2.2.2 255.255.255.0
[FW-GigabitEthernet0/0/7] gateway 2.2.2.254
[FW-GigabitEthernet0/0/7] bandwidth ingress 50000 threshold 90
[FW-GigabitEthernet0/0/7] bandwidth egress 50000 threshold 90
[FW-GigabitEthernet0/0/7] healthcheck isp2_health
[FW-GigabitEthernet0/0/7] quit
```

（3）配置全局选路策略，流量根据链路带宽负载分担。

```
[FW] multi-interface
[FW-multi-inter] mode proportion-of-bandwidth
[FW-multi-inter] add interface GigabitEthernet 0/0/1
[FW-multi-inter] add interface GigabitEthernet 0/0/7
[FW-multi-inter] quit
```

（4）将接口加入安全区域。

```
[FW] firewall zone trust
[FW-zone-trust] add interface GigabitEthernet 0/0/3
[FW-zone-trust] quit
[FW] firewall zone untrust
[FW-zone-untrust] add interface GigabitEthernet 0/0/1
[FW-zone-untrust] add interface GigabitEthernet 0/0/7
[FW-zone-untrust] quit
```

（5）配置 Trust 到 Untrust 区域的安全策略，允许企业内网用户访问外网资源。假设内部用户网段为 10.3.0.0/24。

```
[FW-policy-security] rule name policy_sec_trust_untrust
[FW-policy-security-rule-policy_sec_trust_untrust] source-zone trust
[FW-policy-security-rule-policy_sec_trust_untrust] destination-zone untrust
[FW-policy-security-rule-policy_sec_trust_untrust] source-address 10.3.0.0 24
[FW-policy-security-rule-policy_sec_trust_untrust] action permit
[FW-policy-security-rule-policy_sec_trust_untrust] quit
[FW-policy-security] quit
```

五、配置脚本

```
#
healthcheck enable
healthcheck name isp1_health
  destination 3.3.10.10 interface GigabitEthernet0/0/1 protocol tcp-simple destination-port 10001
  destination 3.3.10.11 interface GigabitEthernet0/0/1 protocol tcp-simple destination-port 10002
healthcheck name isp2_health
  destination 9.9.20.20 interface GigabitEthernet0/0/7 protocol tcp-simple destination-port 10003
  destination 9.9.20.21 interface GigabitEthernet0/0/7 protocol tcp-simple destination-port 10004
#
interface GigabitEthernet0/0/1
  ip address 1.1.1.1 255.255.255.0
  gateway 1.1.1.254
  bandwidth ingress 100000 threshold 95
  bandwidth egress 100000 threshold 95
  healthcheck isp1_health
#
interface GigabitEthernet0/0/3
  ip address 10.3.0.1 255.255.255.0
#
interface GigabitEthernet0/0/7
  ip address 2.2.2.2 255.255.255.0
  gateway 2.2.2.254
  bandwidth ingress 50000 threshold 90
  bandwidth egress 50000 threshold 90
  healthcheck isp2_health
#
firewall zone trust
  set priority 85
  add interface GigabitEthernet0/0/3
#
firewall zone untrust
  set priority 5
  add interface GigabitEthernet0/0/1
  add interface GigabitEthernet0/0/7
```

```
#
 multi - interface
   mode proportion - of - bandwidth
   add interface GigabitEthernet0/0/1
   add interface GigabitEthernet0/0/7
#
security - policy
 rule name policy_sec_trust_untrust
   source - zone trust
   destination - zone untrust
   source - address 10.3.0.0 mask 255.255.255.0
   action permit
#
return
```

8.3 策略路由（基于策略路由的出站智能选路）

8.3.1 了解策略路由

8.3.1.1 概述

FW 转发数据报文是通过查找路由表，并根据目的地址来进行报文的转发。在这种机制下，只能根据报文的目的地址为用户提供转发服务，无法提供有差别的服务。

策略路由是在路由表已经产生的情况下，不按照现有的路由表进行转发，而是根据用户制定的策略进行路由选择的机制，从更多的维度（入接口、源安全区域、源/目的 IP 地址、用户、服务、应用）来决定报文如何转发，增加了在报文转发控制上的灵活度。策略路由并没有替代路由表机制，而是优先于路由表生效，为某些特殊业务指定转发方向。

策略路由通常应用于多出口组网中，以图 8-8 为例，FW 作为出口网关，存在两个网络出口：

- ISP1：上网速度快，但付费较高。
- ISP2：价格低廉，但网速比较慢。

通过策略路由，可以实现下述功能，用户可以根据需要进行选配。

- 基于用户的选路。指定用户/用户组只能通过指定的链路访问互联网。例如，用户组 A 权限高，享受快速网络，可以通过链路 ISP1 访问互联网；用户组 B 权限低，通过链路 ISP2 访问互联网。
- 基于应用、协议类型的选路。例如，配置语音与视频等应用走带宽高的线路，数据应用走带宽小的线路。

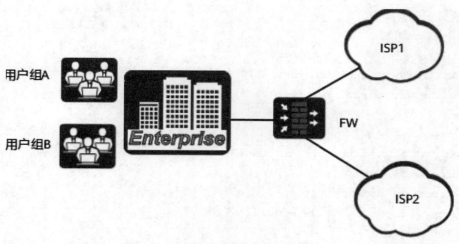

图 8-8　策略路由在多出口组网的应用

策略路由是由匹配条件和动作组成的，FW 收到流量后，对流量的属性进行识别，并将流量的属性与策略路由的匹配条件进行匹配。如果所有条件都匹配，则此流量成功匹配策略路由。流量匹配策略路由后，设备将会执行策略路由的动作。

8.3.1.2　策略路由的匹配条件

匹配条件可以将要做策略路由的流量区分开来。其中，源安全区域和入接口是互斥的必选项，二者必须配置其中一项。源地址/目的地址、用户、服务、应用、时间段、DSCP 优先级均为可选，如果不选，默认为 any，表示该策略路由与任意报文匹配。策略路由的匹配条件具体见表 8-4。

表 8-4　策略路由的匹配条件

匹配条件	作用	举例
入接口/ 源安全区域	指定接收流量的接口或者流量发出的安全区域	举例1：假设企业内网所在的安全区域为 Trust，该企业部署 ISP1 和 ISP2 两条链路，ISP1 上网速度快，但费用较高，ISP2 上网费用低廉，但网速较慢。企业要求业务类流量走 ISP1，休闲娱乐类流量走 ISP2，此时可以配置出接口不同的两条策略路由规则，选择源安全区域来区分流量。 举例2：假设教育内网里分为办公区和宿舍区，分别通过不同的入接口接入 FW，要求办公区和宿舍区通过不同出接口访问 Internet，此时可以配置出接口不同的两条策略路由规则，选择入接口来区分办公区和宿舍区的流量

续表

匹配条件	作用	举例
源地址/目的地址	指定流量发出/去往的地址，取值可以是地址、地址组、域名组	假设企业部署 ISP1 和 ISP2 两条链路，ISP1 上网速度快，但费用较高，ISP2 上网费用低廉，但网速较慢。企业要求源地址属于 A 的用户通过链路 ISP1 访问 10.10.1.1/32 这个 Internet 服务，源地址属于 B 的用户通过链路 ISP2 访问 10.10.2.2/32 这个 Internet 服务，此时可以配置出接口不同的两条策略路由规则，指定源地址分别为属于 A 的用户地址和属于 B 的用户地址，目的地址分别为 10.10.1.1/32 和 10.10.2.2/32
用户	指定流量的所有者，代表了"谁"发出的流量。取值可以是"用户""用户组"或"安全组"。 源地址和用户都表示流量的发出者，两者配置一种即可。一般情况下，源地址适用于 IP 地址固定或企业规模较小的场景；用户适用于 IP 地址不固定且企业规模较大的场景	如果企业希望实现不同用户通过不同的链路接入 Internet，企业需要创建用户、用户组或安全组，例如，某企业主要分为市场部和研发部两个部门，企业部署了两条接入 Internet 的链路 ISP1 和 ISP2。ISP1 上网速度快，但费用较高，ISP2 上网费用低廉，但网速较慢。市场部对网速要求较高，通过 ISP1 访问 Internet；研发部对网速要求不高，通过 ISP2 访问 Internet。此时可以配置出接口不同的两条策略路由规则，指定用户作为匹配条件。如果配置用户作为匹配条件，需要首先配置用户的认证
服务	指定流量的协议类型或端口号。如果希望识别指定协议类型或端口号的流量，可以在创建策略路由规则时将服务作为匹配条件	假设企业希望 HTTP 协议的流量和 SMTP 协议的流量通过不同的链路接入 Internet 的服务器，此时可以配置出接口不同的两条策略路由规则，引用预定义服务作为匹配条件
应用	指定流量的应用类型。通过应用 FW 能够区分使用相同协议和端口号的不同应用程序，使网络管理更加精细。 如果希望实现不同应用协议的数据通过不同的链路转发，可以在创建策略路由规则时将应用作为匹配条件	企业部署了两条接入 Internet 的链路 ISP1 和 ISP2。ISP1 带宽大，ISP2 带宽小，如果企业希望语音与视频等应用走 ISP1，数据应用走 ISP2，可以配置出接口不同的两条策略路由规则，指定应用作为匹配条件

续表

匹配条件	作用	举例
时间段	指定策略路由生效的时间段。如果希望策略路由规则仅在特定时间段内生效，可以在创建策略路由规则时将时间段作为匹配条件	如果企业希望工作时间（8：30—12：00，13：00—17：30）内使创建的策略路由规则生效，则可以配置策略路由规则，指定时间段作为匹配条件
DSCP优先级	指定流量的DSCP优先级。如果想要匹配不同优先级的流量，可以在创建策略路由规则时将DSCP优先级作为匹配条件	如果企业希望匹配不同优先级的业务类流量和休闲娱乐类流量，可以配置策略路由规则，指定DSCP优先级作为匹配条件

8.3.1.3 策略路由的动作

如果策略路由配置的所有匹配条件都匹配，则此流量成功匹配该策略路由规则，并执行策略路由的动作。策略路由的动作包括：

- 转发：按照策略路由转发。根据出接口的不同类型，又分为：
  □ 单出口：把报文发送到指定的下一跳设备或者从指定出接口发送报文。
  □ 多出口：利用智能选路功能，从多个出接口中选择一个出接口发送报文。
- 转发其他虚拟系统：按照策略路由将流量转发至其他虚拟系统。
- 不做策略路由，按照现有的路由表进行转发。

8.3.1.4 策略路由的匹配规则

策略路由的匹配规则如图8-9所示，每条策略路由中包含多个匹配条件，各个匹配条件之间是"与"的关系，报文的属性与各个条件必须全部匹配，才认为该报文匹配这条规

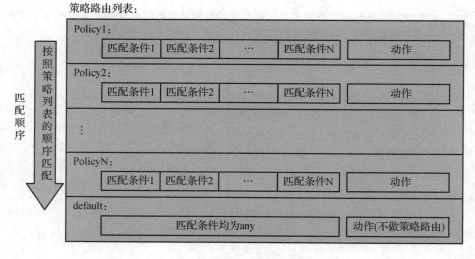

图8-9 策略路由的匹配规则

则。一个匹配条件中如果可以配置多个值,多个值之间是"或"的关系,报文的属性只要匹配任意一个值,就认为报文的属性匹配了这个条件。

当配置多条策略路由规则时,策略路由列表默认是按照配置顺序排列的,越先配置的策略路由规则,位置越靠前,优先级越高。策略路由的匹配就是按照策略列表的顺序执行的,即从策略列表顶端开始逐条向下匹配,如果流量匹配了某个策略路由,将不再进行下一个策略的匹配。所以,策略路由的配置顺序很重要,需要先配置条件精确的策略,再配置宽泛的策略。如果某条具体的策略路由放在通用的策略路由之后,则可能永远不会被命中。

此外,系统存在一条默认策略路由 default,默认策略路由位于策略列表的最底部,优先级最低,所有匹配条件均为 any,动作为不做策略路由,即按照现有的路由表进行转发。如果所有配置的策略都未匹配,则将匹配默认策略路由 default。

8.3.1.5 基于应用的策略路由

如果策略路由中配置了应用匹配条件,则流量需要发送给内容安全引擎进行应用识别,内容安全引擎需要获取多个报文才能识别出应用,因此,从首包中无法识别出应用,首包会按照不带应用的情况先进行策略路由匹配。为了避免业务中断,后续包不会再次进行策略路由重查。

经过几个后续包后,内容安全引擎识别出应用,并生成相应的应用关联表项。对于新建的会话,如果配置应用为匹配条件,则将流量三元组信息(协议、源或目的 IP 地址和源或目的端口)与应用关联表项进行匹配,如果匹配,则识别为同一应用;如果未匹配任何表项,则重新进行应用识别,并将应用识别结果保存到应用关联表项,以提高应用识别的效率。因此,相同三元组的流量如果匹配了应用关联表项,会被策略路由模块识别为属于同一应用。

8.3.2 实验:通过策略路由实现多 ISP 接入 Internet

一、实验目的

通过配置 NAT 和策略路由功能,可以使校园网用户分别接入教育网和 Internet。

二、组网需求

如图 8-10 所示,某高校在网络边界处部署了 FW 作为安全网关,通过教育网接入 Internet。同时,还从运营商处购买了宽带上网服务,通过运营商网络接入 Internet。

具体需求如下:
- 学生网络中的 PC 只能通过教育网访问 Internet。
- 教师网络中的 PC 只能通过运营商网络访问 Internet。

三、配置思路

(1)配置接口的地址,并将接口加入相应的安全区域。

(2)配置策略路由,使学生网络中的 PC 通过接口 GigabitEthernet 0/0/7 经由教育网访问 Internet,使教师网络中的 PC 通过接口 GigabitEthernet 0/0/1 直接访问 Internet。

(3)配置安全策略,允许学生网络和教师网络中的 PC 访问 Internet。

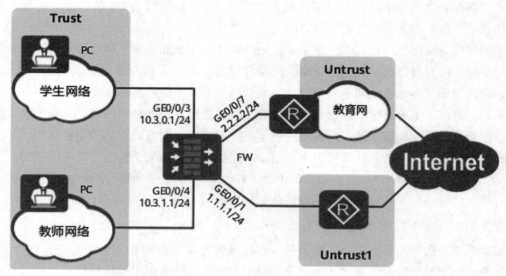

图 8-10 通过策略路由实现多 ISP 接入 Internet 组网图

（4）配置 NAT 策略，提供源地址转换功能。

说明： 本例着重介绍策略路由相关的配置，其余配置如 NAT 请根据实际组网进行配置。

四、操作步骤

（1）配置接口 IP 地址和安全区域，完成网络基本参数配置。

```
[FW] interface GigabitEthernet 0/0/1
[FW-GigabitEthernet0/0/1] ip address 1.1.1.1 255.255.255.0
[FW-GigabitEthernet0/0/1] quit
[FW] interface GigabitEthernet 0/0/3
[FW-GigabitEthernet0/0/3] ip address 10.3.0.1 255.255.255.0
[FW-GigabitEthernet0/0/3] quit
[FW] interface GigabitEthernet 0/0/4
[FW-GigabitEthernet0/0/4] ip address 10.3.1.1 255.255.255.0
[FW-GigabitEthernet0/0/4] quit
[FW] interface GigabitEthernet 0/0/7
[FW-GigabitEthernet0/0/7] ip address 2.2.2.2 255.255.255.0
[FW-GigabitEthernet0/0/7] quit
[FW] firewall zone trust
[FW-zone-trust] add interface GigabitEthernet 0/0/3
[FW-zone-trust] add interface GigabitEthernet 0/0/4
[FW-zone-trust] quit
[FW] firewall zone untrust
[FW-zone-untrust] add interface GigabitEthernet 0/0/7
[FW-zone-untrust] quit
```

```
[FW] firewall zone name untrust1
[FW-zone-untrust1] set priority 10
[FW-zone-untrust1] add interface GigabitEthernet 0/0/1
[FW-zone-untrust1] quit
```

(2) 配置策略路由。

```
#配置策略路由,使学生网络中的PC通过接口 GigabitEthernet 0/0/7 经由教育网访问 Internet。
[FW] policy-based-route
[FW-policy-pbr] rule name policy_route_1
[FW-policy-pbr-rule-policy_route_1] ingress-interface GigabitEthernet 0/0/3
[FW-policy-pbr-rule-policy_route_1] source-address 10.3.0.0 24
[FW-policy-pbr-rule-policy_route_1] action pbr egress-interface GigabitEthernet 0/0/7 next-hop 2.2.2.254
[FW-policy-pbr-rule-policy_route_1] quit
#配置策略路由,使教师网络中的PC通过接口 GigabitEthernet 0/0/1 直接访问 Internet。
[FW-policy-pbr] rule name policy_route_2
[FW-policy-pbr-rule-policy_route_2] ingress-interface GigabitEthernet 0/0/4
[FW-policy-pbr-rule-policy_route_2] source-address 10.3.1.0 24
[FW-policy-pbr-rule-policy_route_2] action pbr egress-interface GigabitEthernet 0/0/1 next-hop 1.1.1.254
[FW-policy-pbr-rule-policy_route_2] quit
[FW-policy-pbr] quit
```

(3) 配置安全策略。

```
#配置安全策略,允许学生网络中的PC访问Internet。
[FW] security-policy
[FW-policy-security] rule name policy_sec_1
[FW-policy-security-rule-policy_sec_1] source-zone trust
[FW-policy-security-rule-policy_sec_1] destination-zone untrust
[FW-policy-security-rule-policy_sec_1] source-address 10.3.0.0 24
[FW-policy-security-rule-policy_sec_1] action permit
[FW-policy-security-rule-policy_sec_1] quit
#配置安全策略,允许教师网络中的PC访问Internet。
[FW-policy-security] rule name policy_sec_2
[FW-policy-security-rule-policy_sec_2] source-zone trust
[FW-policy-security-rule-policy_sec_2] destination-zone untrust1
[FW-policy-security-rule-policy_sec_2] source-address 10.3.1.0 24
```

[FW-policy-security-rule-policy_sec_2] action permit
[FW-policy-security-rule-policy_sec_2] quit
[FW-policy-security] quit

（4）配置NAT策略，当学生网络中的PC访问Internet时进行地址转换。

配置地址池。
[FW] nat address-group address_1
[FW-address-group-address_1] section 0 2.2.2.10 2.2.2.15
[FW-address-group-address_1] quit
配置NAT策略。
[FW] nat-policy
[FW-policy-nat] rule name policy_nat_1
[FW-policy-nat-rule-policy_nat_1] source-zone trust
[FW-policy-nat-rule-policy_nat_1] destination-zone untrust
[FW-policy-nat-rule-policy_nat_1] source-address 10.3.0.0 24
[FW-policy-nat-rule-policy_nat_1] action source-nat address-group address_1
[FW-policy-nat-rule-policy_nat_1] quit
[FW-policy-nat] quit

（5）配置NAT策略，当教师网络中的PC访问Internet时进行地址转换。

配置地址池。
[FW] nat address-group address_2
[FW-address-group-address_2] section 0 1.1.1.10 1.1.1.15
[FW-address-group-address_2] quit
配置NAT策略。
[FW] nat-policy
[FW-policy-nat] rule name policy_nat_2
[FW-policy-nat-rule-policy_nat_2] source-zone trust
[FW-policy-nat-rule-policy_nat_2] destination-zone untrust1
[FW-policy-nat-rule-policy_nat_2] source-address 10.3.1.0 24
[FW-policy-nat-rule-policy_nat_2] action source-nat address-group address_2
[FW-policy-nat-rule-policy_nat_2] quit
[FW-policy-nat] quit

五、配置脚本

```
#
interface GigabitEthernet0/0/1
 ip address 1.1.1.1 255.255.255.0
#
interface GigabitEthernet0/0/3
 ip address 10.3.0.1 255.255.255.0
```

```
#
interface GigabitEthernet0/0/4
 ip address 10.3.1.1 255.255.255.0
#
interface GigabitEthernet0/0/7
 ip address 2.2.2.2 255.255.255.0
#
firewall zone trust
  set priority 85
  add interface GigabitEthernet0/0/3
  add interface GigabitEthernet0/0/4
#
firewall zone untrust
  set priority 5
  add interface GigabitEthernet0/0/7
#
firewall zone name untrust1
  set priority 10
  add interface GigabitEthernet0/0/1
#
 nat address-group address_1
  section 0 2.2.2.10 2.2.2.15
 nat address-group address_2
  section 0 1.1.1.10 1.1.1.15
#
security-policy
  rule name policy_sec_1
    source-zone trust
    destination-zone untrust
    source-address 10.3.0.0 24
    action permit
  rule name policy_sec_2
    source-zone trust
    destination-zone untrust1
    source-address 10.3.1.0 24
    action permit
#
policy-based-route
  rule name policy_route_1
```

```
        ingress-interface GigabitEthernet0/0/3
        source-address 10.3.0.0 24
        action pbr egress-interface GigabitEthernet0/0/7 next-hop 2.2.2.254
     rule name policy_route_2
        ingress-interface GigabitEthernet0/0/4
        source-address 10.3.1.0 24
        action pbr egress-interface GigabitEthernet0/0/1 next-hop 1.1.1.254
#
nat-policy
   rule name policy_nat_1
      source-zone trust
      destination-zone untrust
      source-address 10.3.0.0 24
      action source-nat address-group address_1
   rule name policy_nat_2
      source-zone trust
      destination-zone untrust1
      source-address 10.3.1.0 24
      action source-nat address-group address_2
#
return
```

第 9 章

防火墙负载均衡

9.1 服务器负载均衡概述

9.1.1 简介

服务器负载均衡技术可以提升企业的业务处理能力,方便后续的网络运维和调整。

日益增长的网络业务量给服务器造成了巨大压力,当单个服务器无法满足网络需求时,企业一般会采取更换高性能设备或增加服务器数量的方法来解决性能不足的问题。如果更换为高性能的服务器,则已有低性能的服务器将闲置,造成了资源的浪费。而且后续肯定会面临新一轮的设备升级,导致投入巨大,却无法从根本上解决性能的"瓶颈"。如果单纯地增加服务器的数量,则涉及流量分配、服务器间的协同机制等很多复杂的问题。既要考虑成本因素和现实需求,又要兼顾日后的设备升级和扩容,服务器负载均衡(Server Load Balancing,SLB)技术应运而生。

服务器负载均衡就是将本应由一个服务器处理的业务分发给多个服务器来处理,以此提高处理业务的效率和能力。如图 9-1 所示,这些处理业务的服务器组成服务器集群,对外体现为一台逻辑上的服务器。对于用户来说,访问的是这台逻辑上的服务器,而不知道实际处理业务的是其他服务器。由 FW 决定如何分配流量给各个服务器,这样做的好处显而易见:如果某个服务器损坏,FW 将不再分配流量给它;如果现有服务器集群还需要扩容,直接增加服务器到集群中即可。这些内部的变化对于用户来说是完全透明的,非常有利于企业对网络的日常运维和后续调整。

服务器负载均衡功能可以保证流量较平均地分配到各个服务器上,避免出现一个服务器满负荷运转,另一个服务器却空闲的情况。FW 还可以根据不同的服务类型来调整流量的分配方法,满足特定服务需求,提升服务质量和效率。

9.1.2 应用场景

FW 作为安全网关,在提供安全防护的同时,通过服务器负载均衡功能实现对网络服务能力和用户体验的提升。

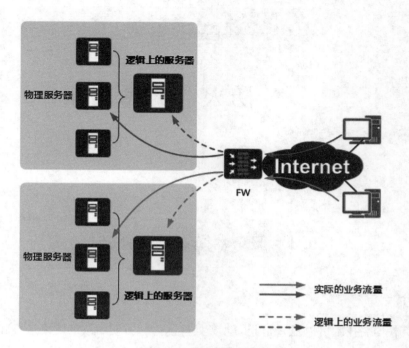

图 9-1 服务器负载均衡

9.1.2.1 数据中心的服务器负载均衡

数据中心是一整套复杂的设施，不仅包含计算机系统，还包含服务器、环境控制设备、监控设备以及各种安全设备等。服务器作为数据中心的重要组成部分，对外提供数据处理、数据存储和数据交换等各种服务。FW 作为数据中心的安全网关，不仅可以提供完备的安全防护功能，还可以通过服务器负载均衡功能解决服务响应时长和设备处理性能等方面的问题，提升用户的使用体验。

如图 9-2 所示，FW 作为安全网关部署在数据中心的网络入口，为包括服务器集群在内的网络提供安全隔离保护。每个服务器集群构成一个业务区，不同业务区提供不同种类的服务。当客户端的业务请求到达 FW 后，FW 会根据服务的类型分配流量给相应的业务区，并通过服务器负载均衡功能指定具体处理业务的服务器。

9.1.2.2 企业园区的服务器负载均衡

随着企业的大规模扩展和业务量的爆炸式增长，企业网络要处理的数据量也在大幅度增加。企业新建园区网或拓展原有网络的服务能力时，需要考虑服务能力和投入资金的关系，甚至要兼顾日后扩展的收益性。FW 作为企业园区的安全网关，同时为园区内的用户和服务器集群提供安全隔离保护。配置服务器负载均衡功能后，用户可以快速获取企业资源和服务，提升了用户体验。对于企业来说，也方便日后对服务能力进行拓展，降低了企业的投入成本。

如图 9-3 所示，FW 作为安全网关部署在服务器集群的网络入口。企业园区内网的用户和服务器处于同一网络内的不同区域，FW 通过安全策略控制用户对服务器集群的访问。分支机构的用户需要通过 Internet 网络访问服务器，FW 为其提供安全接入机制，从而充分

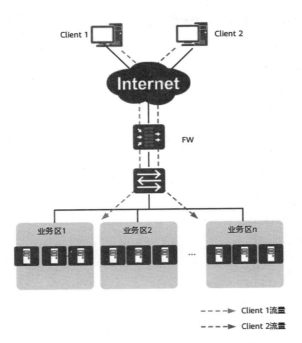

图 9-2　数据中心的服务器负载均衡场景

利用服务器资源提供远程服务。服务器按照服务类型的不同，被分成多个组，FW 将用户的流量发送给相应的服务器组，并通过服务器负载均衡功能指定具体处理业务的服务器。

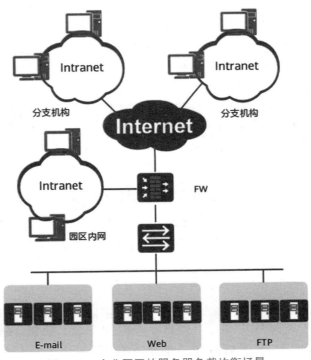

图 9-3　企业园区的服务器负载均衡场景

9.1.2.3 多出口服务器集群的负载均衡

为了提高服务的可靠性，服务器集群所在的网络一般会有多个出口，并由不同的 ISP 提供。这样，当一个出口的网络无法正常使用时，用户可以从其他 ISP 的网络获取服务。典型的多出口场景是双出口场景。

如图 9-4 所示，服务器集群所在的网络拥有双出口，FW 作为安全网关部署在服务器集群的网络入口。服务器分成多个组，每一组提供相同类型的服务，FW 通过服务器负载均衡功能使每个服务器组都可以同时为 ISP1 和 ISP2 的用户服务。当用户请求到达 FW 后，FW 会根据服务的类型分配流量给相应的服务器组，并通过负载均衡功能指定具体处理业务的服务器。这样，同一组服务器就可以服务于两个 ISP 的网络，极大地节省了资金投入，也可以将有限的资源用于扩大集群的性能。

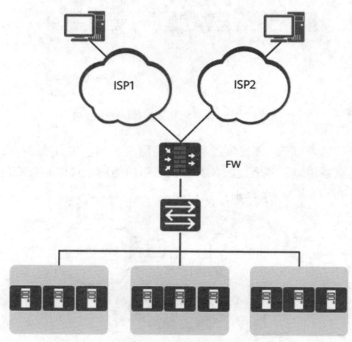

图 9-4　多出口服务器集群的负载均衡场景

9.1.2.4 LTE IPSec 解决方案中的服务器负载均衡

在 LTE 场景中，基站数量众多，且随着 4G 业务的发展，每个基站承载的客户流量也大量增加。一台 IPSec 网关的性能有限，无法承载所有基站的客户流量，所以，LTE 场景下，通常需要多台 IPSec 网关负载分担才能满足 IPSec 隧道和 VPN 流量带宽的需求。

如图 9-5 所示，eNodeB 接入侧部署 FW，负责对 eNodeB 侧进来的流量进行负载分担处理，使流量分担到多个 IPSec 网关。为了提高可靠性，在网络节点上采用双机备份。

说明：IKE 协商流量为 UDP 流量，数据业务流量为 ESP 流量，两者需要到达同一个 IPSec 网关，因此，需要在 FW 配置源 IP 会话保持功能。

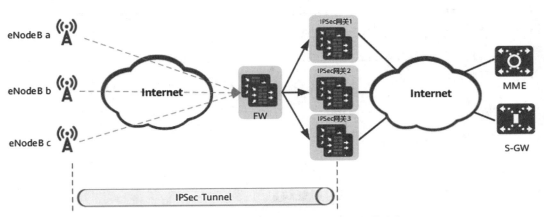

图9-5　LTE IPSec解决方案中的服务器负载均衡

9.2　服务器负载均衡实现原理

9.2.1　实现机制

本节介绍服务器负载均衡技术的常见概念和工作原理。

9.2.1.1　工作原理

服务器负载均衡技术的一些常见概念如下。

- 实服务器：是处理业务流量的实体服务器。客户端发送的服务请求最终由实服务器处理。
- 实服务器组：是由多个实服务器组成的集群。其对外提供特定的一种服务。
- 虚拟服务器：是实服务器组对外呈现的逻辑形态。客户端实际访问的是虚拟服务器。
- HTTP调度策略：是FW分配业务流量给实服务器组时依据的规则。不同的调度策略得到不同的分配结果。其仅适用于HTTP和HTTPS（HTTPS配置SSL卸载）协议。
- 负载均衡算法：是FW分配业务流量给实服务器时依据的算法。不同的算法可能得到不同的分配结果。
- 会话保持：FW将同一客户端一段时间内的流量分配给同一个实服务器。
- 服务健康检查：是FW检查服务器状态是否正常的过程。其可以增强为用户提供服务的稳定性。

服务器负载均衡是按照逐流方式进行流量分配的，每一条流到达FW后，都会进行一次负载均衡处理。这里的"一条流"可以理解为FW上建立的一条会话或一个连接。所谓逐流，就是将属于同一条流的报文都分配给同一个服务器来处理。当会话老化后，即使流量的源IP、目的IP等网络参数都没有改变，也会视新建的会话为一条新流。

如图9-6所示，客户端Client 1发出的服务请求需经过FW负载均衡处理后，再转发到服务器集群中的某台服务器上。R1～Rx是一组提供相同服务的实服务器，它们组成实服务器组 grp1，客户端 Client 1 的服务请求最终是由 grp1 中的一台实服务器来处理的。为了便于管理并保证实服务器的安全，实服务器组 grp1 在逻辑上抽象为一台高性能、高可靠性的虚拟服务器 vs1。对于客户端 Client 1 来说，其访问的是虚拟服务器，而并不知道实际处理业务的是实服务器。

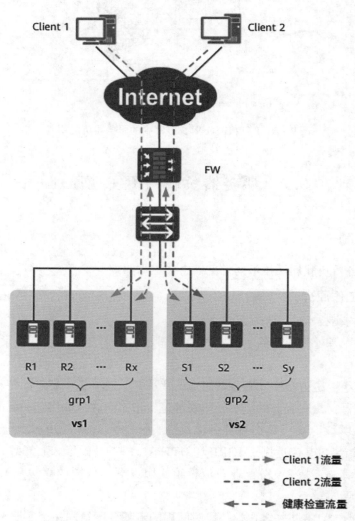

图 9-6　客户端流量经 FW 负载均衡后到达服务器

说明：如无特别说明，本章所说服务器均指实服务器。

服务器负载均衡技术的核心是 HTTP 调度策略、负载均衡算法、会话保持和健康检查。

当存在多个可用的实服务器组时，FW 会根据更加精细化的流量匹配要求，通过 HTTP 调度策略选择一个实服务器组，然后转发流量到此服务器组上。

说明：只有当传输的报文协议是 HTTP 或者 HTTPS（HTPPS 协议需要配置 SSL 卸载）时，才支持 HTTP 调度策略。

当服务器组内存在多个可用的实服务器时，FW 会通过负载均衡算法选择一个实服务器，然后转发流量到此服务器上。最终的负载均衡效果受负载均衡算法选择的影响，用户需要根据具体的应用场景和业务特点选择合适的算法。

客户端和实服务器之间可能需要多条连接才能完成某一项任务，FW 能通过会话保持确保客户端的多条连接都分配给同一个实服务器处理。

如图 9-6 所示，FW 可以通过健康检查功能不断向各个实服务器发送探测报文，实时监控各服务器的健康状态并做记录。在转发 Client 1 的流量前，FW 会根据各个实服务器的状态来判断其是否可以参与流量分配，只有状态正常的服务器才能参与流量分配，业务故障的服务器将被排除在外。但是 FW 仍然会向业务故障的服务器发送探测报文，一旦发现服务器业务恢复，将立即让其参与流量分配。这样可确保流量被转发到健康的服务器上，不会造成请求失败的情况。

9.2.1.2 转发流程

如图 9-7 所示，客户端访问虚拟服务器 vserver 1 时，FW 通过负载均衡功能选择实服务器 rserver 1 来处理业务流量，并转换报文的目的 IP 地址和端口号。当实服务器的响应报文到达 FW 时，FW 会再次转换报文的源 IP 地址和端口号。

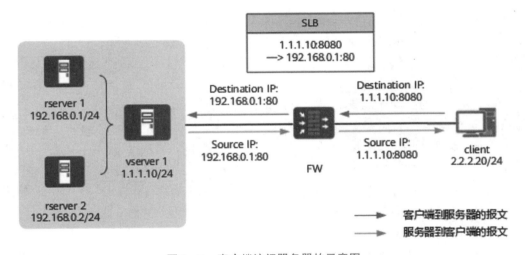

图 9-7 客户端访问服务器的示意图

服务器负载均衡功能利用 Server-Map 表和会话表完成虚拟服务器与实服务器的映射。配置服务器负载均衡功能后，FW 会生成 SLB 类型的静态 Server-Map 表，该表项在关闭服务器负载均衡功能时立即老化。典型的 SLB 类型静态 Server-Map 表如下所示，输出信息描述见表 9-1。

```
[sysname] display firewall server-map static
Current Total Server-map : 1
Type: SLB, ANY -> 1.1.1.10:8000[grp1/1], Zone:---, protocol:tcp
Vpn: public -> public
```

表9-1 SLB类型静态Server-Map表输出信息描述

项目	描述
Type：SLB	Server-Map表的类型为SLB
ANY	源设备地址。 FW对访问虚拟服务器的设备没有限制
1.1.1.10：8000	虚拟服务器的IP地址和端口
grp1/1	虚拟服务器关联的实服务器组的名称和ID
Zone	安全区域。 SLB类型静态Server-Map表的安全区域信息恒为空
protocol	虚拟服务器的协议类型
Vpn：public -> public	源设备和虚拟服务器所属的虚拟系统信息。 FW不支持跨虚拟系统访问虚拟服务器

当业务流量到达FW时，如果命中SLB类型静态Server-Map表，FW会建立会话表项，该表项在长时间未被匹配的情况下将自动老化。典型的会话表项如下所示：

```
[sysname] display firewall session table verbose
Current total sessions: 1
http VPN: public --> public ID: a7b2679b4a4c03388d54ca6f81126
Zone: untrust --> dmz TTL: 00:00:10 Left: 00:00:03
Interface: GigabitEthernet0/0/2 NextHop: 192.168.0.11
<-- packets: 908 bytes: 7548 -->packets: 23 bytes: 306
2.2.2.20:51886 --> 1.1.1.10:8000[192.168.0.1:80] PolicyName: policy_example
```

服务器负载均衡功能转发报文的流程如图9-8所示。

转发流程的说明如下：

（1）流量报文到达FW后，FW首先会查找是否存在对应的会话表。如果存在，则按照会话表修改报文的目的IP和目的端口号，然后转发给对应的实服务器；如果不存在，则会根据报文的目的IP、目的端口号和协议类型查找Server-Map表。

（2）对于单通道协议来说，服务器负载均衡功能会生成静态Server-Map表项；对于多通道协议来说（仅支持FTP协议），服务器负载均衡功能会利用ASPF生成动态Server-Map表项。

如果是单通道协议，当客户端的请求报文命中静态Server-Map表时，FW首先判断是否可以根据会话保持表或Cookie来选择实服务器。如果可以，选择一个实服务器，并修改请求报文的目的IP和目的端口号为实服务器的IP和端口号；如果不可以，就根据设置好的负载均衡算法选择实服务器，并修改请求报文的目的IP和目的端口号为实服务器的IP和端口号。

第 9 章 防火墙负载均衡

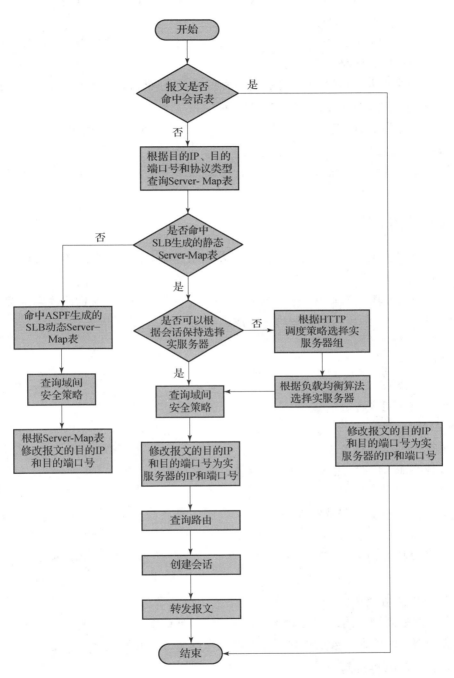

图 9-8 转发报文流程图

如果是多通道协议，FW 将根据动态 Server-Map 表修改请求报文的目的 IP 和目的端口号。如果没有命中动态 Server-Map 表，FW 会先通过会话保持或负载均衡算法选择实服务器，然后生成动态 Server-Map 表。

说明：根据 HTTP 调度策略选择实服务器组，是可选步骤。仅适用于 HTTP 和 HTTPS（HTTPS 配置 SSL 卸载）协议。

（3）FW 查询域间安全策略，检查是否可以转发报文。然后根据需要修改报文的目的 IP 和目的端口号，最后查询路由表进行转发。

说明：由于修改报文目的 IP 和目的端口号发生在查询域间安全策略之后，所以安全策略中指定的 IP 地址应该是虚拟服务器的 IP 地址。

由于修改报文目的 IP 和目的端口号发生在查询路由之前，所以路由中指定的 IP 地址应该是实服务器的 IP 地址。

（4）FW 转发报文前创建会话表项，同一条流的后续报文到达时，将直接根据会话表进行转发。

9.2.2 负载均衡算法

负载均衡算法决定了 FW 如何分配业务流量到服务器上，选择合适的负载均衡算法才能获得理想的负载均衡效果。

负载均衡算法是服务器负载均衡功能的核心，通过负载均衡算法即可得到由哪台实服务器来处理业务流量。FW 支持的负载均衡算法如下：

- 简单轮询算法
- 加权轮询算法
- 最小连接算法
- 加权最小连接算法
- 源 IP Hash 算法
- 加权源 IP Hash 算法

选择负载均衡算法时，需要考虑两个主要因素：

- 服务器的性能

根据服务器的性能差异来分配业务，可以保证设备得到充分利用，提高服务的稳定性。当各个服务器的性能不同且成一定比例关系时，可通过设置权重来实现负载均衡：性能高的服务器权重值大，分配到较多的业务；性能低的服务器权重值小，分配到较少的业务。

- 服务器的服务类型

服务器的服务类型不同，则会话连接的时长或服务请求的次数可能会有差异。如果用户请求的服务需要长时间保持会话连接，那么必须考虑服务器并发处理的连接数。

9.2.2.1 简单轮询算法

简单轮询算法是将客户端的业务流量依次分配到各个服务器上。如图 9-9 所示，FW 将客户端的业务流量依次分配给 4 个服务器，当每个服务器都分配到一条流后，再从服务器 S1 开始重新依次分配。当业务流量较大时，经过一段时间后，各服务器的累计连接数大致相等。

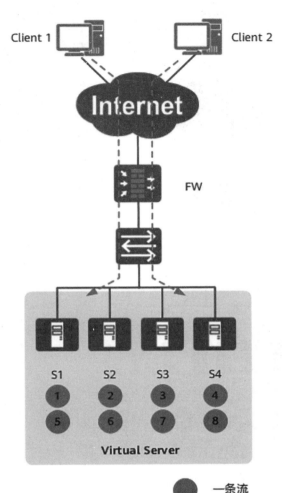

图 9-9　简单轮询算法

简单轮询算法的优点是实现简单，效率较高。但是简单轮询算法不会考虑每个服务器上的实际负载，例如，新增服务器上的负载量要小于运行一段时间的服务器，而 FW 仍然依次分配流量给各个服务器，导致新增服务器没有被充分利用。所以，简单轮询算法是一个静态算法，它的适用场景为服务器的性能相近，服务类型比较简单，且每条流对服务器造成的业务负载大致相等。例如，外部用户访问企业内部网络的 DNS 或 RADIUS 服务器。

9.2.2.2　加权轮询算法

加权轮询算法是将客户端的业务流量按照一定权重比依次分配到各个服务器上。如图 9-10 所示，服务器 S1、S2、S3、S4 的权重依次为 2、1、1、1，此时服务器 S1 将被视为两台权重为 1 的服务器，所以 FW 连续分配两条流给 S1，然后分配接下来的三条流给服务器 S2、S3、S4。当业务流量比较大时，经过一段时间后，各服务器的累计连接数比例约为 2∶1∶1∶1。

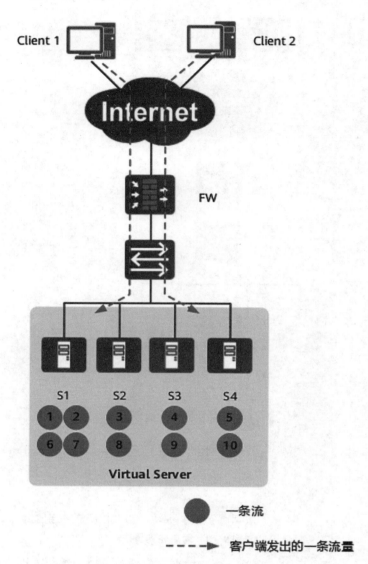

图 9-10 加权轮询算法

加权轮询算法的适用场景为服务器的性能不同,服务类型比较简单,且每条流对服务器造成的业务负载大致相等。例如,外部用户访问企业内部网络的 DNS 或 RADIUS 服务器,各服务器的性能存在差异。

9.2.2.3 最小连接算法

最小连接算法是将客户端的业务流量分配到并发连接数最小的服务器上。并发连接数即服务器对应的实时连接数,会话新建或老化都会影响并发连接数的大小。如图 9-11 所示,客户端发出的请求到达 FW 后,FW 会统计 4 个服务器上的并发连接数。因为服务器 S1 上的并发连接数最小,所以连续几条流都被分配给服务器 S1。

最小连接算法解决了轮询算法存在的问题,即轮询算法在分配业务流量时,并不考虑每

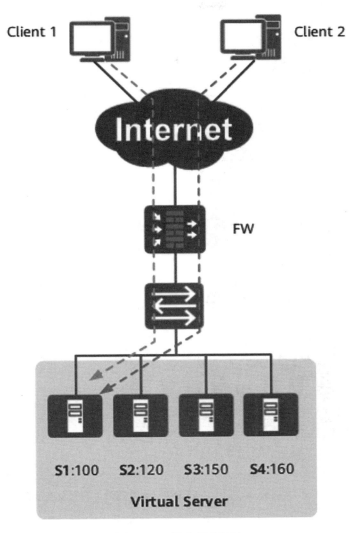

图 9-11 最小连接算法

个服务器上的实际负载量,而最小连接算法会统计各个服务器上的并发连接数,保证业务流量分配到负载最小的服务器上。所以,最小连接算法是动态算法,它的适用场景为服务器的性能相近,每条流对服务器造成的业务负载大致相等,但是每条流的会话存活时间不同。例如,外部用户访问企业内部网络的 HTTP 服务器。

9.2.2.4 加权最小连接算法

加权最小连接算法是将客户端的业务流量分配到加权并发连接数最小的服务器上。并发连接数即服务器对应的实时连接数,会话新建或老化都会影响并发连接数的大小,而加权并发连接数是考虑服务器权重后得到的实时连接数。如图 9-12 所示,服务器 S1、S2、S3、S4 的权重依次为 2、1、1、1,此时服务器 S1 需要将并发连接数除以 2,然后和其他权重为 1 的服务器进行比较。因为服务器 S1 的加权并发连接数最小(等于 75),所以 FW 将接下来的几条流都分配给服务器 S1。当业务流量比较大时，经过一段时间后，各服务器的并发连接数比例约为 2∶1∶1∶1。

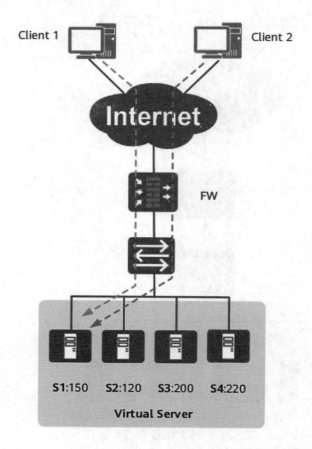

图 9-12　加权最小连接算法

加权最小连接算法的适用场景为服务器的性能不同，每一条流对服务器造成的业务负载大致相等，但是每一条流的会话存活时间不同。例如，外部用户访问企业内部网络的 HTTP 服务器，各服务器的性能存在差异。

9.2.2.5　源 IP Hash 算法

源 IP Hash 算法是将客户端的 IP 地址进行 Hash 运算，得到 Hash Index 值。FW 根据 Hash Index 值与 Hash 列表中服务器的对应关系，分配流量至服务器，如图 9-13 所示。

源 IP Hash 算法的应用场景为当各个服务器性能差别不大，FW 使用源 IP Hash 算法进行负载分担时，依然可以将源 IP 相同的客户端负载分担到同一个服务器。

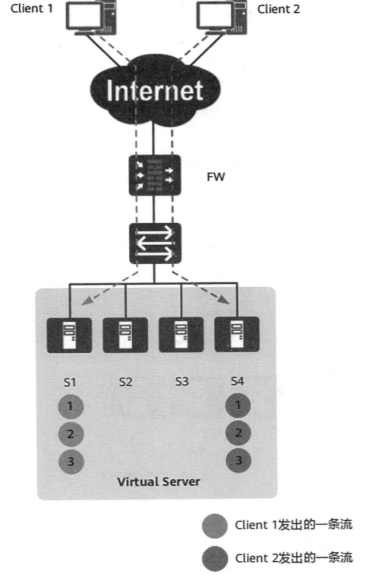

图 9-13 源 IP Hash 算法

9.2.2.6 加权源 IP Hash 算法

加权源 IP Hash 算法是将客户端的 IP 地址进行 Hash 运算，得到 Hash Index 值，而后通过 FW 调整各个服务器的权重得到 Hash 表中服务器新的权重值。如果服务器 S1、S2、S3、S4 的权重依次为 2、1、1、1，则 Hash 表中 S1、S2、S3、S4 权重为 2、1、1、1，最后根据 Hash Index 值与 Hash 列表中服务器的对应关系，分配流量至服务器，如图 9-14 所示。

源 IP Hash 算法的应用场景为各个服务器的性能有一定的差异，FW 使用加权源 IP Hash 算法进行负载分担时，依然可以将源 IP 相同的客户端负载分担到同一个服务器。

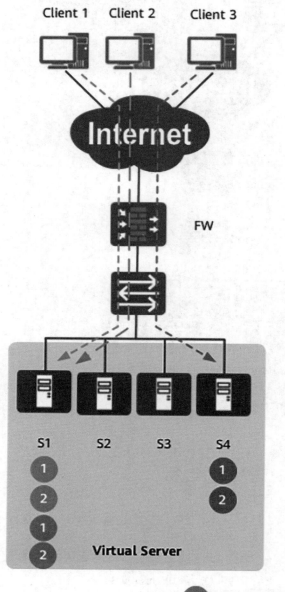

图 9-14 加权源 IP Hash 算法

9.2.3 服务健康检查

健康检查功能可以检测服务器业务是否可用，防止流量被分配到不能正常工作的服务器上，进而导致服务中断。

为了应对日益增加的用户访问量和数据量，企业通过服务器负载均衡技术来解决单一服务器性能不足的问题。服务器负载均衡虽然可以提升服务的质量和可靠性，但是也引发了一系列问题：

多个服务器中的一个服务器发生故障时，FW 如何感知到这个变化，并做出流量分配上的调整？

FW 收到信息显示服务器故障时，如何确保消息的可信性，即是否有一定的机制保证不会发生误判？

当发生故障的服务器恢复正常时，FW 如何让其尽快地重新参与到负载均衡计算中？

为了解决上述问题，FW 提供了服务健康检查功能。服务健康检查功能可以检测服务器的工作状态，当某个服务器发生故障时，FW 会立即修改此服务器的状态。负载均衡算法感知到服务器状态的变化后，可以保证用户请求不会被发送到故障服务器上。

FW 通过向服务器定期发送探测报文来及时了解服务器的状态，根据服务类型的不同，使用不同协议类型的探测报文。FW 支持的探测报文协议类型包括 TCP、ICMP、HTTP、DNS 和 RADIUS，如果服务器提供的服务类型不包含在这 5 种协议中，建议使用 ICMP 协议报文检查服务器的可达性。

每个探测报文都会返回一个检查结果，显示服务器是否处在正常的工作状态，FW 提供了结果确认机制来保证不会发生误判。如果有一个检查结果显示服务器故障，则 FW 在继续发送探测报文的同时，开始统计连续故障的次数。当连续次数达到预设值时，FW 才认定此服务器真的发生了故障。检查结果反馈给负载均衡算法后，改变了负载均衡的结果，该服务器不再参与流量分配。

管理员可以选择是否继续对故障服务器进行健康检查，如果指定故障服务器为非激活状态，则 FW 不会再向服务器发送探测报文，否则 FW 会继续向故障服务器发送探测报文。

下面以图 9-15 所示组网为例进行说明。FW 的负载均衡算法为简单轮询算法，客户端的

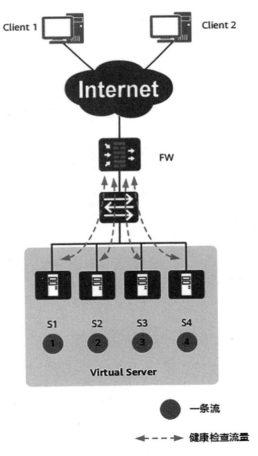

图 9-15 服务器均为健康状态

流量被依次分配到各个服务器上。FW 向 4 个服务器定期发送探测报文，监控各个服务器的健康状况。

如图 9 – 16 所示，当服务器 S2 发生故障时，FW 会立即停止向其分配流量，而只分配给其他健康的服务器。但是 FW 仍然会向服务器 S2 发送探测报文，监控其健康状况。

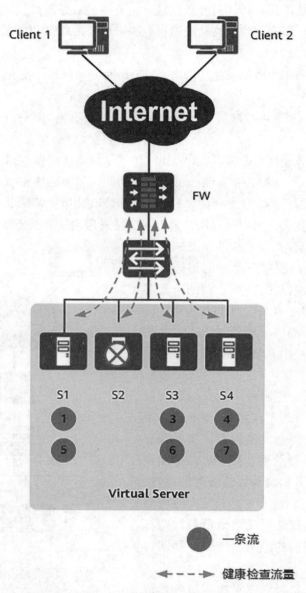

图 9 – 16　服务器 S2 发生故障

如图 9 – 17 所示，当服务器 S2 恢复正常状态时，FW 将立即修改其健康状态，这样 S2 就会重新参与到流量分配中。

第9章 防火墙负载均衡

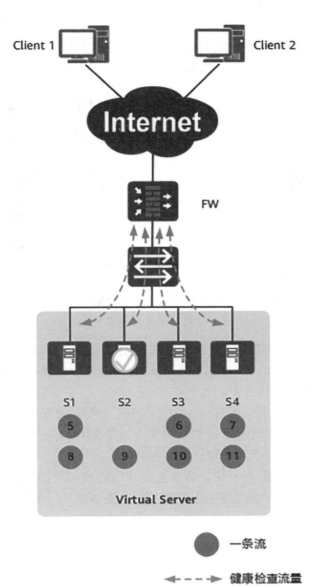

图 9-17 服务器 S2 恢复正常

9.3 防火墙负载均衡部署实验

实验：Http 服务器负载均衡
一、实验目的
本节以 FTP 服务器为例，介绍如何配置四层负载均衡。其他 IP 服务器，如 DNS、SMTP、RADIUS 等均可参考本例的配置。
二、组网需求
如图 9-18 所示，企业有三台 FTP 服务器 Server1、Server2 和 Server3，且这三台服务器的硬件性能顺次降低，Server1 的性能是 Server2 的两倍、Server2 的性能是 Server3 的两倍。通过配置负载均衡，让这三台服务器联合对外提供 FTP 服务，且三台服务器承载业务的多少与服务器硬件性能的高低匹配。通过配置健康检测实时监控这三台服务器是否可达。

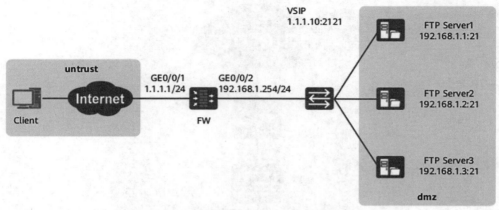

图 9-18　配置 FTP 服务器的负载均衡组网图

三、配置思路

（1）三台服务器的性能不同，要根据性能来负载均衡，所以负载均衡算法可以选择"weight – least – connection"。Server1 的性能是 Server2 的两倍、Server2 的性能是 Server3 的两倍，所以三台服务器的权值比为 4 : 2 : 1。

（2）为了监控三台服务器是否可达，需要在 FW 上配置健康检查。本例中健康检查的协议类型配置为 ICMP，也可以配置为 TCP。FW 要发送健康检查报文，需要配置 local 到服务器所在安全区域（dmz）的安全策略。

（3）客户端可能需要与服务器建立多条连接才能完成一项操作，为此，需要在 FW 上配置会话保持，让同一个客户端的连接分配到同一台服务器上。服务器提供的是 FTP 服务，所以会话保持方法只能配置成源 IP 会话保持。

（4）服务器的协议为多通道协议 FTP，所以要启用 FTP 协议的 ASPF 功能。非多通道协议不需要配置 ASPF。

四、操作步骤

（1）配置各个接口的 IP 地址，并将接口加入相应的安全区域。

```
<FW> system-view
[FW] interface GigabitEthernet 0/0/1
[FW-GigabitEthernet0/0/1] ip address 1.1.1.1 24
[FW-GigabitEthernet0/0/1] quit
[FW] interface GigabitEthernet 0/0/2
[FW-GigabitEthernet0/0/2] ip address 192.168.1.254 24
[FW-GigabitEthernet0/0/2] quit
[FW] firewall zone untrust
[FW-zone-untrust] add interface GigabitEthernet 0/0/1
```

```
[FW-zone-untrust] quit
[FW] firewall zone dmz
[FW-zone-dmz] add interface GigabitEthernet 0/0/2
[FW-zone-dmz] quit
```

（2）配置安全策略。

```
# 配置 untrust 到 dmz 的安全策略,允许 Internet 用户访问内网的 FTP 服务器。策略的目的地址
应该配置虚拟服务器的 IP 地址。
[FW] security-policy
[FW-policy-security] rule name policy1
[FW-policy-security-rule-policy1] source-zone untrust
[FW-policy-security-rule-policy1] destination-zone dmz
[FW-policy-security-rule-policy1] destination-address 1.1.1.10 24
[FW-policy-security-rule-policy1] action permit
[FW-policy-security-rule-policy1] quit
[FW-policy-security] quit
# 配置 local 到 dmz 的安全策略,允许 FW 向实服务器发送健康探测报文。
```

（3）配置服务器负载均衡功能和健康检查功能。

```
# 开启服务器负载均衡功能。
[FW] slb enable
# 配置会话保持。
[FW] slb
[FW-slb] persistence 0 sourceip
[FW-slb-persistence-1] type source-ip aging-time 180
[FW-slb-persistence-1] quit
# 配置负载均衡算法。
[FW-slb] group 0 Rserver
[FW-slb-group-0] metric weight-least-connection
# 配置实服务器 Server1、Server2、Server3,服务器的权重值依次为 4、2、1。
[FW-slb-group-0] rserver 0 rip 192.168.1.1 port 21 weight 4 description server1
[FW-slb-group-0] rserver 1 rip 192.168.1.2 port 21 weight 2 description server2
[FW-slb-group-0] rserver 2 rip 192.168.1.3 port 21 weight 1 description server3
# 配置健康检查功能。
[FW-slb-group-0] health-check type icmp tx-interval 5 times 3
[FW-slb-group-0] quit
# 配置虚拟服务器的协议类型。
```

```
[FW-slb] vserver 0 vs-ftp-1.1.1.10
[FW-slb-vserver-0] protocol tcp
```
配置虚拟服务器的 IP 地址和端口号。
```
[FW-slb-vserver-0] vip 0 1.1.1.10
[FW-slb-vserver-0] vport 2121
```
配置会话保持。
```
[FW-slb-vserver-0] persistence sourceip
```
关联虚拟服务器和实服务器组。
```
[FW-slb-vserver-0] group Rserver
[FW-slb-vserver-0] quit
```

（4）启用 FTP 协议的 ASPF 功能。

```
[FW] firewall detect ftp
```

五、结果验证

（1）在 FW 上查看静态 Server-Map 表，存在相应表项证明服务器负载均衡功能配置成功。

```
[FW] display firewall server-map static
Current Total Server-map : 1
Type: SLB, ANY -> 1.1.1.10:2121[vs-ftp-1.1.1.10/0], Zone:---, protocol:tcp
Vpn: public -> public
```

（2）在 Client 上，FTP 1.1.1.10:2121 可以连接到 FTP 服务器。

（3）当服务器请求流量较大时，经过一段时间后，在 FW 上查看虚拟服务器和实服务器的运行情况，可见 3 个实服务器的总会话数、并发会话数比约为 4:2:1。

```
[FW] display slb vserver verbose vs-http-1.1.1.10
Virtual Server Information(Total 1)
-----------------------------------------------------------------
    Virtual Server Name         : vs-ftp-1.1.1.10
    Virtual Server ID           : 0
    Virtual Server IP           : 1.1.1.10
    Protocol                    : tcp
    Virtual Server Port         : 2121
    Http X-forward Enable       : Disable
    Virtual Server Max-conn     : --
    Persistence Name/ID(Type): sourceip/0(source-ip)
    Group Name                  : vs-ftp-1.1.1.10
    Group ID                    : 0
    Virtual Server Statistics
      Current Connection        :112
```

```
    Total connection              :300
    Total Flow                    :3247856_B
---------------------------------------------------------------
[FW] display slb-group verbose Rserver
Group Information(Total 1)
---------------------------------------------------------------
  Group Name : Rserver
  Group ID : 0
  Metric : weight-least-connection
  Source-nat Type : NA
  Health Check Type : icmp
  Real Server Number : 3
     RserverID IP Address    Weight Max-connection  Status        Ratio TotalSession CurSession
       0         192.168.1.1   4        -             Admin-Active  57.03%
                                                                    1525       65
       1         192.168.1.2   2        -             Admin-Active  28.42%
                                                                    760        32
       2         192.168.1.3   1        -             Admin-Active  14.55%
                                                                    389        15
---------------------------------------------------------------
```

六、配置脚本

```
#
interface GigabitEthernet 0/0/1
 ip address 1.1.1.1 24
#
interface GigabitEthernet 0/0/2
 ip address 192.168.1.254 24
#
firewall zone untrust
  add interface GigabitEthernet 0/0/1
#
firewall zone dmz
  add interface GigabitEthernet 0/0/2
#
security-policy
 rule name policy1
   source-zone untrust
   destination-zone dmz
```

```
    destination-address 1.1.1.10 24
    action permit
  rule name policy2
    source-zone local
    destination-zone dmz
    destination-address range 192.168.1.1 192.168.1.3
    action permit
#
slb enable
#
slb
  group 0 Rserver
    metric weight-least-connection
    health-check type icmp tx-interval 5 times 3
    rserver 0 rip 192.168.1.1 port 21 weight 4 description server1
    rserver 1 rip 192.168.1.2 port 21 weight 2 description server2
    rserver 2 rip 192.168.1.3 port 21 weight 1 description server3
  persistence 0 sourceip
    type source-ip aging-time 180
  vserver 0 vs-ftp-1.1.1.10
    vip 0 1.1.1.10
    protocol tcp
    vport 2121
    persistence sourceip
    group vs-ftp-1.1.1.10
#
firewall detect ftp
```

第10章

防火墙带宽管理

10.1 防火墙带宽管理概述

10.1.1 简介

介绍带宽管理的定义和目的。

一、定义

带宽管理指的是 FW 基于入接口/源安全区域、出接口/目的安全区域、源地址/地区、目的地址/地区、用户、服务、应用、URL 分类、时间段和报文 DSCP 优先级信息,对通过自身的流量进行管理和控制。

二、目的

带宽管理提供带宽限制、带宽保证和连接数限制功能,可以提高带宽利用率,避免带宽耗尽。

- 带宽限制

限制网络中非关键业务占用的带宽,避免此类业务消耗大量带宽资源,影响其他业务。

- 带宽保证

保证网络中关键业务所需的带宽,当线路繁忙时,确保此类业务不受影响。

- 连接数限制(包括并发连接数限制和每秒新建连接速率限制)

限制业务的连接数,有利于减小该业务占用的带宽,还可以节省设备的会话资源。

在 FW 上部署带宽管理,可以帮助网络管理员合理分配带宽资源,从而提升网络运营质量。

10.1.2 应用场景

介绍带宽管理的应用场景。

(1)通过最大带宽、保证带宽和连接数限制,对企业实施带宽管理。

带宽管理的基本使用场景如图 10-1 所示。在企业日常办公环境中,Email、ERP 等流量可以认为是关键业务流量;而 P2P、在线视频等流量可以认为是非关键业务流量。管理员经常面临企业的有限带宽长时间被非关键业务流量占据,而关键业务的流量却无法得到保证,导致正常业务受到影响,引起投诉。

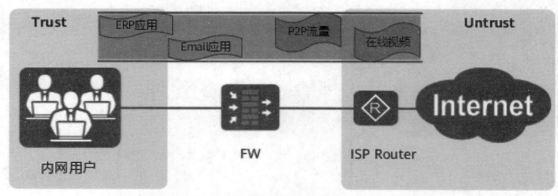

图 10-1　通过最大带宽和保证带宽，对企业实施带宽管理

FW 提供的整体最大带宽限制和整体带宽保证功能，可以有效限制企业非关键业务流量占用的带宽，而且可以针对关键业务的流量进行保证，确保可以在流量高峰时段正常转发。同时，通过最大连接数限制，也可以在 P2P 流量控制过程中起到辅助作用。

（2）通过每 IP/每用户最大带宽，对内网的每 IP 地址或每用户实施带宽管理。

如图 10-2 所示，企业内网员工通过源 NAT 方式访问互联网，同时企业内网服务器使用 NAT Server 方式对外提供访问服务。由于企业出口带宽有限，而少数用户却占用了大多数的带宽资源，对外提供服务的某些内网服务器也占用了较大的带宽，这些问题都严重影响了企业正常运作。

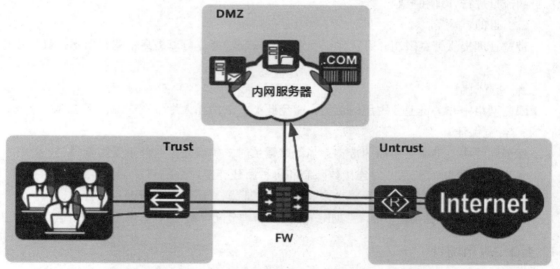

图 10-2　在源 NAT 或者服务器映射（NAT Server）场景下，对内网的每 IP 地址实施带宽管理

FW 提供的带宽管理功能，在源 NAT 或者服务器映射（NAT Server）场景下，可以配置每个员工能够使用的最大带宽资源或者每服务器对外可提供的最大带宽资源，从而实现细粒度的带宽管控。

（3）通过公网 IP 地址匹配，对源 NAT 映射后或服务器映射前的公网 IP 地址实施带宽管理。

如图 10-3 所示，企业内网员工通过源 NAT 方式访问互联网，同时企业内网服务器使用 NAT Server 方式对外提供访问服务。由于企业出口带宽有限，管理员只想对某些公网 IP 地址的带宽进行限制，不关注内网每个员工或服务器的带宽占用。

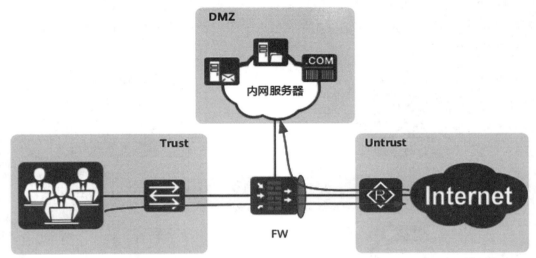

图 10-3　在源 NAT 或者服务器映射（NAT Server）场景下，对公网 IP 地址实施带宽管理

说明：在带宽管理中，将源 NAT 转换后的源地址和服务器映射（NAT Server）转换前的目的地址定义为公网 IP 地址。

FW 提供的带宽管理功能，在源 NAT 或者服务器映射（NAT Server）场景下，可以对源 NAT 转换后或 NAT Server 转换前的公网 IP 地址进行带宽限制，实现对带宽资源的整体管控。

（4）通过多级父子策略，对部门及部门下指定员工和业务实施带宽管理。

如图 10-4 所示，企业下划分部门 A 和部门 B，部门 A 下划分销售员工和研发员工。为了实现对现有带宽资源进行多层次的管控，不仅对部门 A 和部门 B 进行带宽限制，还要分别对部门 A 下的销售员工和研发员工进行带宽限制。与此同时，为了确保部门 A 销售员工的业务能够正常开展，还要保证 Email、ERP 等关键应用流量能够在流量高峰期正常转发。

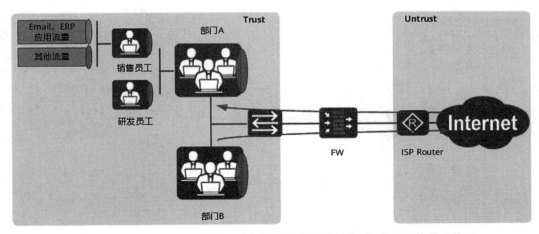

图 10-4　通过多级父子策略，对部门及部门下指定员工和业务实施带宽管理

FW 提供的带宽管理功能，可以通过多级父子策略来实现对部门及部门下指定员工和业务实施带宽管理。

（5）通过共享带宽通道，对同一对象实施多维度带宽管理。

如图 10-5 所示，企业下划分部门 A 和部门 B。现需要对部门 A 和部门 B 分别进行带宽管控。同时，由于该企业的 P2P 应用带宽较大，还需要对部门 A 和部门 B 共用的 P2P 应用带宽之和进行限制。

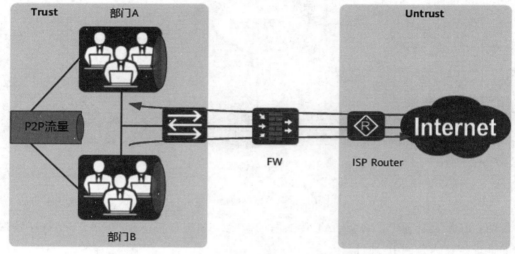

图 10-5 通过共享带宽通道，对同一对象实施多维度带宽管理

FW 提供的带宽管理功能，管理员可以通过配置共享型的带宽通道，既能让各个部门拥有独立的带宽策略，又能跨部门对 P2P 流量进行带宽限制，实现多维度的带宽管理。

（6）通过动态均分方式，为每个用户平均分配带宽资源。

如图 10-6 所示，企业某部门的在线用户数不固定且浮动较大，为了避免有限的带宽资源被某些员工独占，管理员需要根据实际的在线用户数动态平均分配带宽资源，确保带宽使用的公平性。

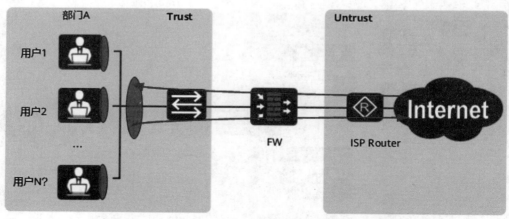

图 10-6 通过动态均分方式，为每个用户平均分配带宽资源

FW 提供的带宽管理功能，管理员可以为所有员工配置整体最大带宽，再根据在线 IP 数或者用户数动态计算每用户可获得的最大带宽资源。

（7）通过接口带宽，对 GRE 隧道两端的 Tunnel 接口流量实施带宽管理。

如图 10-7 所示，网络 1 与网络 2 使用 GRE 建立隧道。通过接口带宽，可以对 GRE 隧道两端的 Tunnel 接口流量实施带宽管理。这种配置方式可以对 GRE 封装后在公网传输的流量总和进行带宽管控。关于 GRE 和 Tunnel 接口的配置，对 Tunnel 口的带宽管控，可以通过以下两种方式实现：

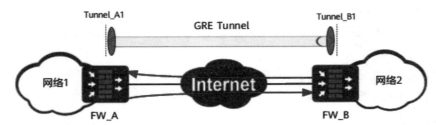

图 10-7　通过接口带宽，对 GRE 隧道两端的 Tunnel 接口流量实施带宽管理

- 在"网络"→"接口"下，可以配置 Tunnel 接口的入方向带宽和出方向带宽。
- 在带宽策略的入接口/出接口匹配条件中引用 Tunnel 接口。

说明：带宽管理中提到的接口带宽功能，通常为第一种方式，即在"网络"→"接口"下进行配置。

10.2　防火墙带宽管理实现原理

10.2.1　总体流程

了解 FW 实现带宽管理的整体流程，有助于后续配置。

FW 通过带宽策略、带宽通道和接口带宽来实现带宽管理功能，如图 10-8 所示。

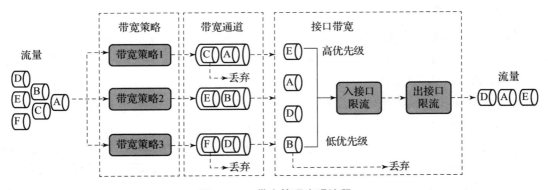

图 10-8　带宽管理实现流程

- 带宽通道

带宽通道定义了被管理的对象所能使用的带宽资源，将被带宽策略引用。

- 带宽策略

带宽策略定义了被管理的对象和动作，并引用带宽通道。

- 接口带宽

接口带宽定义了接口入方向和出方向的实际带宽，流量发生拥塞时，启用队列调度机制。

整体的处理流程如下：

（1）流量匹配带宽策略，经过带宽策略的分流后，进入相应的带宽通道进行处理。带宽通道的处理包括：

- 丢弃超过预先定义的最大带宽的流量。
- 限制业务的连接数。
- 标记流量的优先级，作为后续队列调度的依据。

（2）受入接口带宽的限制，如果流量大于入接口带宽，将根据带宽通道中设置的转发优先级对流量进行队列调度，保证高优先级的报文被优先发送。

（3）流量最终从出接口发送时，受出接口带宽的限制。如果流量大于出接口带宽，将根据转发优先级对流量进行队列调度，保证高优先级的报文被优先发送。

10.2.2 带宽通道

流量匹配带宽策略后进入带宽通道，带宽通道定义了具体的带宽资源，是进行带宽管理的基础。

通过带宽通道，可以将物理的带宽资源从逻辑上划分为多个虚拟的带宽资源。带宽通道使用多个参数来对带宽资源进行描述和控制，包括整体的保证带宽和最大带宽、每 IP/每用户的最大带宽、连接数限制和 DSCP 优先级重标记。此外，带宽通道还可以实现带宽资源的闲时复用。

10.2.2.1 整体的保证带宽和最大带宽

整体的保证带宽是指进入带宽通道的流量可获得的最小带宽资源，整体的最大带宽是指进入带宽通道的流量可获得的最大带宽资源。流量进入带宽通道后，FW 将当前流量与带宽通道中设置的保证带宽/最大带宽进行比较，采取不同的处理方式：

- 如果流量小于保证带宽，这部分流量在出接口发送环节能够确保被转发。
- 如果流量大于最大带宽，则直接丢弃超出最大带宽的流量。
- 超出保证带宽的流量，在出接口发送环节将会与其他带宽通道中同类型的流量自由竞争带宽资源。带宽通道的优先级越高，就会更优先获得剩余带宽资源。获得带宽资源后发送流量，否则丢弃流量。

10.2.2.2 每 IP/每用户的保证带宽和最大带宽

除了设置整体的保证带宽和最大带宽之外，还可以在带宽通道中定义针对 IP 或用户的保证带宽和最大带宽，实现粒度更加细化的带宽限制。

当带宽通道被带宽策略引用后，FW 会基于 IP 地址或用户，对符合带宽策略匹配条件的流量进行统计，每 IP/每用户的保证带宽和最大带宽的作用与整体带宽类似，只是作用范围细化至每 IP/用户范围。

另外，FW 还提供了基于整体最大带宽和在线 IP/用户数量，为每一个 IP/用户实现带宽动态均分的控制方式，充分利用闲置带宽的同时，还保证了带宽使用的公平性。

10.2.2.3　连接数限制（并发连接总数限制和新建连接速率限制）

通信双方建立的连接在 FW 上体现为会话，一条会话对应一个连接。FW 通过限制自身生成的会话数量，来实现连接数限制功能，主要作用包括：

- P2P（Point to Point）业务会产生大量的连接，限制其连接数有利于减少 P2P 业务的流量，降低带宽占用。
- 在部署了内网服务器的场景中，连接数限制功能可以辅助 FW 防范针对内网服务器的 DDoS（Distributed Denial of Service）攻击。
- 节省 FW 上的会话资源。

带宽通道中可以配置整体的最大连接数，也可以配置针对源 IP 或用户的最大连接数，实现更加细化的连接数限制。

10.2.2.4　上下行带宽独立控制和整体控制

上面提到的最大带宽、保证带宽和连接数限制均支持上下行分别配置。在带宽通道中，上下行代表的含义跟带宽策略本身有关：流量传输方向与带宽策略同向时，定义为上行；与带宽策略反向时，定义为下行。换言之，流量命中带宽策略，定义为上行流量；将带宽策略中的源和目的互换进行反向查询，命中的流量定义为下行流量。

例如，如果需要限制 Trust 到 Untrust 的流量，可以有以下两种方式：

- 带宽策略的源区域为 Trust，目的区域为 Untrust，带宽通道中配置对上行带宽进行管控（与带宽策略同向）。
- 带宽策略的源区域为 Untrust，目的区域为 Trust，带宽通道中配置对下行带宽进行管控（与带宽策略反向）。

此外，除了上下行带宽独立控制这种细粒度的管控方式外，FW 还提供了基于上行和下行流量之和的带宽管控方式，大幅增加了管理的灵活度。

10.2.2.5　DSCP 优先级重标记

DSCP 优先级重标记是指修改报文中 DSCP（Differentiated Services Code Point）字段的值。DSCP 字段也称为 DSCP 优先级，是网络设备进行流量分类的依据。位于报文传输路径上的各个网络设备，可以通过 DSCP 优先级来区分流量，进而对不同 DSCP 优先级的流量采取差异化的处理。

FW 支持在带宽策略中配置 DSCP 作为匹配条件，也可以在带宽通道中对符合条件的报文修改其 DSCP 字段值，便于 FW 的上下行设备根据修改后的 DSCP 优先级来区分流量。

10.2.2.6 策略独占和策略共享

带宽通道被带宽策略引用后，整体最大带宽、整体保证带宽和整体最大连接数就会在带宽策略中起作用，其工作方式包括策略独占和策略共享两种。

- 策略独占

每一个引用带宽通道的带宽策略都独自受到该带宽通道的约束，即符合该带宽策略匹配条件的流量，独享最大带宽资源。

- 策略共享

所有引用带宽通道的带宽策略都共同受到该带宽通道的约束，即符合多条带宽策略匹配条件的流量，共享最大带宽资源。

10.2.2.7 带宽复用

带宽复用是带宽通道的重要特征，指的是多条流量进入同一个带宽通道后，带宽通道内带宽资源的动态分配方式。当带宽通道中某一条流量没有使用带宽资源时，该空闲的带宽资源可以借给其他流量使用；如果有流量需要使用带宽资源时，可以压缩其他流量的带宽，从而将带宽资源抢占回来。

带宽复用包括下面几种情况：

- 多条流量匹配到了同一个带宽策略，多条流量之间可以实现带宽复用。
- 多个带宽策略以策略共享的方式引用带宽通道，则匹配了带宽策略的多条流量之间可以实现带宽复用。
- 匹配了父子策略中的多个子策略的多条流量之间可以实现带宽复用。关于父子策略的介绍，请参见多级策略。

10.2.2.8 流量转发优先级

FW 支持为带宽通道配置流量转发优先级。当流量转发优先级配置为"中（4）"时，默认采用流量监管（Traffic Policing）的方式进行带宽限制；当带宽通道中的流量转发优先级不为"中（4）"时，默认采用流量整形（Traffic Shaping）的方式进行带宽限制。此时，超过带宽上限值的峰值流量和突发流量报文的转发优先级会被修改，优先级大于4的报文会被优先发送，优先级小于4的报文则会被延后发送。图10-9中展示了通过流量监管和流量整形两种方式进行带宽限制的主要区别。

- 流量监管通过 CAR 机制限制网络中的峰值流量和突发流量，若某个连接的报文流量超过带宽通道中设置的带宽上限值，则报文会被直接丢弃。
- 流量整形则通过队列机制，将超过带宽上限值的峰值流量和突发流量报文延迟传输，在限制网络中突发流量的同时，调整流量的输出速率，使报文以比较均匀的速度向外发送。

说明：在流量整形方式下，缓冲区的数据量和缓冲时长受队列长度容量的约束，一旦缓冲区的数据量超出队列长度容量的阈值，则数据报文会被丢弃。

10.2.3 带宽策略

带宽策略决定了对网络中的哪些流量进行带宽管理，以及如何进行带宽管理。

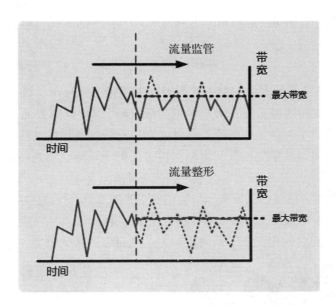

图 10-9 流量整形和流量监管的差异比较

带宽策略中引用带宽通道,所有符合带宽策略匹配条件的流量,都只能使用该带宽通道所定义的带宽资源。

10.2.3.1 规则的组成信息

带宽策略是多个带宽策略规则的集合,带宽策略规则由条件和动作组成。

条件指的是 FW 匹配报文的依据,包括:

- 源安全区域/入接口
- 目的安全区域/出接口
- 源地址/地区
- 目的地址/地区
- 用户
- 服务
- 应用
- URL 分类
- 时间段
- DSCP 优先级

动作指的是 FW 对报文采取的处理方式,包括:

- 限流

对符合条件的流量进行管理。当动作为限流时,还需在带宽策略中引用带宽通道,对流量的具体管理措施由该带宽通道决定。

- 不限流

对符合条件的流量不进行管理。

默认情况下，FW 上存在一条默认的带宽策略，所有匹配条件均为任意（any），动作为不限流。

10.2.3.2 多级策略

FW 的带宽策略功能支持多级配置方式，即在一条带宽策略下，还可以继续配置多条带宽子策略。目前 FW 支持四级策略，对于多条同级策略，FW 按照界面上的排列顺序从上到下依次匹配，只要匹配了一条策略的所有条件，则执行带宽通道的动作，不再继续匹配剩下的规则；对于多级策略，流量先匹配父策略，再去匹配子策略，直到匹配到最后一级可以匹配到的子策略为止。

在进行带宽限制时，使用多级策略。与使用独立的带宽策略相比，可以达到更好的带宽复用效果。例如，部门 A 中包括三个项目组：项目组 1、项目组 2 和项目组 3，使用父策略限制部门 A 的最大带宽，同时使用三条子策略限制三个项目组的最大带宽，如图 10-10 所示。

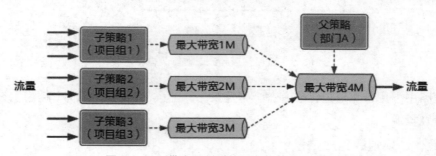

图 10-10　带宽限制时使用多级策略示意图

假设项目组 3（子策略 3）中只有 1M 的流量，项目组 1（子策略 1）和项目组 2（子策略 2）就可以复用部门 A（父策略）中剩余的 3M 带宽资源。如果不使用多级策略，而使用三条引用了不同带宽通道的独立的带宽策略，这三条带宽策略之间无法共用带宽通道，三个项目组之间也就无法实现带宽资源的复用。

10.2.4　接口带宽

配置接口带宽，限制 FW 的接口在入方向和出方向上能够使用的带宽资源。

FW 作为大中型企业的出口网关时，企业向运营商申请的带宽资源一般都小于 FW 出接口的物理带宽。如果 FW 无法感知出接口上所能够使用的最大带宽资源，导致发出去的流量到达对端设备后产生拥塞，严重的话将会造成丢包。

通过配置接口出方向上的带宽限制功能，可以使出接口的实际带宽与运营商所提供的带宽资源相匹配。当流量超过接口可以使用的实际带宽时，FW 可以感知拥塞，触发队列调度机制，优先转发关键业务的流量。

说明： FW 支持通过硬件芯片实现带宽管理，此时会采用流量整形的方式对出接口带宽进行限流。

此外，也可以配置接口入方向上的实际带宽，当 FW 接收其他设备发送的流量时，限制进入接口的流量。

10.3 防火墙带宽管理配置部署实验

实验：通过最大带宽和保证带宽对企业实施带宽管理

一、实验目的

本例通过配置整体最大带宽，限制企业的非关键业务流量，并通过整体保证带宽，确保关键业务流量在带宽使用高峰期可以正常转发。

二、组网需求

如图 10-11 所示，企业在 ISP 处购买了 100M 带宽，在办公环境中，Email、ERP 等流量可以认为是关键业务流量；而 P2P、在线视频等流量可以认为是非关键业务流量。由于 P2P、在线视频等十分消耗带宽，导致该企业有限的带宽资源常年被此类流量占据，而 Email、ERP 等关键业务流量无法得到保证，经常发生邮件发不出去、页面无法访问等情况，严重影响了企业的正常运作。

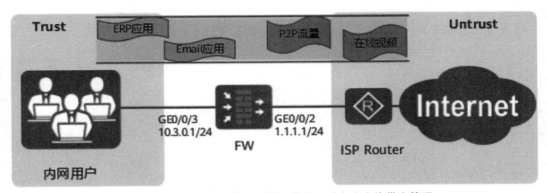

图 10-11 通过最大带宽和保证带宽，对企业实施带宽管理

企业管理员为了改善上述现象，希望利用 FW 提供的带宽管理功能，实现如下需求：

- 为了不影响正常业务，在任何时间内限制 P2P、在线视频等最大带宽不超过 30 Mb/s。为了更好地控制 P2P、在线视频流量，可以通过限制连接数的方式，限制最大连接数不超过 10 000。

- 为了让 Email、ERP 等应用在正常工作时间内不受到影响，此类流量可获得的最小带宽不少于 60 Mb/s。

三、配置思路

(1) 配置接口 IP 地址和安全区域，完成网络基本参数配置。

(2) 配置基于 P2P、在线视频应用的带宽策略，并引用整体最大带宽为 30 Mb/s、整体最大连接数为 10 000 的带宽通道。

(3) 配置基于 Email、ERP 应用的带宽策略，并引用整体保证带宽为 60 Mb/s 的带宽通道。

说明：

- 在 FW 的带宽策略中，上行和下行均是相对于带宽策略的方向而言。有时为了语言描述的简洁,对于没有提及带宽策略方向而单独出现的上行或下行描述,均对应 Trust 到 Untrust、Untrust 到 DMZ 方向的带宽策略。

- 假设安全区域、路由、安全策略等都已经完成配置,在此基础上,本例只介绍配置带宽管理的内容。

四、操作步骤

(1) 配置接口 IP 地址和安全区域,完成网络基本参数配置。

①配置 GigabitEthernet 0/0/2 接口 IP 地址,将接口加入 Untrust 域。

```
<FW> system-view
[FW] interface GigabitEthernet 0/0/2
[FW-GigabitEthernet0/0/2] ip address 1.1.1.1 24
[FW-GigabitEthernet0/0/2] quit
[FW] firewall zone untrust
[FW-zone-untrust] add interface GigabitEthernet 0/0/2
[FW-zone-untrust] quit
```

②配置 GigabitEthernet 0/0/3 接口 IP 地址,将接口加入 Trust 域。

```
[FW] interface GigabitEthernet 0/0/3
[FW-GigabitEthernet0/0/3] ip address 10.3.0.1 24
[FW-GigabitEthernet0/0/3] quit
[FW] firewall zone trust
[FW-zone-trust] add interface GigabitEthernet 0/0/3
[FW-zone-trust] quit
```

(2) 配置时间段。

```
[FW] time-range work_time
[FW-time-range-work_time] period-range 09:00:00 to 18:00:00 working-day
[FW-time-range-work_time] quit
```

(3) 针对 P2P、在线视频应用配置带宽通道。

```
[FW] traffic-policy
[FW-policy-traffic] profile profile_p2p
[FW-policy-traffic-profile-profile_p2p] bandwidth maximum-bandwidth whole both 30000
[FW-policy-traffic-profile-profile_p2p] bandwidth connection-limit whole both 10000
[FW-policy-traffic-profile-profile_p2p] quit
```

(4) 针对 P2P、在线视频应用配置带宽策略。

说明:此处仅给出了 BT、优酷网两种应用作为例子,具体配置时,请根据实际需求指定应用。

```
[FW-policy-traffic] rule name policy_p2p
[FW-policy-traffic-rule-policy_p2p] source-zone trust
[FW-policy-traffic-rule-policy_p2p] destination-zone untrust
[FW-policy-traffic-rule-policy_p2p] application app BT YouKu
[FW-policy-traffic-rule-policy_p2p] action qos profile profile_p2p
[FW-policy-traffic-rule-policy_p2p] quit
```

(5) 针对 Email、ERP 应用配置带宽通道。

```
[FW-policy-traffic] profile profile_email
[FW-policy-traffic-profile-profile_email] bandwidth guaranteed-bandwidth whole both 60000
[FW-policy-traffic-profile-profile_email] quit
```

(6) 针对 Email、ERP 应用配置带宽策略。

说明：此处仅给出了 OWA（Outlook Web Access）、LotusNotes 两种应用作为例子，具体配置时，请根据实际需求指定应用。

```
[FW-policy-traffic] rule name policy_email
[FW-policy-traffic-rule-policy_email] source-zone trust
[FW-policy-traffic-rule-policy_email] destination-zone untrust
[FW-policy-traffic-rule-policy_email] application app LotusNotes OWA
[FW-policy-traffic-rule-policy_email] time-range work_time
[FW-policy-traffic-rule-policy_email] action qos profile profile_email
[FW-policy-traffic-rule-policy_email] quit
```

五、配置脚本

仅给出与本例相关的命令行配置脚本。

```
#
sysname FW
#
 time-range work_time
    period-range 09:00:00 to 18:00:00 working-day
#
interface GigabitEthernet0/0/2
  undo shutdown
  ip address 1.1.1.1 255.255.255.0
#
interface GigabitEthernet0/0/3
  undo shutdown
  ip address 10.3.0.1 255.255.255.0
#
```

```
firewall zone trust
  set priority 85
  add interface GigabitEthernet0/0/3
#
firewall zone untrust
  set priority 5
  add interface GigabitEthernet0/0/2
#
traffic-policy
  profile profile_p2p
    bandwidth maximum-bandwidth whole both 30000
    bandwidth connection-limit whole both 10000
  profile profile_email
    bandwidth guaranteed-bandwidth whole both 60000
  rule name policy_p2p
    source-zone trust
    destination-zone untrust
    application app BT
    application app YouKu
    action qos profile profile_p2p
  rule name policy_email
    source-zone trust
    destination-zone untrust
    application app LotusNotes
    application app OWA
    time-range work_time
    action qos profile profile_email
```

第 11 章
防火墙虚拟系统

11.1 简介

虚拟系统（Virtual System）是在一台物理设备上划分出的多台相互独立的逻辑设备。

可以从逻辑上将一台 FW 设备划分为多个虚拟系统。每个虚拟系统相当于一台真实的设备，有自己的接口、地址集、用户/组、路由表项以及策略，并可通过虚拟系统管理员进行配置和管理。

虚拟系统具有以下特点：

- 每个虚拟系统由独立的管理员进行管理，使多个虚拟系统的管理更加清晰简单，所以非常适合大规模的组网环境。
- 每个虚拟系统拥有独立的配置及路由表项，这使虚拟系统下的局域网即使使用了相同的地址范围，仍然可以正常进行通信。
- 可以为每个虚拟系统分配固定的系统资源，保证不会因为一个虚拟系统的业务繁忙而影响其他虚拟系统。
- 虚拟系统之间的流量相互隔离，更加安全。在需要的时候，虚拟系统之间也可以进行安全互访。
- 虚拟系统实现了硬件资源的有效利用，节约了空间、能耗以及管理成本。

11.2 应用场景

虚拟系统目前主要用于以下几个场景：

1. 大中型企业的网络隔离

通常大中型企业的网络为多地部署，设备数量众多，网络环境复杂。而且随着企业业务规模的不断增大，各业务部门的职能和权责划分也越来越清晰，每个部门都会有不同的安全需求，这些将导致防火墙的配置异常复杂，管理员操作容易出错。通过防火墙的虚拟化技术，可以在实现网络隔离的基础上，使业务管理更加清晰和简便。

如图 11-1 所示，企业内部网络通过 FW 的虚拟系统将网络隔离为研发部门、财经部门和行政部门。各部门之间可以根据权限互相访问,不同部门的管理员权限区分明确。企业内网用户可以根据不同部门的权限访问 Internet 的特定网站。

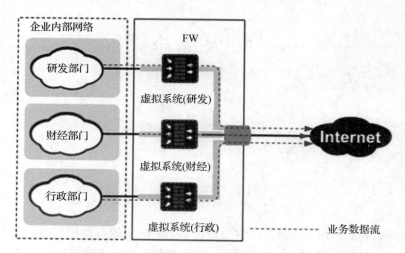

图 11-1　大中型企业的网络隔离典型应用图

2. 云计算中心的安全网关

新兴的云计算技术,其核心理念是将网络资源和计算能力存放于网络云端。网络用户只需通过网络终端接入公有网络,就可以访问相应的网络资源,使用相应的服务。在这个过程中,不同用户之间的流量隔离、安全防护和资源分配是非常重要的一环。通过配置虚拟系统,就可以让部署在云计算中心出口的 FW 具备云计算网关的能力,对用户流量进行隔离的同时,提供强大的安全防护能力。

如图 11-2 所示,企业 A 和企业 B 分别在云计算中心放置了服务器。FW 作为云计算中心出口的安全网关,能够隔离不同企业的网络及流量,并根据需求进行安全防护。

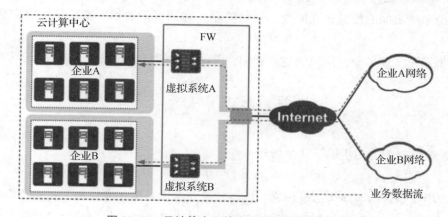

图 11-2　云计算中心的安全网关典型应用图

11.3 虚拟系统实现原理

11.3.1 虚拟系统及其管理员

介绍根系统与虚拟系统、根系统管理员与虚拟系统管理员。

11.3.1.1 虚拟系统

FW 上存在两种类型的虚拟系统：

- 根系统（public）

根系统是 FW 上默认存在的一个特殊的虚拟系统。即使虚拟系统功能未启用，根系统也依然存在。此时，管理员对 FW 进行配置等同于对根系统进行配置。启用虚拟系统功能后，根系统会继承先前 FW 上的配置。

在虚拟系统这个特性中，根系统的作用是管理其他虚拟系统，并为虚拟系统间的通信提供服务。

- 虚拟系统（VSYS）

虚拟系统是在 FW 上划分出来的独立运行的逻辑设备。

虚拟系统划分的逻辑结构如图 11-3 所示。

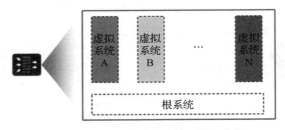

图 11-3　虚拟系统划分的逻辑示意图

为了实现每个虚拟系统的业务都能够做到正确转发、独立管理、相互隔离，FW 主要实现了以下几个方面的虚拟化。

- 资源虚拟化：每个虚拟系统都有独享的资源，包括接口、VLAN、策略和会话等。根系统管理员分配给每个虚拟系统，由各个虚拟系统自行管理和使用。
- 配置虚拟化：每个虚拟系统都拥有独立的虚拟系统管理员和配置界面，每个虚拟系统管理员只能管理自己所属的虚拟系统。
- 安全功能虚拟化：每个虚拟系统都可以配置独立的安全策略及其他安全功能，只有属于该虚拟系统的报文才会受到这些配置的影响。
- 路由虚拟化：每个虚拟系统都拥有各自的路由表，相互独立隔离。目前仅支持静态路由的虚拟化。

通过以上几个方面的虚拟化，当创建虚拟系统之后，每个虚拟系统的管理员都像在使用一台独占的设备。

11.3.1.2 虚拟系统与 VPN 实例

除了虚拟系统之外，FW 还支持 VPN 实例（VPN Instance），两者都有隔离的作用。虚拟系统的主要作用是业务隔离和路由隔离（静态路由），VPN 实例的主要作用是路由隔离。没有实现虚拟化的系统需要使用 VPN 实例来配置多实例功能，如动态路由、组播等。

FW 上的 VPN 实例包括如下两种形态：

- 创建虚拟系统时自动生成的 VPN 实例

创建虚拟系统时，会自动生成相同名字的 VPN 实例。

- 管理员手动创建的 VPN 实例

管理员使用 ip vpn-instance 命令手动创建的 VPN 实例主要用于 MPLS 场景中，作用是路由隔离。用来进行路由隔离的 VPN 实例，指的就是管理员手动创建的 VPN 实例。

目前 FW 上这两种形态的 VPN 实例并存，配置时，请根据实际场景来确定具体使用哪种形态的 VPN 实例。

11.3.1.3 管理员

根据虚拟系统的类型，管理员分为根系统管理员和虚拟系统管理员。如图 11-4 所示，两类管理员的作用范围和功能都不相同。

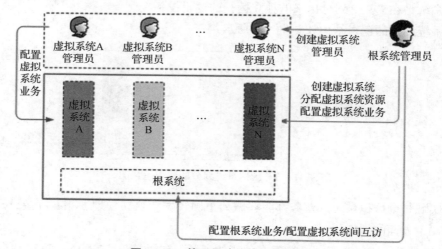

图 11-4 管理员功能逻辑示意图

- 根系统管理员

启用虚拟系统功能后，设备上已有的管理员将成为根系统的管理员。管理员的登录方式、管理权限、认证方式等均保持不变。根系统管理员负责管理和维护设备、配置根系统的业务。

只有具有虚拟系统管理权限的根系统管理员（本章后续内容中提及的根系统管理员都是指此类管理员）才可以进行虚拟系统相关的配置，如创建、删除虚拟系统，为虚拟系统分配资源等。

- 虚拟系统管理员

创建虚拟系统后，根系统管理员可以为虚拟系统创建一个或多个管理员。虚拟系统管理员的作用范围与根系统管理员有所不同：虚拟系统管理员只能进入其所属的虚拟系统的配置界面，能配置和查看的业务也仅限于该虚拟系统；根系统管理员可以进入所有虚拟系统的配置界面，如有需要，可以配置任何一个虚拟系统的业务。

为了正确识别各个管理员所属的虚拟系统，虚拟系统管理员用户名格式统一为"管理员名@@虚拟系统名"。

11.3.2 虚拟系统的资源分配

合理地分配资源可以对单个虚拟系统的资源进行约束，避免因某个虚拟系统占用过多的资源，导致其他虚拟系统无法获取资源、业务无法正常运行情况的发生。

安全区域、策略、会话等实现虚拟系统业务的基础资源支持定额分配或手工分配，其中：

- 定额分配：此类资源直接按照系统规格自动分配固定的资源数，不支持用户手动分配。
- 手工分配：此类资源支持用户通过命令行或 Web 界面中的资源类界面手动分配。

此外，其他的资源项则是各个虚拟系统共享整机资源，同样不支持用户手动分配。

11.3.2.1 资源分配

定额分配和手工分配的资源见表 11 – 1。

表 11 – 1 定额分配和手工分配的资源

资源名称	分配方式	说明
接口	手工分配	支持分配给虚拟系统的接口类型包括三层以太网接口、三层以太网子接口、三层 Eth – Trunk 接口、三层 Eth – Trunk 子接口、Tunnel 接口、WAN 接口、Virtual – Template 接口。 二层接口不支持直接分配给虚拟系统。使用 assign vlan 命令将 VLAN 分配给虚拟系统后，二层接口会随 VLAN 分配给相应的虚拟系统。Trunk 和 Hybrid 类型的二层接口可以随 VLAN 分配给多个虚拟系统，各个虚拟系统下可配置该接口，例如，接口加入安全区域。 VLANIF 接口不支持直接分配给虚拟系统。使用 assign vlan 命令将 VLAN 分配给虚拟系统时，对应的 VLANIF 接口会同步分配给虚拟系统。 VBDIF 接口不支持直接分配给虚拟系统。使用 assign vni 命令将 VNI 分配给虚拟系统时，对应的 VBDIF 接口会同步分配给虚拟系统。 管理口不能分配给虚拟系统

续表

资源名称	分配方式	说明
VLAN	手工分配	VLAN 分配给某个虚拟系统后,就不能再分配给其他的虚拟系统
VXLAN	手工分配	VXLAN 分配给某个虚拟系统后,就不能再分配给其他的虚拟系统
公网 IP	手工分配	虚拟系统中配置源 NAT、NAT Server 或 NAT64 时,需要使用公网 IP 地址。此时,需要在根系统下使用 assign global – ip 命令为虚拟系统分配公网 IP 地址
L2TP 资源数	手工分配	表示虚拟系统下可使用的 L2TP 资源(组类型为 LNS 和 LAC 的 L2TP)个数的总和,或可理解为虚拟系统下最多支持绑定的 VT(Virtual Template)接口个数。 最多支持为一个虚拟系统预分配 10 个 VT 接口,该配置项未配置时,默认为 0,表示虚拟系统下未分配 VT 接口
IPv4 会话数	手工分配	—
IPv6 会话数	手工分配	—
IPv4 新建会话速率	手工分配	IPv4 新建会话速率表示虚拟系统每秒可新建的 IPv4 会话数
IPv6 新建会话速率	手工分配	IPv6 新建会话速率表示虚拟系统每秒可新建的 IPv6 会话数
在线用户数	手工分配	—
SSL VPN 并发用户数	手工分配	—
用户数	手工分配	—
用户组	手工分配	—
安全组数	手工分配	—
策略数	手工分配	指所有策略的总数,包括安全策略、NAT 策略、带宽策略、认证策略、审计策略和策略路由
带宽策略数	手工分配	支持配置虚拟系统带宽策略数的最大值。 如果已经配置了策略数的保证值,则带宽策略数的最大值不能超过已配置的策略数保证值。 虚拟系统之间的带宽策略数资源是可抢占的。若整机的带宽策略数使用完毕,则即使为虚拟系统配置了带宽策略数最大值,虚拟系统也无法创建新的带宽策略
IPSec 隧道数	手工分配	
L2TP 隧道数	手工分配	

续表

资源名称	分配方式	说明
带宽	手工分配	指虚拟系统入方向、出方向或整体的保证带宽
反病毒	手工分配	仅支持为虚拟系统配置此功能的使用权限，不支持为虚拟系统分配具体的资源
入侵防御	手工分配	仅支持为虚拟系统配置此功能的使用权限，不支持为虚拟系统分配具体的资源
URL 过滤	手工分配	仅支持为虚拟系统配置此功能的使用权限，不支持为虚拟系统分配具体的资源。为虚拟系统配置 URL 过滤功能的使用权限后，虚拟系统可同时获得 DNS 过滤功能的使用权限
日志缓冲区	手工分配	虚拟系统的日志缓冲区用于存放虚拟系统下产生的日志信息（包括系统日志和业务日志），与根系统的日志缓冲区互为独立存在，设备上所有的虚拟系统均共享并抢占该虚拟系统日志缓冲区资源。支持为单个虚拟系统配置系统日志及业务日志的日志缓冲区保证值，配置后同时对两种日志生效
SSL VPN 虚拟网关	定额分配	根系统最多可创建的虚拟网关数量受整机规格限制，单个虚拟系统最多可创建 4 个虚拟网关，所有虚拟系统和根系统最多可创建的虚拟网关数量不超过整机规格
安全区域	定额分配	根系统和虚拟系统的安全区域规格相同。其中，根系统和虚拟系统均拥有 4 个默认的安全区域（Trust、Untrust、DMZ 和 Local），这个 4 个安全区域不能删除或修改
五元组抓包队列	定额分配	根系统有 4 个抓包队列。单个虚拟系统有 2 个抓包队列，所有虚拟系统抓包队列的总数受整机规格限制。当虚拟系统已使用的抓包队列达到整机规格的上限时，用户就不能再在虚拟系统中配置新的五元组抓包

管理员为虚拟系统手工分配资源时，首先需要配置资源类，并在资源类中指定各个资源项的保证值和最大值，然后将资源类与虚拟系统绑定。虚拟系统可以使用的资源数量受资源类中配置的保证值和最大值控制。

- 保证值：虚拟系统可使用某项资源的最小数量。这部分资源一旦分配给虚拟系统，就被该虚拟系统独占。
- 最大值：虚拟系统可使用某项资源的最大数量。虚拟系统可使用的资源能否达到最大值，视其他虚拟系统对该项资源的使用情况而定。

例如，FW 上配置了 10 个虚拟系统。假定 FW 会话数的整机规格为 500 000，虚拟系统 A 的会话数保证值为 10 000、最大值为 50 000。虚拟系统 A 可建立的会话数一定能达到 10 000，但能否达到最大值 50 000，则视其他虚拟系统的会话资源使用情况而定。如果其他 9 个虚拟系统和根系统当前的会话数小于 450 000，虚拟系统 A 可建立的会话数就能达到 50 000。

根系统管理员需要根据每个虚拟系统的网络需求分配资源。例如，一个虚拟系统连接的是公司的服务器区域，为服务器提供安全防护；另一个虚拟系统连接的是公司某个部门的工作区域，管理该部门中 20 个员工的上网行为。两个虚拟系统所需要的资源是不同的：第一个虚拟系统需要很多的会话资源，但不需要任何的用户资源；第二个虚拟系统必须要有足够的用户资源，但需要的会话资源则较少。

如果虚拟系统不绑定资源类，则虚拟系统的资源不受限制，虚拟系统和根系统以及其他未绑定资源类的虚拟系统共同抢占整机的剩余资源。

如果虚拟系统绑定的资源类对某些资源项未指定最大值和保证值，则虚拟系统的这些资源项不受限制，虚拟系统和根系统以及其他未限定该资源项的虚拟系统共同抢占整机的剩余资源。

11.3.2.2　带宽限制和公网接口

资源类中的带宽资源分为入方向带宽、出方向带宽和整体带宽三类。一条数据流受哪类带宽资源限制与流量的出接口或入接口有关。

如图 11 - 5 所示，虚拟系统 A 有两个公网接口和两个私网接口。虚拟系统 A 入方向流量、出方向流量和整体流量如下：

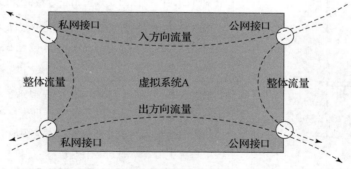

图 11 - 5　虚拟系统公网接口和私网接口

- 入方向（inbound）流量：从公网接口流向私网接口的流量。受入方向带宽的限制。
- 出方向（outbound）流量：从私网接口流向公网接口的流量。受出方向带宽的限制。
- 整体（entire）流量：虚拟系统的全部流量 = 入方向流量 + 出方向流量 + 私网接口到私网接口的流量 + 公网接口到公网接口的流量。整体流量受整体带宽的限制。

说明：此处的公网接口并不是特指 FW 连接 Internet 的接口，而是指接口下配置了 set public - interface 命令的接口。私网接口则是指未配置 set public - interface 的接口。

在跨虚拟系统转发的场景中，Virtual - if 接口默认为公网接口。

11.3.2.3 资源抢占

共享抢占的资源包括：
- 地址和地址组
- 地区和地区组
- 自定义服务和自定义服务组
- 自定义应用和自定义应用组
- NAT 地址池
- 证书
- 时间段
- 带宽通道
- 静态路由条目
- 各种表项（如 Server – Map 表、IP – MAC 地址绑定表、ARP 表、MAC 地址表等）

11.3.3 虚拟系统的分流

通过分流能将进入设备的报文送入正确的虚拟系统处理。

FW 上未配置虚拟系统时，报文进入 FW 后，直接根据根系统的策略和表项（会话表、MAC 地址表、路由表等）对其进行处理。FW 上配置了虚拟系统时，每个虚拟系统都相当于一台独立的设备，仅依据虚拟系统内的策略和表项对报文进行处理。因此，报文进入 FW 后，首先要确定报文与虚拟系统的归属关系，以决定其进入哪个虚拟系统进行处理。将确定报文与虚拟系统归属关系的过程称为分流。

FW 支持基于接口分流、基于 VLAN 分流和基于 VNI 分流三种分流方式。接口工作在三层时，采用基于接口的分流方式；接口工作在二层时，采用基于 VLAN 的分流方式；虚拟系统和 VXLAN 结合使用时，采用基于 VNI 的分流方式。

11.3.3.1 基于接口分流

将接口与虚拟系统绑定后，从此接口接收到的报文都会被认为属于该虚拟系统，并根据该虚拟系统的配置进行处理。

如图 11 – 6 所示，虚拟系统 VSYSA、VSYSB、VSYSC 有专属的内网接口 GigabitEthernet 0/0/1、GigabitEthernet 0/0/2、GigabitEthernet 0/0/3。GigabitEthernet 0/0/1、GigabitEthernet 0/0/2、GigabitEthernet 0/0/3 接收到的报文经过分流，将分别送入 VSYSA、VSYSB、VSYSC 进行路由查找和策略处理。

11.3.3.2 基于 VLAN 分流

将 VLAN 与虚拟系统绑定后，该 VLAN 内的报文都将被送入与其绑定的虚拟系统进行处理。

如图 11 – 7 所示，FW 的内网接口 GigabitEthernet 0/0/1 为 Trunk 接口，并允许 VLAN10、VLAN20 和 VLAN30 的报文通过。VLAN10、VLAN20、VLAN30 分别绑定虚拟系统 VSYSA、VSYSB 和 VSYSC。对于 GigabitEthernet 0/0/1 接收到的报文，FW 会根据报文帧头部的 VLAN Tag 确定报文所属的 VLAN，再根据 VLAN 与虚拟系统的绑定关系，将报文引入相应的虚拟系统。

防火墙技术应用

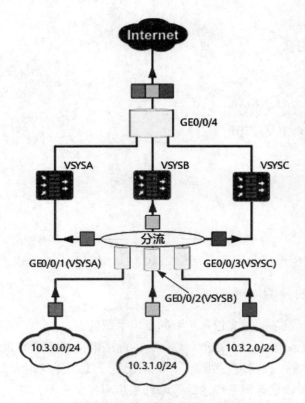

图 11-6　基于接口分流示意图

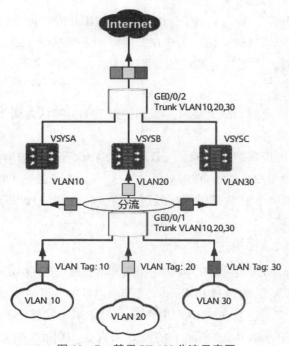

图 11-7　基于 VLAN 分流示意图

报文进入虚拟系统后，根据该虚拟系统的 MAC 地址表查询到出接口，确定报文出入接口的域间关系，再根据配置的域间策略对报文进行转发或丢弃。

11.3.3.3 基于 VNI 分流

将 VNI（VXLAN Network Identifier）与虚拟系统绑定后，该 VXLAN 内的报文都将被送入与其绑定的虚拟系统进行处理。

如图 11-8 所示，FW 的接口 GigabitEthernet 0/0/1 收到报文后，发现报文的目的 IP 地址是接口 Nve1 的 IP 地址，将报文送入 Nve1 接口解封装。FW 根据 VXLAN 头中 VNI 以及 VNI 与虚拟系统的绑定关系，决定解封装后的报文送入哪个虚拟系统处理。

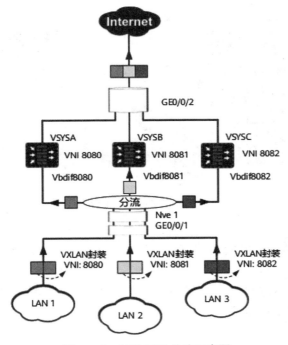

图 11-8 基于 VNI 分流示意图

报文进入虚拟系统后，根据该虚拟系统的路由表查询到出接口，确定报文出入接口的域间关系，再根据配置的域间策略对报文进行转发或丢弃。

说明：VNI 与虚拟系统绑定后，对应的 VBDIF 接口也会随 VNI 分配给相应的虚拟系统。虚拟系统中，报文的入接口为 VBDIF 接口。

11.4 虚拟系统配置部署实验

实验：通过虚拟系统隔离企业部门（二层接入）

一、实验目的

设备二层接入企业网络，通过虚拟系统实现企业内不同部门的网络隔离，并为每个虚拟系统配置对应的管理员，以方便配置管理。

二、组网需求

如图 11-9 所示，某中型企业 A 购买一台防火墙作为网关。由于其内网员工众多，根据权限不同，划分为研发部门、财经部门、行政部门三大网络。需要分别配置不同的安全策略。具体要求如下：

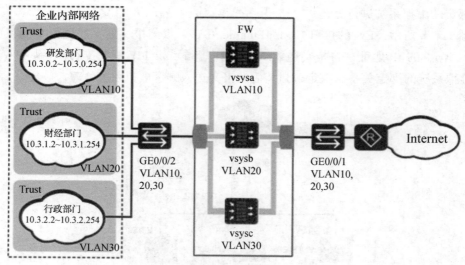

图 11-9 网络隔离组网图（二层接入）

- 企业网络已经部署完成，不希望改变原来的网络拓扑，需要设备以二层模式接入网络。
- 财经部门禁止访问 Internet，研发部门只有部分员工可以访问 Internet，行政部门则全部可以访问 Internet。
- 三个部门的业务量差不多，所以为它们分配相同的虚拟系统资源。

通过虚拟系统实现上述需求。

三、数据规划（表 11-2）

表 11-2 数据规划

项目	数据	说明
vsysa	虚拟系统名：vsysa 公网接口：GE0/0/1 公网接口所属安全区域：Untrust 私网接口：GE0/0/2 私网接口所属安全区域：Trust 分配的 VLAN：VLAN10 管理员：admin@@vsysa 允许访问 Internet 的地址范围：10.3.0.2～10.3.0.10	公网接口 GE0/0/1 和私网接口 GE0/0/2 均为 Trunk 接口，根据 VLAN 的分配情况，同时分配给多个虚拟系统

续表

项目	数据	说明
vsysb	虚拟系统名：vsysb 公网接口：GE0/0/1 公网接口所属安全区域：Untrust 私网接口：GE0/0/2 私网接口所属安全区域：Trust 分配的 VLAN：VLAN20 管理员：admin@@vsysb	—
vsysc	虚拟系统名：vsysc 公网接口：GE0/0/1 公网接口所属安全区域：Untrust 私网接口：GE0/0/2 私网接口所属安全区域：Trust 分配的 VLAN：VLAN30 管理员：admin@@vsysc	—
资源类	名称：r1 会话保证值：10 000 会话最大值：50 000 用户数：300 用户组：10 策略数：300	三个部门的业务量差不多，所以为它们分配相同的虚拟系统资源

四、配置思路

（1）配置 GE0/0/1 和 GE0/0/2 为 Trunk 接口，并将接口加入 VLAN。

（2）根系统管理员分别创建虚拟系统 vsysa、vsysb、vsysc，并为每个虚拟系统分配 VLAN、分配资源和配置管理员。

（3）研发部门的管理员登录设备，为虚拟系统 vsysa 配置安全策略。

（4）财经部门的管理员登录设备，为虚拟系统 vsysb 配置安全策略。

（5）行政部门的管理员登录设备，为虚拟系统 vsysc 配置安全策略。

五、操作步骤

（1）配置 GE0/0/1 和 GE0/0/2 为 Trunk 接口，并将接口加入 VLAN。

```
# 使用根系统管理员账号登录 FW。
# 创建 VLAN。
<FW> system-view
[FW] vlan 10
```

```
[FW-vlan-10] quit
[FW] vlan 20
[FW-vlan-20] quit
[FW] vlan 30
[FW-vlan-30] quit
# 配置接口。
[FW] interface GigabitEthernet 0/0/1
[FW-GigabitEthernet0/0/1] portswitch
[FW-GigabitEthernet0/0/1] port link-type trunk
[FW-GigabitEthernet0/0/1] port trunk allow-pass vlan 10 20 30
[FW-GigabitEthernet0/0/1] quit
[FW] interface GigabitEthernet 0/0/2
[FW-GigabitEthernet0/0/2] portswitch
[FW-GigabitEthernet0/0/2] port link-type trunk
[FW-GigabitEthernet0/0/2] port trunk allow-pass vlan 10 20 30
[FW-GigabitEthernet0/0/2] quit
```

（2）根系统管理员分别创建虚拟系统 vsysa、vsysb 和 vsysc，并为其分配 VLAN。

```
# 开启虚拟系统功能。
[FW] vsys enable
# 配置资源类。
[FW] resource-class r1
[FW-resource-class-r1] resource-item-limit session reserved-number 10000 maximum 50000
[FW-resource-class-r1] resource-item-limit policy reserved-number 300
[FW-resource-class-r1] resource-item-limit user reserved-number 300
[FW-resource-class-r1] resource-item-limit user-group reserved-number 10
[FW-resource-class-r1] quit
# 创建虚拟系统并分配资源。
[FW] vsys name vsysa
[FW-vsys-vsysa] assign resource-class r1
[FW-vsys-vsysa] assign vlan 10
[FW-vsys-vsysa] quit
[FW] vsys name vsysb
[FW-vsys-vsysb] assign resource-class r1
[FW-vsys-vsysb] assign vlan 20
[FW-vsys-vsysb] quit
[FW] vsys name vsysc
[FW-vsys-vsysc] assign resource-class r1
[FW-vsys-vsysc] assign vlan 30
[FW-vsys-vsysc] quit
```

（3）根系统管理员为虚拟系统创建管理员。

```
# 根系统管理员为虚拟系统 vsysa 创建管理员"admin@@ vsysa"。
[FW] switch vsys vsysa
<FW-vsysa> system-view
[FW-vsysa] aaa
[FW-vsysa-aaa] manager-user admin@@ vsysa
[FW-vsysa-aaa-manager-user-admin@@ vsysa] password
Enter Password:
Confirm Password:
[FW-vsysa-aaa-manager-user-admin@@ vsysa] service-type web telnet ssh
[FW-vsysa-aaa-manager-user-admin@@ vsysa] level 15
[FW-vsysa-aaa-manager-user-admin@@ vsysa] quit
[FW-vsysa-aaa] bind manager-user admin@@ vsysa role system-admin
[FW-vsysa-aaa] quit
[FW-vsysa] quit
<FW-vsysa> quit
```

参考上述步骤为虚拟系统 vsysb 和 vsysc 创建管理员"admin@@vsysb"和"admin@@vsysc"。

（4）研发部门的管理员为虚拟系统 vsysa 配置安全区域和安全策略。

```
# 使用虚拟系统 vsysa 管理员账号"admin@@ vsysa"登录设备,登录后先修改密码,然后进行下面的操作。
# 配置安全区域。
<vsysa> system-view
[vsysa] firewall zone trust
[vsysa-zone-trust] add interface GigabitEthernet 0/0/2
[vsysa-zone-trust] quit
[vsysa] firewall zone untrust
[vsysa-zone-untrust] add interface GigabitEthernet 0/0/1
[vsysa-zone-untrust] quit
# 配置地址组。
[vsysa] ip address-set ipaddress1 type object
[vsysa-object-address-set-ipaddress1] address range 10.3.0.2 10.3.0.10
[vsysa-object-address-set-ipaddress1] quit
# 配置安全策略,这条安全策略的作用是允许特定网段的员工访问 Internet。
[vsysa] security-policy
[vsysa-policy-security] rule name to_internet
[vsysa-policy-security-rule-to_internet] source-zone trust
[vsysa-policy-security-rule-to_internet] destination-zone untrust
```

```
[vsysa-policy-security-rule-to_internet] source-address address-set ipaddress1
[vsysa-policy-security-rule-to_internet] action permit
[vsysa-policy-security-rule-to_internet] quit
# 配置安全策略，这条安全策略的作用是禁止所有员工访问 Internet 的策略。这条策略的优先级将比前一条低，所以不需要详细指定地址范围。
[vsysa-policy-security] rule name to_internet2
[vsysa-policy-security-rule-to_internet2] source-zone trust
[vsysa-policy-security-rule-to_internet2] destination-zone untrust
[vsysa-policy-security-rule-to_internet2] action deny
[vsysa-policy-security-rule-to_internet2] quit
[vsysa-policy-security] quit
```

（5）财经部门和行政部门的管理员分别使用管理员账号"admin@@@vsysb"和"admin@@vsysc"登录设备，为虚拟系统 vsysb、vsysc 配置 IP 地址、安全区域及策略。

具体配置过程与研发部门类似，主要有以下几点区别。

● 财经部门直接配置一条禁止 10.3.1.2~10.3.1.254 地址段访问 Internet 的安全策略即可。

● 行政部门直接配置一条允许 10.3.2.2~10.3.2.254 地址段访问 Internet 的安全策略即可。

五、结果验证

● 从研发部门的内网选择一台允许访问 Internet 的主机和一台不允许访问 Internet 的主机，如果访问结果符合预期，说明 vsysa 的安全策略的配置正确。

● 从财经部门的内网主动访问 Internet，如果访问失败，说明 vsysb 的安全策略配置正确。

● 从行政部门的内网主动访问 Internet，如果能够访问成功，说明 vsysc 安全策略配置正确。

六、配置脚本

1. 根系统的配置脚本

```
#
 sysname FW
#
vlan batch 10 20 30
#
 vsys enable
#
resource-class r1
 resource-item-limit session reserved-number 10000 maximum 50000
```

```
  resource - item - limit policy reserved - number 300
  resource - item - limit user reserved - number 300
  resource - item - limit user - group reserved - number 10
#
vsys name vsysa 1
  assign vlan 10
  assign resource - class r1
#
vsys name vsysb 2
  assign vlan 20
  assign resource - class r1
#
vsys name vsysc 3
  assign vlan 30
  assign resource - class r1
#
interface GigabitEthernet0 /0 /1
  portswitch
  undo shutdown
  port link - type trunk
  undo port trunk allow - pass vlan 1
  port trunk allow - pass vlan 10 20 30
#
interface GigabitEthernet0 /0 /2
  portswitch
  undo shutdown
  port link - type trunk
  undo port trunk allow - pass vlan 1
  port trunk allow - pass vlan 10 20 30
#
return
```

2. 虚拟系统 vsysa 的配置脚本

```
#
firewall zone trust
  set priority 85
  add interface GigabitEthernet0 /0 /2
#
firewall zone untrust
  set priority 5
```

```
   add interface GigabitEthernet0/0/1
 #
 aaa
  manager-user admin@@vsysa
   password cipher %@%@@~QEN4"Db/xmvR'5@=5)^'WN]~h'Mwn-{BNPy#ZYE>'6'f]X%@%@
   service-type web telnet ssh
   level 15

  bind manager-user admin@@ vsysa role system-admin
 #
 ip address-set ipaddress1 type object
  address 0 range 10.3.0.2 10.3.0.10
 #
 security-policy
  rule name to_internet
   source-zone trust
   destination-zone untrust
   source-address address-set ipaddress1
   action permit
  rule name to_internet2
   source-zone trust
   destination-zone untrust
   action deny
 #
 return
```

3. 虚拟系统 vsysb 的配置脚本

```
 #
 firewall zone trust
  set priority 85
  add interface GigabitEthernet0/0/2
 #
 firewall zone untrust
  set priority 5
  add interface GigabitEthernet0/0/1
 #
 aaa
  manager-user admin@@vsysb
   password cipher %@%@zG{;O|! gEN4"Db/xmvR'5@=5)^'WN]~h'Mwn-{BNPy#ZYE>'6'f]
   service-type web telnet ssh    level 15

  bind manager-user admin@@ vsysb role system-admin
```

```
#
ip address - set ipaddress1 type object
  address 0 range 10.3.1.2 10.3.1.254
#
security - policy
 rule name to_internet
   source - zone trust
   destination - zone untrust
   source - address address - set ipaddress1
   action deny
#
return
```

4. 虚拟系统 vsysc 的配置脚本

```
#
firewall zone trust
   set priority 85
   add interface GigabitEthernet0/0/2
#
firewall zone untrust
   set priority 5
   add interface GigabitEthernet0/0/1
#
aaa
 manager - user admin@@vsysc
   password cipher %@%@zG{;x|! gEN5"Db/6dvR'5@=5)^'WN]~h'Mwn-{BNPy#ZYE>'6'f]
   service - type web telnet ssh
   level 15
 bind manager - user admin@@ vsysc role system - admin
#
ip address - set ipaddress1 type object
  address 0 range 10.3.2.2 10.3.2.254
#
security - policy
 rule name to_internet
   source - zone trust
   destination - zone untrust
   source - address address - set ipaddress1
   action permit
#
return
```